THOMAS SCHUSTER

Quickfinder Pflanzenschutz

Die besten Mittel gegen Krankheiten und Schädlinge

Vorwort

Die Kirschen sind verwurmt, die frischen Keimlinge kippen um, und der Gummibaum verliert plötzlich alle Blätter. Was tun? Wenn Krankheiten und Schädlinge Ihren geliebten Zimmer- und Gartenpflanzen zusetzen, finden Sie Rat und Hilfestellung im Quickfinder Pflanzenschutz. Er führt Sie schnell und unkompliziert zur richtigen Lösung Ihres aktuellen Pflanzenproblems.

→ Im Kapitel **Bestimmung** finden Sie anhand der Bildtafeln schnell den Verursacher des Schadens.

→ In den **Porträts** werden über 120 Krankheiten und Schädlinge vorgestellt. Hier erfahren Sie, wie man sie am effektivsten in den Griff bekommt.

→ Der **Serviceteil** bietet einen Saisonkalender für Krankheiten und Schädlinge sowie Tabellen der wichtigsten zugelassenen Wirkstoffe.

Inhalt

Pflanzenschutz

Pflanzen begleiten uns täglich. Sie machen unsere Wohnung behaglich und schirmen den Garten vor neugierigen Blicken ab. Wir nutzen Rasenflächen für Sport und Erholung, genießen an heißen Sommertagen den Schatten der Bäume. Umso ärgerlicher, wenn Pflanzen erkranken oder eingehen. Wie Sie die Ursachen erkennen und was Sie dagegen tun können, will Ihnen dieser Ratgeber zeigen.

Gesunde Pflanzen – gesunder Garten

In der Natur hat alles seinen Sinn. Jeder Organismus trägt seinen Teil dazu bei, dass die Lebenskreisläufe der Erde reibungslos funktionieren. Auch sogenannte Krankheiten sind Teil dieses Systems. Natürlich haben wir trotzdem ein berechtigtes Interesse daran, die Früchte unserer Gartenarbeit vor Pflanzenkrankheiten und Schädlingen zu schützen. Die Möglichkeiten dazu sind zahlreich – und oft erstaunlich einfach umzusetzen.

Früher und heute

Pflanzenschutz ist ein sehr altes Thema. Spätestens als Emmer und Einkorn, die Urformen unseres heutigen Getreides, feldmäßig angebaut wurden, hing das eigene Leben davon ab, ob die Ernte heil und vollständig eingebracht werden konnte. Deshalb versuchte der Mensch schon immer, Tiere, Pilze und andere „Mitesser" so weit wie möglich von seiner Nahrung fernzuhalten. Denn nur mit genügend Vorräten war sein Überleben auch in Notzeiten gesichert. Pflanzenschutz beschränkte sich damals auf Absammeln und Vertreiben von Tieren.

Vor ca. 5000 Jahren gewannen Bauern in Indien bereits ein Insektizid aus den Samen des Neem-Baumes. Dieser Wirkstoff wird heute noch genutzt und gewinnt wieder an Bedeutung, da er keine schädlichen Nebenwirkungen hat (› Seite 28). Erst gegen Ende des 19. Jahrhunderts wurden synthetische Mittel entwickelt, die Kupfer, Schwefel oder Quecksilber enthielten. Nach dem zweiten Weltkrieg wurden hohe Erwartungen in einen chlorierten Kohlenwasserstoff, das DDT, gesetzt. Durch übermäßige Anwendung wurden die Insekten aber dagegen resistent, und das Mittel reicherte sich in Mensch und Tier an. Als man die gesundheitsschädigende Wirkung des DDT erkannte, wurde es verboten.

Die ersten chemischen Pflanzenschutzmittel hatten ein sehr breites Wirkungsspektrum. Sie töteten nicht nur Raupen und Blattläuse, sondern auch viele Nützlinge (› Seite 30–35) wie Marienkäfer oder Bienen. Zudem wurden sie leicht ins Grundwasser gewaschen und sind manchmal nach Jahrzehnten noch nachzuweisen. Die heutigen Mittel werden umfangreicher geprüft. Wichtige Bewertungskriterien sind die Schonung der Nützlinge und gute Umweltverträglichkeit. Bei richtigem Gebrauch sind die Gefahren nach derzeitigem Wissensstand gering.

Mittel für den Hausgarten

Im Hausgarten wurde der Einsatz von chemischen Präparaten zunächst sehr begrüßt und reger Gebrauch davon gemacht. In den letzten Jahren setzte aber bei Anwendern wie beim Gesetzgeber ein Umdenken ein. Große Mengen an chemischen Pflanzenschutzmitteln sind im Kleingarten nicht mehr erwünscht, und die Zahl der zugelassenen Wirkstoffe sinkt drastisch. Dies muss kein Nachteil sein. Denn mit den verfügbaren – oft biologischen – Mitteln ist ein vernünftiger Pflanzenschutz ohne Weiteres möglich.

Teil des Ökosystems

Was ist das überhaupt, eine Krankheit? Die Natur unterscheidet nicht zwischen „bösen“ und „guten“ Lebewesen. Alle Organismen besetzen eine bestimmte Stelle in den verschiedenen ökologischen Kreisläufen. Diese Kreisläufe wirken aufeinander ein, sodass sie sich selbst stabil halten. Dabei gibt es kein „Nützlich“ oder „Schädlich“, sondern nur die zugewiesene Stelle. So sorgt die Blattlaus dafür, dass das Getreide nicht in den Himmel wächst, die Schwebfliegen verhindern eine zu starke Vermehrung der Blattläuse, Vögel halten die Schwebfliegen in Schach und fallen selbst Katzen und Mardern zum Opfer. All diese Mechanismen – sogenannte Regelkreise – sind fein ausbalanciert und stabilisieren sich nach kurzer Zeit von selbst. Künstliches Eingreifen des Menschen kann einen Zusammenbruch des Natursystems mit unabsehbaren Konsequenzen zur Folge haben. Beispiel ist die Kaninchenplage in Australien: Die Tiere wurden ausgesetzt, hatten keine Feinde und konnten sich ungehemmt vermehren.

Die Natur hilft sich selbst

Die oben genannten Selbstregulierungen sind im Pflanzenschutz sehr gut sichtbar. So kommt es im Frühling oft zu einem starken Blattlausbefall an Gehölzen. Die zahlenmäßig noch wenigen Nützlinge reduzieren die Läuse zunächst nur geringfügig. Doch nach drei Wochen ist ein sogenannter Generationswechsel der Nützlinge eingetreten, und nun machen sich ihre zahlreichen Nachkommen über die Läuse her. Innerhalb weniger Tage bricht die Blattlauspopulation zusammen. Das Problem hat sich geregelt.

Trügerisch schön: In Monokulturen haben Schädlinge leichtes Spiel. Erhöhter Einsatz von Pflanzenschutzmitteln ist die Folge.

Wenn aber der Mensch durch Kulturmaßnahmen in die natürlichen Kreisläufe eingreift, kann es passieren, dass die Regelkreise nicht mehr funktionieren. Ein Beispiel sind Monokulturen: Ein riesiges Kartoffelfeld bietet dem Kartoffelkäfer Nahrung im Überfluss. Dazu kommt: Weder der Käfer noch seine Wirtspflanze sind hier ursprünglich heimisch. Deshalb fehlen Feinde, die sich auf das Vertilgen dieser Käferart spezialisiert haben. Ohne regulierendes Eingreifen des Menschen würde das Feld völlig zerstört.

Auch bei der Zimmerkultur von Pflanzen ist das Gleichgewicht gestört: Die Pflanzen haben in Innenräumen oft zu wenig Licht. Wärme und Lufttrockenheit schwächen sie zusätzlich und fördern Schädlinge wie Spinnmilben oder Thripse. Ohne Gegenmaßnahme hat die betroffene Pflanzenart auf Dauer keine Überlebenschance. Doch auch das ist ein Regelkreis der Natur: Eine Pflanzenart wieder loszuwerden, die an diesen Standort nicht angepasst ist.

Der Ursache auf den Grund gehen

Schäden an Pflanzen können unterschiedliche Ursachen haben: Abiotisch – also unbelebter Natur – sind Witterungseinflüsse oder Standortfaktoren, die auf die Pflanzen einwirken. Sind diese ungünstig, werden die Pflanzen krank oder geschwächt. Dann haben die biotischen – oder belebten – Schadfaktoren wie Tiere, Pilze und Bakterien sehr gute Voraussetzungen, um sich auf der Pflanze anzusiedeln oder sie anzufressen.

Unbelebte Ursachen

Unter den unbelebten (= abiotischen) Ursachen für Pflanzenkrankheiten spielen die Standortfaktoren eine entscheidende Rolle. Unter dem **Standort** verstehen wir das Zusammenspiel von Bodenfeuchte, Bodenart, Luftfeuchte, Besonnung und Temperatur. Vom richtigen Standort hängt es ab, ob die Pflanze später gedeiht oder kränkelt und dahinsiecht. Es ist wichtig, den Standort möglichst genau zu bestimmen und dann eine dazu passende Pflanze auszuwählen. Denn die Anpassungsfähigkeit der Pflanzen an veränderte Bedingungen ist begrenzt.

Wichtig: Eigenschaften des Standorts

Einer der wichtigsten Standortfaktoren ist das **Licht**. Hier werden Vollsonne, Halbschatten und Schatten unterschieden. Für vollschattige Plätze eignen sich nur relativ wenige Pflanzen, wie die Stauden und Kräuter des Waldes, Falscher Jasmin oder Eiben. Waldrandgewächse ziehen Halbschatten vor. In der Vollsonne sind die meisten Blumen und Gemüsearten am besten aufgehoben. Auch Obst liebt es sonnig. Es reift dann besser aus und bildet mehr Fruchtzucker, außerdem trocknen die Blätter schneller ab, und Pilzkrankheiten haben schlechtere Chancen. Denken Sie daran, dass sich die Lichtverhältnisse im Garten auch ändern können: In älteren Gärten beschatten Gehölze, die herangewachsen sind, Flächen, die Jahre davor der vollen Sonne ausgesetzt waren. Hier helfen oft nur mutige Rodungsaktionen.

Von großer Bedeutung ist auch die **Bodenfeuchte**. Für Pflanzen, deren natürlicher Standort das Gewässerufer ist, ist feuchter bis nasser Boden geeignet. Hier darf das Wasser auch mal bis an die Bodenoberfläche stehen. Für Obstgehölze und Gemüse wie für die meisten anderen Pflanzen wäre das jedoch tödlich. Sie bevorzugen feuchten bis normalen Boden. Auf sehr trockenen Böden wachsen Steingarten- und Hochgebirgspflanzen.

Ein weiteres Kriterium ist die **Bodenart**. Sandböden – sogenannte leichte Böden – sind nährstoffarm und erwärmen sich im Frühjahr schnell, halten aber das Wasser schlecht. Pflanzen gedeihen hier oft nur eingeschränkt. Aber auch sehr tonhaltige, sogenannte schwere Böden sind nicht optimal für Pflanzenwurzeln geeignet. Die Begriffe leicht und schwer beziehen sich hier nicht auf das Gewicht, sondern darauf, wie gut sich ein Boden bearbeiten lässt. Schwere Böden erwärmen sich langsam und lassen sich nur mühsam bearbeiten. Wenn sie austrocknen, sind sie steinhart. Wenn sie dagegen Wasser aufgenommen haben, sind zu wenig Hohlräume vorhanden, sodass der Boden nicht mehr durchlüftet wird. So entsteht Sauerstoffmangel, den die Wurzeln schnell übel nehmen. Außerdem neigen solche Standorte stark zur Bodenverdichtung. Dann entstehen wasserundurchlässige Schichten, die Staunässe (› Seite 149) verursachen. Häufig passiert dies beim Hausbau durch Befahren mit schweren Maschinen. Die Auswirkungen zeigen sich aber erst nach längerer Zeit: Die Bäume sterben zuweilen erst Jahre später, wenn ihre Wurzeln die verdichtete Schicht erreichen. Staunasse Böden sind auch deshalb problematisch, weil es sehr schwierig ist, die Verdichtung aufzulösen. Es gibt aber Gehölze und Stauden, die sich an Sumpfgelände angepasst haben, wie Sumpfeiche oder Sumpfschwertlilie. Diese Spezialisten kommen auch auf staunassen Böden zurecht.

In der Praxis sind reine Sand- oder Tonböden sehr selten, normalerweise kommen immer Mischungen vor. Je nachdem, welche Bestandteile überwiegen, entsteht daraus ein eher leichter oder eher schwerer Boden. Zu leichte Böden können Sie mit tonigem Material verbessern, sehr schwere Böden mit Sand. Allerdings brauchen Sie große Mengen dazu, nämlich pro m^2 zwischen 50 und 100 kg. Diese Mengen können Sie aber auch über mehrere Jahre verteilt einbringen.

Von einer Verbesserung des Bodens durch Torfeinsatz rate ich dringend ab. Denn zum einen müssen die Moore, aus denen der Torf gewonnen wird, geschont werden. Sie sind wertvolle Biotope und brauchen Jahrtausende, bis sie nachwachsen. Zum anderen erreichen Sie mit Torf keine nachhaltige Bodenverbesserung. Denn er zersetzt sich schnell, wenn er mit Kalk oder kalkreichem Gießwasser in Verbindung kommt.

Der **pH-Wert** gibt Auskunft über den Säuregrad beziehungsweise den Kalkgehalt des Bodens. Ein pH-Wert von 7 ist neutral, Werte darüber bedeuten einen basischen oder kalkhaltigen, Werte unter 7 einen sauren Boden. In unseren Böden finden wir natürlicherweise pH-Bereiche von 4 bis 8, nur innerhalb dieser Grenzen findet Pflanzenwachstum überhaupt statt. In den meisten Gartenböden liegt der pH-Wert zwischen 6 und 7. Bei diesem Wert gedeihen auch die allermeisten Pflanzen. Ein Wert von 8 gilt schon als sehr hoch, ab 4 (das ist bereits vollkommen sauer) abwärts fehlt Kalk völlig. Nur wenige Spezialisten wie Rhododendron-Arten oder Heidelbeere sind auf solche niedrigen pH-Werte angewiesen. Bei höheren Werten dagegen vergilben ihre Blätter, und die Pflanzen gehen ein.

Einen zu niedrigen pH-Wert können Sie durch Kalken erhöhen, aber ein hoher Wert lässt sich im Hausgarten kaum senken. In diesem Fall müssen Sie auf Pflanzen, die sauren Boden benötigen – wie Rhododendron oder Heidekraut –, leider verzichten.

Farn und Bärlauch: Beide Pflanzenarten sind auf lichten Schatten angewiesen. In praller Sonne könnten sie niemals gedeihen.

Ebenso wie dem Standort sind Pflanzen Wetter und Klima unmittelbar ausgesetzt. Große direkte Auswirkungen haben Wetterbesonderheiten auf die Pflanzengesundheit.

Klima- und Wettereinflüsse

➜ Nicht selten verursachen **Spätfröste** gravierende Schäden. Gefährdet sind vor allem die Blüten von Obstgehölzen. Am empfindlichsten ist die geöffnete Blüte, doch auch Knospen können in Mitleidenschaft gezogen werden. An den Blütenblättern oder Knospen können Sie dabei meist keinen Schaden feststellen – Sie merken es erst, wenn sich keine Früchte entwickeln. Frostempfindliches Gemüse wie Tomaten oder Zucchini sollte deshalb nicht vor Mitte Mai gepflanzt werden. Aber auch dann müssen Sie das Wetter noch eine Weile beobachten, damit Sie bei auftretenden Frostnächten die Pflanzen mit einer Vliesauflage schützen können.

➜ Auch **Wind** kann gravierende Schäden hervorrufen. So können Pflanzen entwurzelt oder abgebrochen werden, durch Reibung von Pflanzenteilen entstehen Blattschäden. In windoffenen Lagen empfiehlt sich deshalb die Anlage einer Windschutzhecke.

➜ Vergleichsweise selten tritt **Hagelschlag** auf. Auch im Hausgarten werden dabei Obstgehölze und andere Pflanzen in Mitleidenschaft gezogen. Vorbeugende Maßnahmen wie Hagelschutznetze, die professionelle

Diesen Stachelbeeren hat die Sonne sehr zugesetzt und ihre Haut verbrannt. Sonnenbrand kann große Teile der Ernte vernichten.

Obstbauer einsetzen, sind aber im Hausgarten nicht üblich, da sie zu aufwendig sind.

➜ Bei großer Hitze kann an Früchten und Blättern **Sonnenbrand** entstehen – ebenso, wenn Kübelpflanzen im Frühling ohne Gewöhnung ins starke Sonnenlicht kommen.

Pflegefehler vermeiden

Langfristig gesund erhalten können Sie Ihre Pflanzen nur, wenn Sie Kulturfehler gänzlich vermeiden. Ohne die richtige Pflege wird ein Schädling oder eine Krankheit nach der anderen folgen, denn Pflegefehler schwächen die Pflanze. Dadurch ist sie über einen längeren Zeitraum, möglicherweise sogar über ihre gesamte Lebenszeit, im Nachteil gegenüber Schaderregern: So kann bei zu eng gepflanzten Rosen Tau- und Regenwasser nicht richtig abtrocknen, und dies begünstigt Pilzbefall. Doch Kulturfehler, wie z. B. Überdüngung, können auch direkte Schäden verursachen. Zur optimalen Pflege gehören angemessenes Düngen und Wässern, die richtigen Schnittmaßnahmen und vor allem die Wahl geeigneter Sorten, die zum Standort und zum Kleinklima passen.

Richtig düngen

Achten Sie bei der Verwendung von Düngemitteln – egal ob mineralisch oder organisch – auf ein geeignetes Nährstoffverhältnis. Als günstig hat sich das Verhältnis der sogenannten Hauptnährstoffe von **3 Teilen Stickstoff / 1 Teil Phosphor / 4 Teilen Kalium** erwiesen. Auf der Verpackung sind die Anteile der Nährstoffe in Prozent immer in der genannten Reihenfolge angegeben, beispielsweise 15/5/20, was dem oben beschriebenen günstigen Verhältnis von 3:1:4 entspricht. Eine vierte Ziffer bezeichnet den Anteil an Magnesium. Sie fehlt aber oft, weil Magnesium kein Hauptnährstoff ist.

➜ Eine häufige Ernährungsstörung im Hausgarten ist **Stickstoffmangel** (› Seite 150). Sie erkennen ihn an kleinen, kümmerlichen Pflanzen. Die Blätter hellen sich stark auf. Die Symptome beginnen stets an den älteren Blättern. Doch auch ein Überangebot an Stickstoff ist der Pflanzengesundheit abträglich. Die Pflanze wächst dann zu schnell und ist wenig standfest, ihr Gewebe wird weich. Sie wird anfällig für Pilzkrankheiten und schneller von Blattläusen besiedelt.

➜ Auch **Eisenmangel** (› Seite 110) ist nicht selten und verursacht ebenfalls Blattvergilbungen. Im Gegensatz zum Stickstoffmangel bleiben aber die Blattadern grün, und die Verfärbung beginnt an jüngeren Blättern.

➜ Vertrocknete Blattränder, die zuweilen etwas nach unten gekrümmt sind, weisen auf **Kaliummangel** hin. Kalium sorgt für feste Zellwände – eine Voraussetzung für hohe Widerstandsfähigkeit gegen Pilze – und macht das Gewebe frosthart.

Optimale Wasserversorgung

Wenn Sie Ihre Pflanzen richtig wässern wollen, ist ein Regenmesser unerlässlich. Nur damit können Sie die Regenmenge ermitteln und wissen so, wie viel Sie zusätzlich gießen müssen. Eine sinnvolle Wassermenge liegt bei mindestens 20 Liter pro m^2 und Bewässerungsvorgang, egal ob Regenwasser oder aus der Gießkanne. Dieses Maß gilt für alle Pflanzen, ob es sich nun um Rasen, Stauden oder Gemüse handelt. Kleinere Wassermengen dringen nicht tief genug in den Boden ein und erreichen nur oberflächennahe Wurzeln, die dann gute Wachstumsbedingungen haben. Tiefere Wurzeln verkümmern jedoch. Bleibt die Bewässerung dann aus, leiden die flachen Wurzeln sofort unter Trockenstress. Durch ausreichende Wassergaben reduzieren Sie außerdem die Gießhäufigkeit deutlich. Gießen Sie also besser einmal pro Woche durchdringend als jeden Tag dürftig. Letzteres begünstigt übrigens wegen der beständigen Feuchtigkeit auch Pilzerkrankungen (› Seite 12). Wenn der Boden nach der Wassergabe leicht angetrocknet ist, ist sofortiges flaches **Hacken** Gold wert. Das zerstört die kleinen Poren, aus denen sonst der Wasserdampf aus dem Boden entweicht. Somit hat der Spruch: „Einmal Hacken ist wie zweimal Gießen" immer noch seine Berechtigung. Den gleichen Effekt erzielt eine **Mulchschicht** von 2–3 cm Dicke. Geeignet sind Grasschnitt und Pflanzenmaterial aller Art, solange es keine Samen trägt.

Im Winter kann immergrünen Gehölzen die **Frosttrocknis** gefährlich werden: Wenn bei gefrorenem Boden und sehr kalter Witterung die Sonne scheint, trocknen die Blätter aus, da die Pflanze Wasser verdunstet, der Nachschub aber fehlt. Durch Abdecken des Laubs mit Vlies oder Reisig können Sie dies vermeiden. Wässern Sie außerdem die Pflanzen an frostfreien, sonnigen Wintertagen.

Die Wahl der richtigen Sorte

Entscheidenden Einfluss auf das Gedeihen hat nicht zuletzt die Wahl der richtigen **Sorte** (› Seite 20). So gibt es Apfelsorten für mildes und für raues Klima, Radieschen, die nur im Frühling und Herbst gedeihen und andere, die auch bei Hitze nicht pelzig oder holzig werden. Achten Sie bei Rosen auf Sorten, die robust und widerstandsfähig gegen Frost, Regen und Hitze sind.

TIPP!

Nährstoffgehalt des Bodens ermitteln

Eine Bodenuntersuchung gibt Auskunft über die Menge der Nährstoffe Phosphor, Kalium und Magnesium sowie über den pH-Wert, nicht jedoch über die Stickstoffmenge. Für eine Bodenprobe stechen Sie senkrecht mit dem Spaten an verschiedenen Stellen des Beets oder Gartens etwa zehn Bodenscheiben von 5 cm Dicke und 20–30 cm Tiefe ab. Durchmischen Sie das Material gründlich in einem sauberen Gefäß, und entnehmen Sie daraus einen halben Liter Erde, den Sie an eine Untersuchungsanstalt schicken (› Adressen Seite 178). Das Ergebnis wird Ihnen zugeschickt. Jetzt kennen Sie den Kalk- und Nährstoffgehalt Ihres Gartenbodens und können Ihre Pflanzen sachgerecht düngen. Die Analyse ist mindestens 5 Jahre gültig, da sich die Werte im Boden nur sehr langsam verändern.

Belebte Ursachen

Um bei einer erkrankten Pflanze rasch und zielgerichtet handeln zu können, ist es unabdingbar, grundlegende Dinge zu wissen: Wird der Schaden verursacht durch einen Pilz, durch ein Insekt, oder ist es eine abiotische Störung (› Seiten 8–11)? Wenn ein Lebewesen als Ursache infrage kommt: Welche Lebensweise hat der Schädling? Wie schnell wird die Krankheit übertragen und auf welche Weise? Die folgenden Seiten bieten Ihnen einen Überblick über die wichtigsten Schädlingsgruppen – in der Reihenfolge ihrer Häufigkeit im Hausgarten – und grundsätzliche Wege, damit umzugehen.

Sehr häufig: Pilze

Pilzkrankheiten kommen auf allen Pflanzenteilen vor, seien es Früchte, Blätter, Blüten, Stängel, Rinde oder Wurzeln. Pilze vermehren sich meist über mikroskopisch kleine Sporen, die vom Wind über Tausende Kilometer verfrachtet werden können. Bodenpilze dagegen bilden dickwandige Dauersporen aus, die im Boden viele Jahre überdauern. So verseucht die Wurzelfäule der Erdbeere (› Seite 157) das Erdreich jahrelang. Selbst nach einer fünfjährigen Anbaupause werden neu gepflanzte Erdbeeren sofort wieder befallen. Pilze sind grundsätzlich auf Wasser angewiesen. Nur auf einem Feuchtigkeitsfilm können die Sporen keimen und in das Pflanzengewebe eindringen. In der Regel treten Pilzprobleme deshalb in regenreichen Jahren oder feuchten Perioden auf. Deutlich ist das im Herbst zu sehen, wenn sich die braunen Flecken auf den Blättern rasant ausbreiten. Eine wichtige vorbeugende Maßnahme ist es deshalb, die Pflanzen trocken zu halten – beispielsweise Tomatenpflanzen mit einem Regendach zu versehen. Schon haben Braunfäule und Grauschimmel (› Seiten 106 und 117) keine Chance mehr. Blattnässe spielt auch im Gewächshaus eine große Rolle. Statt Regen sind hier Taubildung und die sogenannte Guttation der Pflanzen die Ursache, bei der Wassertröpfchen aktiv an den Blatträndern ausgeschieden werden. Bei sehr dichtem Pflanzenbestand und einem nächtens geschlossenen Haus trocknet diese Feuchte nur langsam. So können z. B. Gurkenblätter dem Falschen Mehltau nicht lange widerstehen und sterben schnell ab. Grundsätzlich ist es wichtig, die Infektionsherde so gut wie möglich zu reduzieren. Entfernen Sie also kranke Pflanzenteile rasch, denn darauf werden unzählige Sporen gebildet. Dabei gilt der Grundsatz: Alle Pflanzenteile mit oberirdischem Pilzbefall dürfen Sie kompostieren, alle Pflanzen mit unterirdi-

Pilze benötigen in erster Linie Feuchtigkeit. Wenn Sie die Pflanzen vor Regen schützen, haben Pilzkrankheiten kaum eine Chance.

TIPP!

Pilze wandern: Wirtswechsel

Rostpilze müssen unterschiedliche Pflanzen (Wirte) befallen, um zu überleben. So wechselt der Johannisbeerrost auf die Zirbelkiefer, Nelkenrost auf Wolfsmilch und Pappelrost auf Zier- und Schnittlauch. Hauptwirt des Birnengitterrosts ist nicht die Birne, sondern der Wacholder. Oft sind Rostpilze auch auf Stockmalven, Rosen, Geranien, Fuchsien, Lauch und Schnittlauch zu finden.

schem Befall müssen in die Mülltonne. Der Grund: Oberirdische Pilze bilden nur Sporen aus, die gerne luftig und trocken überdauern. Auf dem Kompost gehen sie schnell zugrunde, zumal wenn sie mit einigen Zentimetern organischem Material wie Grasschnitt bedeckt werden. In der Erde lebende Pilze, wie z. B. der Verursacher der Kohlhernie (› Seite 127), bilden dagegen widerstandsfähige Dauersporen aus, die das Kompostieren im Garten problemlos überleben. Mit dem Kompost werden sie dann überall verteilt.

Als direkte Gegenmaßnahme bietet der Handel eine ganze Reihe von **Pilzmitteln** an, die Fungizide (› Seite 28). Beachten Sie aber, dass Fungizide im Allgemeinen nur dann gut wirken, wenn sie vorbeugend ausgebracht werden – das heißt: wenn allererste Krankheitszeichen vorhanden sind. Für den Laien ist es nicht immer leicht, diese zu erkennen. Bei Krankheiten wie dem Apfelschorf (› Seite 146) ist der richtige Spritzzeitpunkt sogar nur mithilfe einer Wetterstation und einer Computerprognose möglich. Vor allem für Gemüse und Obst sind im Hausgartenbereich nicht für alle Pilzkrankheiten Mittel zugelassen. Pilzerkrankungen vorbeugen können Sie deshalb in erster Linie über resistente Sorten (› Seiten 11 und 20), aber auch über kulturtechnische Maßnahmen und Hygiene (› Seite 21). Wenn Sie diesen Weg konsequent verfolgen, können Sie überraschend viele Probleme schnell lösen.

Die große Gruppe der Insekten

Die Insekten sind die bedeutendsten Schädlinge überhaupt. Zu ihnen gehören Läuse (› Seiten 102, 142, 148), Schadschmetterlinge (› Seite 143), Gemüsefliegen (› Seiten 126, 131, 159) und Käfer (› Seiten 108, 121, 146).

→ **Blattläuse** schaden den Pflanzen durch ihre Saugtätigkeit, manche auch durch Abgabe von Honigtau. Darauf siedeln sich wiederum Rußtaupilze (› Seite 142) an, die die Pflanzen schwächen. Nicht zuletzt übertragen Läuse außerdem gefährliche Pflanzenkrankheiten wie Virosen (› Seite 153) . Nicht immer müssen Läuse bekämpft werden. Auf einem Ziergehölz oder einem älteren Obstbaum können Sie sie ohne Weiteres tolerieren; so dienen sie Nützlingen (› Seiten 30–35) als Futter. Eine einfache Bekämpfungsmaßnahme ist das Abspritzen mit einem scharfen Wasserstrahl. Genügt das nicht, kommen biologische Präparate auf Kaliseifen- oder Rapsölbasis infrage (› Seite 27). Bei Zierpflanzen ist der Einsatz von sehr langanhaltend wirkenden, so genannnten systemischen Mitteln möglich, die mit dem Saftstrom in der gesamten Pflanze verteilt werden (› Seite 26). So werden auch versteckt sitzende Tiere erfasst. In Salaten ist das Läuseproblem inzwischen durch lausresistente Sorten gelöst. Einen 24-stündig angesetzten Brennnesselauszug gegen Läuse anzuwenden funktioniert aber nicht, wie versuchsmäßig längst belegt ist. Auch Fang- und

Viele Insekten lassen sich mit Barrieren gut abhalten. Hier verwehrt ein Leimring den Frostspannerweibchen den Zugang zur Baumkrone.

Abwehrpflanzen sind weniger empfehlenswert. So ist es sinnlos, Kapuzinerkresse unter einen Apfelbaum zu pflanzen. Apfelläuse entwickeln sich nämlich lange, bevor die Kresse wächst. Zudem sind die Apfelläuse auf Apfelbäume spezialisiert.

→ **Schildläuse** verbergen sich unter einem harten Rückenschild (› Seite 142) und sind unbeweglich. Dadurch sind sie gut vor Witterungseinflüssen und anderen Gefahren geschützt. Eine gängige Bekämpfungsmaßnahme ist das Besprühen mit Ölpräparaten (› Seite 27), die sie ersticken.

→ Bei den Raupen der **Schadschmetterlinge** müssen Sie sogenannte freifressende und verstecktfressende unterscheiden. **Freifressende** Arten sitzen offen, wenngleich oft gut getarnt, auf den Blättern. Sie kommen auf Zierpflanzen, Obst und Gemüse gleichermaßen vor. Sie können abgesammelt oder heruntergeschüttelt werden. Hier ist auch der Einsatz von *Bacillus thuringiensis* (› Seite 27) möglich. Dieser Bio-Wirkstoff wirkt nur auf Schmetterlingsraupen. In den meisten Fällen sind diese Raupen aber nicht bekämpfungswürdig, da die Pflanzen ein paar angefressene Blätter ohne Weiteres ertragen. Anders die **verstecktfressenden** Arten: Meist handelt es sich hier um die Raupen von Eulenfaltern (› Seite 143). Eulen sind graue Nachtschmetterlinge mit dachartig gefalteten Flügeln. Die Raupen bohren sich vorzugsweise in Tomate, Paprika und viele Kohlarten ein. Damit sind sie geschützt, eine Bekämpfung ist kaum mehr möglich. Einen sicheren Schutz gegen alle Raupen bietet der Einsatz eines Kulturschutznetzes (› Seite 22). Chemische Wirkstoffe sind noch bei Kernobst und Zierpflanzen zugelassen.

→ Bei den **Gemüsefliegen** (› Seite 126, 131, 159) schädigen die Larven, die an den Wurzeln fressen oder das Erntegut vermaden. Anfällig sind Lauch, Zwiebeln, Möhren und alle Kohlarten. Eine Abwehr ist allein mit dem Kulturschutznetz (› Seite 22) möglich. Nur bei den Möhren gibt es resistente Sorten wie 'Ingot' oder 'Flyaway'.

→ Der **Erdfloh** (› Seite 111), der trotz seines Namens zu den Käfern gehört, hat sich in den letzten Jahren zum Problemschädling entwickelt. Er schädigt junge Kohlpflanzen, indem er die Blätter benagt, sodass diese absterben können. Je jünger die Pflanzen sind, umso größer ist die Bedrohung. Sicher abwehren können Sie ihn mit dem besonders engmaschigen Erdflohnetz (› Seite 22).

Spinnmilben bilden im Endstadium ein dichtes Geflecht. Eine Bekämpfung mit Nützlingen ist dann allerdings nicht mehr möglich.

→ Schädigend sind auch **Borkenkäfer**, die sich in Siedlungsgebieten schnell ausbreiten können. Im Hausgarten gefährden sie Laub- und Nadelbäume gleichermaßen.

→ Ein ausgesprochen lästiger Schadkäfer an Zimmer- und Kübelpflanzen ist der **Dickmaulrüssler**. Vor allem beeinträchtigen hier die wurzelfressenden Larven die Pflanzen. Mit einer nützlichen Nematodenart (› Seite 34) können Sie diesen ungebetenen Gast sehr gut biologisch bekämpfen.

→ Eine weitere Gruppe unter den Insekten sind die **Thripse** (› Seite 151), wegen ihrer saugnapfartigen Verdickungen an den Füßen auch Blasenfüße genannt. Sie sind nur rund 2 mm lang und stäbchenförmig. Sowohl die erwachsenen Tiere als auch die Larven saugen Pflanzenzellen aus. Dadurch dringt Luft ins Zellinnere, und die Befallsflächen nehmen eine silbrige Farbe an. Im Hausgarten hält sich der Schaden durch Thripse meist in Grenzen. Zimmerpflanzen leiden zuweilen aber sehr unter Thripsbefall (› Seite 38–39).

→ **Wanzen** (› Seite 154) sind eine sehr vielgestaltige Insektengruppe, aber immer erkennbar am dreieckigen Rückenschild. Sie können gut fliegen. Einige Arten schädigen, da sie Pflanzensaft saugen. Ausschlaggebend für die Pflanze ist aber nicht der Saftverlust, sondern der giftige Speichel der Tiere. An dieser Stelle wächst die Pflanze nicht mehr. So kommt es zu starken Verkrümmungen oder Eindellungen, vor allem an Früchten.

Winzig: Milben

Milben gehören zu den Spinnentieren und sind sehr klein. Manche Arten sind mit bloßem Auge gerade noch zu sehen, andere überhaupt nicht. Sie stechen Pflanzenzellen an und saugen sie aus.

➜ Wichtigste Vertreterin ist die **Spinnmilbe** oder **Rote Spinne.** Sie vermehrt sich besonders stark bei warmer, trockener Witterung und besiedelt viele Pflanzenarten. Besonders problematisch sind die Tiere an Zimmerpflanzen und im Gewächshaus, da sie hier ein optimales Kleinklima vorfinden. Sie vermehren sich dann so stark, dass befallene Pflanzen in der Regel schnell absterben. Eine Bekämpfung ist bei Zierpflanzen mit chemischen Präparaten gut möglich, bei Obst und vor allem Gemüse nicht ganz leicht. Bewährt hat sich der Einsatz von Nützlingen, speziell Raubmilben (› Seite 35). Allerdings müssen Sie sie bereits freisetzen, wenn erst wenige Spinnmilben vorhanden sind. Diese Phase ist für Laien aber nicht leicht zu erkennen.

➜ Auch **Gallmilben** verursachen Pflanzenschäden. Bekannt sind die Johannisbeergallmilben (› Seite 115), nach deren Befall verdickte Knospen nicht mehr austreiben. Für eine unvollständige Fruchtausfärbung der Brombeere ist ebenfalls eine Gallmilbe verantwortlich, ebenso für die pockenartige Verunstaltung von Weinblättern. Diesen Schaderregern können Sie mit Rapsölprodukten zu Leibe rücken (› Seite 27).

Nicht zu bekämpfen: Viren und Bakterien

Ebenso wie Menschen können auch Pflanzen von **Viren** (› Seite 153) befallen werden, mikroskopisch kleinen Organismen, die eine Vielzahl von Krankheiten verursachen. Keine Pflanze ist vor Virosen gefeit. Die Symptome reichen dabei von „scheinbar gesund" bis „schnell absterbend". Häufig zu sehen sind eine verengte Blattfläche (= Blattspreite), blasige Auftreibungen, helle Marmorierungen der Blätter oder Ringflecken und Kümmerwuchs. Sobald eine Pflanze eines dieser Symptome zeigt, sollten Sie an eine Viruserkrankung denken und sie sofort im Hausmüll entsorgen. Sonst besteht die Gefahr einer schnellen Ausbreitung. Häufig sind auch Blattläuse die Überträger von Viren, wenn sie nacheinander mehrere Pflanzen besaugen. Ein häufiges Virus ist das **Gurkenmosaikvirus** (› Seite 153) mit einem sehr breiten

Blattmarmorierungen und verwaschene Flecken sind oft Zeichen einer Viruserkrankung. Die Pflanze sollte dann schnell entfernt werden.

Wirtspflanzenkreis. Innerhalb weniger Tage kann es die Gurken in einem ganzen Gewächshaus zum Absterben bringen. Bei Himbeeren ist das **Himbeerringfleckenvirus** (› Seite 153) nicht selten. Auf den Blättern erscheinen gelbe, ringförmige Flecken, der Ertrag geht deutlich zurück.

Pflanzenschutzmittel gegen Viren gibt es leider nicht. Bei Obstgehölzen ist es ratsam, auf virusfreie Pflanzen zurückzugreifen, bei Gemüse gibt es zunehmend virusresistente Sorten. Fragen Sie im Fachhandel danach.

Bakterien sind einzellige Lebewesen, die sich durch Teilung vermehren. Die Vermehrungsgeschwindigkeit erhöht sich bei Wärme er-

heblich. Bakterien sind immer auf Feuchtigkeit angewiesen. Bakterienkrankheiten (Bakteriosen), die Pflanzen schädigen, sind häufig. Jedoch ist der Schaden in den meisten Fällen gering. Es gibt aber auch einige Bakteriosen, die sich unter günstigen Bedingungen rasant ausbreiten und auch im Hausgarten große Schäden verursachen können. Eine der wichtigsten ist der **Feuerbrand** (› Seite 113) bei Kernobst. Apfel- oder Birnbäume können dabei in kürzester Zeit absterben. Da die Krankheit während der Blütezeit durch Bienen von Blüte zu Blüte weitergetragen wird, können innerhalb weniger Tage ganze Obstanlagen und Gärten in Mitleidenschaft gezogen werden. Die Feuerbrandverordnung sieht dann die sofortige Rodung der befallenen Fläche vor. Eine häufige Bakteriose bei Gemüse ist die **Nassfäule** (› Seite 133). Auch sie erfasst schnell den ganzen Bestand. Die Pflanzen werden rasch matschig und stinken auffällig.
Bakteriosen sind oft nicht auf den ersten Blick erkennbar bzw. können nur vom Fachmann sicher identifiziert werden.
Pflanzenschutzmittel sind wie bei den Virosen keine vorhanden – die einzige Gegenmaßnahme ist das sofortige Entfernen und Vernichten befallener Pflanzen. Arbeitsgeräte, die mit infizierten Pflanzenteilen in Berührung gekommen sind, sollten Sie mit 70%igem Spiritus desinfizieren.

Kleine, von Blattadern begrenzte, eckige Flecken und v-förmiges Absterben größerer Blattabschnitte sind oft Hinweise auf Bakteriosen.

Stets gefürchtet: Schnecken

Schnecke ist nicht gleich Schnecke: Grundsätzlich unterscheiden wir zwischen Gehäuseschnecken und Nacktschnecken (› Seite 144). Während Erstere nur im Ausnahmefall schädlich sind, können die Nacktschnecken über Nacht die Arbeit von Monaten vernichten. Die Arten, die in unseren Breiten vorkommen, sind vor allem die Ackerschnecke und die Wegschnecke.

➜ **Ackerschnecken** werden nicht größer als 2 cm und verstecken sich tagsüber im Boden. Sie sind sehr standorttreu und wandern nicht umher. Ackerjungschnecken verlassen den Boden nicht und fressen oft keimende Samen, in die sie hineinschlüpfen. Sie merken es erst daran, dass Ihre Saat nicht oder nur lückig aufgeht.

➜ Unter den bis zu 14 Zentimeter großen Wegschnecken war vor einigen Jahrzehnten ab und zu die **Rote Wegschnecke** in unseren Gärten anzutreffen. Heute jedoch ist es die **Spanische Wegschnecke**, die in den Fünfzigerjahren aus dem Mittelmeerraum eingeschleppt wurde. Sie ist deutlich widerstandsfähiger und erträgt mehr Trockenheit als die Rote Wegschnecke, die eigentlich feuchte Wälder bevorzugt. Da sie bitterer schmeckt und mehr Schleim produziert, hat sie bei uns auch kaum natürliche Feinde. Rezepte wie Barrieren aus Duftpflanzen oder Sägemehl funktionierten bei der Roten Wegschnecke, doch ihre spanische Verwandte beeindruckt das kaum.
Schnecken überwintern sowohl als Eier wie auch als erwachsene Tiere. Starke Bodenfröste vermögen nur die Alttiere zu dezimieren. Die Eier dagegen überstehen auch tiefste Temperaturen schadlos. Die wichtigsten Schneckenbekämpfungsmöglichkeiten sind die Errichtung von Barrieren (› Seite 145) und der Einsatz von Schneckenkorn, das mit drei sehr unterschiedlichen Wirkstoffen zur Verfügung steht (› Seite 28). Nematoden als Nützlinge (› Seite 34) funktionieren nur bei der **Genetzten Ackerschnecke**, einer recht kleinen Art. Bei den großen Ackerschnecken

sind sie weitgehend wirkungslos. Da aber die Genetzte Ackerschnecke auch unter den Kleinschnecken nicht vorherrschend ist, ist diese Bekämpfungsart weniger geeignet.

Nematoden

Unter Nematoden (› Seite 134) – winzigen Würmern – gibt es einige schädigende Arten. Sie lassen sich am besten durch weite Fruchtfolge (› Seite 169) in Grenzen halten. Resistente Pflanzen sind eine andere Möglichkeit.

Auch Wirbeltiere können schädigen

→ Unter den größeren Tieren sind zuweilen **Vögel** ein Problem. Sie fressen junge Salatpflanzen und picken an Früchten. Besonders gefährdet sind frühreife Kirschen. Hier helfen nur Vogelschutznetze (› Seite 22). Gerade bei der Kirsche sollten Sie schon bei der Pflanzung berücksichtigen, dass Sorten, die spät und mittelspät reifen, unweigerlich durch die Kirschfruchtfliege (› Seite 124) entwertet werden. Als Alternative bleiben sehr frühe Sorten wie 'Burlat'. Diese wird aber oft vollständig von Vögeln gefressen. Deshalb ist ein Vogelnetz unumgänglich. Damit Sie es anbringen können, sollte der Baum kleinkronig sein. Daher werden Kirschensorten gern auf der schwachwachsenden Unterlage 'Gisela 5' veredelt. Gute Baumschulen bieten solche Sorten an. Nun wird der Baum als schlanke Spindel erzogen. Die Krone mit einem Durchmesser von drei Metern können Sie dann leicht einnetzen.

→ Große Schäden können im Hausgarten durch **Wühlmäuse** (› Seite 156) entstehen. Vor allem bei jungen Obstbäumen merken Sie es oft erst, wenn sämtliche Wurzeln abgefressen sind. In gefährdeten Arealen sollten Jungbäume daher grundsätzlich in Drahtkörben gepflanzt werden. Mit etwas Erfahrung haben Sie mit den zahlreichen Fallenarten Erfolg. Gartenfachmärkte bieten außerdem chemische Präparate an (› Seite 156).

→ **Vorsicht, Verwechslungsgefahr:** Die Gänge der Wühlmäuse sind schwer von denen des **Maulwurfs** zu unterscheiden. Doch beachten Sie: **Maulwürfe sind ganzjährig geschützt und dürfen weder getötet noch gefangen werden.** Lediglich die ungefährliche Vergrämung (› Seite 171) mit dafür zugelassenen Präparaten ist möglich. Eine Vertreibung wird Ihnen aber nur gelingen, wenn es eine Fläche gibt, auf die der Maulwurf problemlos ausweichen kann.

Geräte auf Ultraschallbasis sind sowohl beim Maulwurf als auch bei Wühlmäusen völlig wirkungslos, wie zahlreiche Versuche klar belegt haben. Stark überschätzt wird auch die Wühlmauswolfsmilch (*Euphorbia lathyris*), der nachgesagt wird, ihr Geruch vertreibe die Bodenbewohner. In Wirklichkeit ist der aktive Stoff im – auch für Menschen – stark giftigen Samen verborgen. Voraussetzung für einen Erfolg ist somit, dass die Wolfsmilchpflanzen bis zum Winter stehen bleiben, damit sie auch aussamen können. Wenn die Wühlmaus Wintervorräte sammelt, lagert sie dann möglicherweise solche Samen ein und geht daran zugrunde, wenn sie sie frisst. Dies ist aber nicht sicher belegt.

→ Gegen **Feldmäuse** und vor allem gegen Ratten werden hauptsächlich (für die Tiere schmerzfreie) Blutgerinnungshemmer eingesetzt. Da der Tod bei diesen Mitteln zeitlich versetzt eintritt, erkennen die **Ratten** die Köder nicht als gefährlich und fressen immer weiter. Dadurch ist es möglich, auf die ganze Rattenfamilie einzuwirken. Der Köder muss dabei so lange nachgelegt werden, bis er nicht mehr angenommen wird.

Die hemmungslose Vermehrung der Spanischen Wegschnecke verursacht große Schäden. Wichtig ist eine konsequente Bekämpfung.

Schädlinge im Wandel

„Früher hat`s das nicht gegeben“, heißt es oft beim Anblick von verfaulten Tomaten und wurmigen Kirschen. Gibt es wirklich Schaderreger, die früher unbekannt oder weniger verbreitet waren? In der Tat tauchen immer wieder neue Schädlinge auf. Ursachen sind die Klimaveränderung, die Globalisierung und veränderte Kulturmethoden.

Gut zu verfolgen war beispielsweise der Weg des **Feuerbrands** (› Seite 113), einer gefürchteten Bakterienkrankheit. Ursprünglich heimisch in Nordamerika, wurde er in Deutschland erstmals 1971 auf Sylt nachgewiesen und hat sich seitdem rasant verbreitet. Die anfänglichen Befürchtungen, der Feuerbrand könnte einen Kahlschlag bei Kernobst verursachen, haben sich zum Glück nicht erfüllt. Zwar treten immer wieder Ausbrüche mit erheblichen Schäden auf, doch zugleich haben sich die Wirtspflanzen ein Stück weit an die Erkrankung gewöhnt und angepasst.

Eine andere, mittlerweile recht bekannte Neubürgerin ist die **Kastanienminiermotte** (› Seite 121). Zum ersten Mal wurde sie 1985 in Mazedonien nachgewiesen, 1993 dann in Deutschland. Über Bahn und Lastkraftwagen verbreitet, erreicht sie eine Ausbreitungsgeschwindigkeit von 100 km pro Jahr.

Zurzeit wird die Einschleppung des **Asiatischen Laubholzbockkäfers** (*Anoplophora glabripennis*) befürchtet. Er kommt aus China, und seine Larven werden im Verpackungsholz verbreitet. Die 3,5 cm großen Käfer sind auffällig hübsch gefärbt. Die fingergroßen Larven ernähren sich von frischem Holz, wobei sie bei der Auswahl der Baumarten nicht wählerisch sind. Durch die Bohrgänge sterben die Bäume ab, oder Äste brechen ab. Die ersten Käfer wurden in Deutschland bereits gesichtet.

Ganz aktuell sind neue Arten des ***Phytophthora***-Wurzelpilzes (› Seite 136). Sie werden mit infizierten Baumschulpflanzen weltweit verschickt und sorgen dann für größte Probleme in der einheimischen Vegetation. So werden zurzeit Erlen von *Phytophthora alni* abgetötet, an manchen Flussläufen stehen auf viele Kilometer nur mehr Baumruinen. Auch das sogenannte Waldsterben, das nach wie vor ungehindert fortschreitet, hat nach neuesten Erkenntnissen weniger die Luftverschmutzung als Ursache. Vielmehr sind hier wohl die gefährlichen *Phytophthora*-Pilze ausschlaggebend. Sie schädigen das Feinwurzelsystem. Dadurch stirbt der Baum zwar nicht sofort ab, er wird aber sehr empfindlich gegenüber anderen Einflussfaktoren wie Trockenheit oder Frost.

Klimawandel verändert Lebensräume

Manche Schädlinge, die noch vor wenigen Jahren so gut wie unbekannt waren, bereiten uns heute tatsächlich allergrößte Probleme. Darunter fällt der Erdfloh (› Seite 111), der junge Kohlpflanzen schädigt. Auch die Weiße Fliege an Kohl (› Seite 154) ist in manchen Gegenden kaum mehr unter Kontrolle zu bringen, ebenso wie die Lauchminierfliege (› Seite 159). Die Larven der ersten Generation bringen Steckzwiebeln zum Absterben. Im Herbst entwerten die braunen Tönnchenpuppen der zweiten Generation Lauchpflanzen vollständig. Vermutlich finden diese Schädlinge bereits durch eine geringe **Klimaerwärmung** deutlich verbesserte Lebensbedingungen vor und wurden so innerhalb weniger Jahre zu Problemschädlingen.

Auch Unkräuter profitieren von der Erwärmung. So brauchen Fingerhirse, Gehörnter Sauerklee und Portulak Temperaturen von

TIPP!

Ambrosia als „Neubürger“

Derzeit breitet sich die Ambrosie (*Ambrosia artemisifolia*) rasant aus. Die Samenkörner der beifußähnlichen Pflanze sind häufig in Vogelfutter enthalten und gelangen so auf die Erde, wo sie aufgehen. Ambrosiapollen zählt zu den stärksten bekannten Allergenen. Für eine allergische Reaktion reichen 11 Pollenkörner pro m^3 Luft. Eine Pflanze produziert aber bis zu 1 Milliarde davon!

über 20 °C zum Keimen. Diese werden heute in den Sommermonaten über längere Zeiten erreicht. Deshalb kommt es in den letzten Jahren immer häufiger vor, dass sich die Fingerhirse mit ihrem ungeheuren Vermehrungspotenzial binnen Wochen in Rasenflächen breitmacht und die Gräser verdrängt. Da sie nur einjährig ist, stirbt sie im Herbst ab und hinterlässt eine zerstörte Fläche.

Neue Anbaumethoden

Auch **veränderte Kulturweisen** fördern Krankheiten. Als Beispiel sei hier die Braunfäule der Tomate (› Seite 106) genannt, verursacht durch Pilze der Gattung *Phytophthora*. Die Infektionen erfolgen über erkrankte Kartoffeln, die als Pflanzgut in die Erde kommen. Auf diesen entwickelt sich die Krankheit und bildet ein gewaltiges Infektionspotenzial aus. Vom Wind werden die Sporen über weite Strecken auf Tomatenblätter verfrachtet. Noch vor zwei Jahrzehnten wurden Kartoffeln Anfang Mai gelegt. Im August erreichte die Sporenproduktion des Pilzes ihren Höhepunkt. Da dieser Monat oft heiß und trocken ist, blieben die Tomaten aber gesund, da der Pilz zur Keimung nasse Blätter braucht. Heutzutage kommen die Kartoffeln bereits Anfang April in den Boden und werden mit Folie und Vlies verfrüht. Auch die Braunfäule gewinnt so vier Wochen Vorsprung. Vor allem unter einer Abdeckung kann sie sich besonders gut entwickeln. Im Juli ist der Pilz also schon hochaktiv. In diesem Monat ist aber mit durchschnittlich 100 Liter Regen pro Quadratmeter zu rechnen. Das alles sind ideale Bedingungen für eine Infektion der Tomate.

Und nicht zuletzt haben wir im Hausgarten mit **hausgemachten Problemen** zu tun. Wer unsere Gärten aufmerksam betrachtet, bemerkt große Obstmengen, die ungenutzt auf den Bäumen hängen. Noch vor wenigen Jahrzehnten wurde aus grünen Falläpfeln Gelee bereitet, reiferes Fallobst wurde versaftet oder eingeweckt, Pflückware gelagert und aufgegessen. Ein sauberer Obstgarten war eine Selbstverständlichkeit, Falllaub und Fallobst wanderte auf den Kompost. Nur mit Glück konnten so eine Apfelwicklerlarve, eine Kirschfruchtfliege oder die Erreger von Schorf und Obstfäulen überleben. Die heutige Wirtschaftsweise jedoch, bei der viel Obst am Baum und Boden verdirbt, führt dazu, dass Schädlinge und Krankheiten geradezu gezüchtet und massenhaft vermehrt werden. Auch wenn sich der eine oder andere Gartenbesitzer vorbildlich verhält, sorgt doch der hohe Schädlingsdruck dafür, dass auch dessen Obst kaum gesund bleiben kann.

Ein gepflegter Obstgarten, vollständige Ernte und das Kompostieren des Fallobstes nehmen Krankheitserregern die Lebensgrundlage.

Was im Hausgarten möglich ist

Pflanzenschutzmaßnahmen sind auch im Hausgarten nötig. Laut Pflanzenschutzgesetz soll stets der integrierte Pflanzenschutz angewendet werden, der biologische, biotechnische, pflanzenzüchterische und kulturtechnische Maßnahmen vereinigt, bevor auf chemische Mittel zurückgegriffen wird. Entscheidende Weichen stellen Sie mit vorbeugenden Maßnahmen. Eine direkte Bekämpfung sollte stets die Ausnahme bleiben.

Vorbeugende Maßnahmen

➜ Die **Wahl der Sorte** (› Seite 11) ist das wichtigste Instrument im Garten, mit dem Sie ohne große Probleme und ohne Aufwand zum gärtnerischen Erfolg gelangen. Je länger ein Gewächs im Garten stehen soll, desto wichtiger ist die Sortenfrage. Es ist ärgerlich, wenn der Apfelbaum nach zwölf Jahren zum ersten Mal trägt und Sie erst jetzt seine Schorfanfälligkeit bemerken. Für viele Obstarten gibt es empfehlenswerte Sorten, wie mehltauresistente Weinreben oder Sauerkirschen, die gegen die Spitzendürre gefeit sind. Bei Apfelsorten sind Schorfresistenz und hohe Widerstandsfähigkeit gegen Feuerbrand besonders wichtig. Diese positiven Eigenschaften gehen nicht auf Kosten der Qualität der Früchte. Informationen über resistente Sorten bekommen Sie über die Gartenakademien, im Internet oder in Markenbaumschulen (› Adressen Seite 178). Auch bei Gemüse lohnt es sich, die Sorte sorgfältig zu wählen. So gibt es Tomatensorten, die Braunfäule nur nach wochenlangem Regenwetter bekommen, Salate ohne Blattlausbefall, Rettiche ohne Rettichschwärze. Ganz wichtig sind Virusresistenzen, vor allem bei Gurke und Zucchini. Denn direkte Bekämpfungsmaßnahmen gibt es hier nicht (› Seite 15). Gleiches gilt für Zierpflanzen. Ob Ihr Phlox Mehltau bekommt oder nicht, liegt weniger am Standort als an der Sorte. Beispiele für bewährte resistente Sorten finden Sie im Kasten auf Seite 21.

➜ Die Resistenzeigenschaften bestimmter Pflanzenarten oder -sorten macht man sich auch bei der **Veredelung** zunutze: Triebe einer Sorte oder Art werden mit Wurzeln einer anderen Sorte oder Art verbunden (= gepfropft), die die gewünschten Eigenschaften hat. Die Veredelung dient der Vorbeugung beim Gemüseanbau im Gewächshaus – vor allem bei Gurken, Tomaten und Auberginen. Da die Pflanzen jedes Jahr mehr oder weniger an der gleichen Stelle stehen, kommt es schnell zu Fruchtfolgeproblemen, der sogenannten Bodenmüdigkeit. Veredelte Pflanzen sind unempfindlicher und wehren Pilze und Schädlinge ab. Diese speziellen Wurzeln (= Unterlagen) stammen vom Feigenblattkürbis (*Cucurbita ficifolia*) und von Wildtomaten ab. Sie können sie selbst heranziehen oder in gut sortierten Gärtnereien veredelte Pflanzen kaufen.

➜ Unterschätzen Sie auch nicht den Erfolg von konsequenten **Hygienemaßnahmen**. Entfernen Sie befallene Pflanzenteile möglichst rasch. Sobald einige Einzelpflanzen, z. B. von Feldsalat, im Gewächshaus mit Grauschimmel befallen sind, nimmt der Infektionsdruck durch die Sporenbildung immens zu. Auch wenn missratenes oder krankes Gemüse auf dem Beet stehen bleibt, vermehren sich die Krankheitserreger und bedrängen die anderen Pflanzen. Deshalb ist auch das Entfernen von Unkraut so wichtig. Hier überdauern Viren, Pilze und Insekten. Auch ungepflegter Kompost ist problematisch. Oft geht die Braunfäule der Tomaten von Kartoffelpflanzen aus, die aus alten Knollen am Kompost wachsen. Auch der herbstliche Großputz im Garten hat seinen Sinn. So überwintern auf altem Fallobst Fruchtfäulen, auf Apfelblättern der Schorf. Auf dem Kompost werden diese Schaderreger bis zum nächsten Jahr unschädlich.

Die richtige Pflegetechnik

Damit haben Sie die Gesundheit Ihrer Pflanzen schon erheblich im Griff:

➜ Wenn Blätter durch häufiges Überbrausen länger nicht abtrocknen, stellen sich unweigerlich Blattpilze ein. Durch richtiges Gießen (› Seite 11) oder eine Überdachung wirken Sie dem Problem entgegen.

➜ Eine verdichtete, verkrustete Bodenoberfläche fördert Bodenpilze. Hier wirkt sich eine Mulchschicht positiv aus.

➜ Fehlernährung schwächt die Pflanzen und erhöht die Anfälligkeit für Insektenbefall. Mit gezielter Düngung (› Seite 10) können Sie hier vorbeugen.

➜ Positive Effekte bringt auch ein Wechsel der Fruchtarten (die sogenannte Fruchtfolge) auf den Beeten, weil auf diese Weise das Nährstoffangebot besser ausgenutzt wird. Auch können sich pflanzenspezifische Krankheiten weniger gut entwickeln.

Mit der Wahl widerstandsfähiger Sorten – hier die ADR-Rose 'Postillion' – betreiben Sie mühelos vorbeugenden Pflanzenschutz.

Auswahl bewährter krankheitsresistenter Sorten

Pflanzenart	Sortenname	resistent gegen
Einlegegurke	'Diamant' F1	Falscher Mehltau
Feldsalat	'Gala'	Falscher Mehltau
Kopfsalat	'Estelle' F1, 'Nobellan' F1	Läuse, Falscher Mehltau
Schnittlauch	'Buster'	Rostpilze
Tomate	'Phantasia' F1	Kraut- und Braunfäule
Apfel	'Topaz'	Schorf
Himbeere	'Rubaca'	Wurzelfäule
Kletterrose	'New Dawn'	Blattkrankheiten
Strauchrose	'Lichtkönigin Lucia'	Blattkrankheiten

Zuweilen werden **Pflanzenstärkungsmittel** empfohlen, um gegen Schaderreger vorzugehen. Sie haben aber keine direkte Wirkung auf Krankheiten. Das dürfen sie auch nicht, denn dann wären sie laut Gesetz Pflanzenschutzmittel, für die ein sehr teures Zulassungsverfahren vorgeschrieben ist. Diese Mittel können einer Pflanze möglicherweise helfen, wenn sie unter schlechten Lebensbedingungen leidet. Eine gut ernährte, nicht gestresste Pflanze aber, die genug Platz und Licht hat (im Garten allerdings ein seltener Idealfall), wird durch Stärkungsmittel kaum positiv beeinflusst. Hierzu wurden bereits viele Versuche durchgeführt, die allermeisten Präparate zeigten keine Wirkung (Ausnahme war u. a. ein Mittel gegen Gemüsefliegen). Das Gleiche gilt für das Gärtnern nach Mondphasen: Auch dies hat kaum Einfluss auf Wachstum und Krankheiten. Nach vielen Untersuchungen ist dies die übereinstimmende Meinung von zahlreichen Wissenschaftlern.

Netze und Absperrungen

Manchmal reicht es schon, die Schädlinge einfach auszusperren. So hilft ein **Schneckenzaun** (› Seite 145) sicher und zuverlässig und ist zudem sehr langlebig. Ein locker auf dem Beet aufgelegtes, sehr grobmaschiges **Drahtnetz** schreckt Vögel zuverlässig ab. Unverzichtbares Hilfsmittel im Gemüsegarten ist das **Kulturschutznetz**, ein Kunststoffnetz mit der Maschenweite 1,35 x 1,35 mm. Es lässt Licht, Wasser und Luft gut durch, wehrt aber einen Großteil der Insekten sicher ab – vor allem Gemüsefliegen (› Seiten 126, 131, 159), die Kohlpflanzen bedrohen und Rettich und Radieschen vermaden. Aber auch Lauchmotten (› Seite 129) und Lauchminierfliegen, die seit einigen Jahren den Lauchanbau sehr erschweren, hält es ab. Auch schützt es vor Faltern und deren Raupen, vor allem vor Eulenraupen (› Seite 143), die sich tief in das Gemüse einbohren und dann nicht mehr bekämpfbar sind.

Eines der wichtigsten und unverzichtbarsten Hilfsmittel im Gemüsegarten ist seit einigen Jahren das Kulturschutznetz gegen Insekten.

Seit kurzer Zeit gibt es auch Netze mit einer kleineren Maschenweite (› Adressen Seite 174) von 0,8 x 0,8 mm. Sie haben den unschätzbaren Vorteil, dass sie zusätzlich auch Erdflöhe und die Weiße Fliege abwehren, die seit einigen Jahren zunehmend zum Problem werden (› Seite 14).

Legen Sie das Netz nach der Saat oder Pflanzung so locker auf dem Beet auf, dass das Höhenwachstum der Pflanzen bis zur Ernte nicht behindert wird. Damit keine Schädlinge unter den Netzrändern hindurchwandern, graben Sie die Netze ein oder beschweren Sie sie mit Steinen, Erde oder Latten. Entfernen müssen Sie das Netz nur zur Beetpflege und bei der Ernte, zum Bewässern kann es ohne Weiteres liegen bleiben. Mit halbrunden Stäben eine Tunnelkonstruktion zu errichten ist ebenfalls nicht nötig. Ein Kulturschutznetz hält viele Jahre, die Anschaffung lohnt sich also. Im Profianbau ist dieses Hilfsmittel seit langer Zeit Standard.

Direkte Maßnahmen

Auch wenn es schon so weit ist und Schädlinge Ihre Pflanzen befallen haben, müssen Sie noch nicht sofort zur Spritze greifen. Eine Menge direkter Bekämpfungsmaßnahmen funktioniert ohne Gifteinsatz:

➜ Häufig haben Sie die Möglichkeit, Schädlinge in **Fallen** zu locken oder zu vergrämen (= vertreiben, ohne sie zu schädigen). So werden viele Insekten von der Farbe Gelb angelockt. Das macht man sich im Pflanzenschutz zunutze: An geleimten **Gelbtafeln** kleben die Insekten fest. Sie können damit z. B. die Trauermücken fangen, die aus der Erde von Blumentöpfen kommen. Wichtig ist, dass Sie die Täfelchen nahe an der Bodenoberfläche platzieren; am besten stecken Sie sie in die Erde. Im Gewächshaus haben sich Gelbtafeln bewährt, um Weiße Fliegen abzufangen. Oft kann so eine Massenvermehrung verhindert werden. Sie können Gelbtafeln auch selbst herstellen, indem Sie gelben Kunststoff mit Insektenleim aus dem Fachhandel bestreichen. Gegen die Kirschfruchtfliege (› Seite 124) helfen Gelbtafeln leider nicht. Hier wird nur ein geringer Teil abgefangen, und der Großteil der Kirschen bleibt immer noch madig. Diese Tafeln dienen eigentlich nur zu Prognosezwecken. **Leimringe** (› Seite 13) wehren im Oktober die flugunfähigen Frostspannerweibchen ab, die zur Eiablage in Bäume klettern. Im Frühjahr fressen die Raupen an Blüten und Blättern. Bei jungen Bäumen sollten Sie auch den Baumpfahl mit einem Leimring versehen, sonst nutzen ihn die Insekten als Brücke. **Pheromone** sind Sexuallockstoffe, mit denen die Weibchen mancher Insekten Männchen anlocken. Diese riechen diese Substanzen mehrere Meter weit und fliegen zielstrebig darauf zu. In einer Pheromonfalle ist diese Substanz auf einem Leimboden angebracht. Die Männchen kleben daran fest und verenden, wenn sie zum vermeintlichen Weibchen fliegen. Allerdings gelingt es auf diese Weise nur, wenige Männchen abzufangen, und die Weibchen können weiterhin ihre Eier ablegen. Fallen werden vor allem für den Apfel- und den Pflaumenwickler angeboten. Sie dienen aber nur der Flugüberwachung: Der Zeitpunkt für die Behandlung gegen den Apfelwickler lässt sich besser festlegen. Nutzlos sind **Ultraschallgeräte**, die der Fachhandel gegen Maulwürfe und Wühlmäuse anbietet. Sie sollen die Schädlinge vertreiben. Die Wirkungslosigkeit dieser Geräte ist durch zahlreiche Versuche erwiesen.

➜ Raupen und Käfer können Sie **absammeln**. Bei den Kohlarten legen die Schadschmetterlinge ihre Eipakete auf den Blattunterseiten ab. Bei einer wöchentlichen Kontrolle der Blätter können Sie die Eier, die gut zu erkennen sind, einfach zerdrücken.

➜ Läuse auf Gehölzen lassen sich leicht mit einem scharfen Wasserstrahl **abspritzen**.

➜ Zimmerpflanzen gesunden oft, wenn sie im Sommer im Freien stehen.

➜ Wichtig ist das **Anlocken von Nützlingen.** In speziellen Fällen können Sie auch käufliche Nützlinge ausbringen (› Seiten 30–35).

Eine wichtige Maßnahme ist die Entfernung kranker Pflanzenteile. Damit verhindern Sie die weitere Ausbreitung der Infektion.

Pflanzenschutzmittel als letzte Wahl

Erst wenn Sie alle diese Möglichkeiten ausgeschöpft haben, ist der Einsatz von Pflanzenschutzmitteln nötig. Er sollte nicht der Normalfall sein. Greifen Sie nur bei akutem Krankheitsgeschehen darauf zurück. Allerdings kommt bei Pilzerkrankungen eine Behandlung dann meist zu spät. Hier liegt die Lösung des Problems schon vorher in der Wahl einer widerstandsfähigen Sorte (› Seiten 11, 20). Ist die Ausbringung eines Mittels unumgänglich, wählen Sie zuerst Präparate, die auch im **Bio-Anbau** zugelassen sind. Ihre Wirkstoffe sind nicht chemisch hergestellt, sondern aus natürlichen Quellen gewonnen. Meistens sind diese Mittel wenig giftig, erfordern nur eine kurze oder keine Wartezeit, belasten die Umwelt wenig, schonen die Nützlinge und sind dennoch gut wirksam.

Die richtigen Wirkstoffe wählen

Wenn die Schädlings- oder Unkrautprobleme zu groß werden, bieten sich Pflanzenschutzmittel als schnelle Helfer an. Doch dabei gilt es einiges zu beachten: Wie, wann und wo dürfen diese Präparate eingesetzt werden? Wie gefährlich sind sie? Die folgenden Seiten erläutern die gesetzlichen Regelungen für Haus- und Kleingärten und erklären, unter welchen Umständen die Anwendung von Präparaten überhaupt sinnvoll ist.

Wie ist die Rechtslage?

Substanzen, die als Pflanzenschutzmittel verwendet werden sollen, werden in jahrelangen Untersuchungen sehr aufwendig getestet. Sie müssen wirksam sein, dürfen Nützlinge möglichst wenig gefährden und Wasserorganismen nicht schaden. Untersucht werden auch das Versickerungsverhalten, um eine Grundwasserverschmutzung zu vermeiden, sowie die Regenwurmgiftigkeit und eine mögliche Verflüchtigung durch die Luft. Festgestellt werden auch die Giftigkeit des Präparates für Tiere und Umwelt und die duldbare Rückstandshöhe im Erntegut. Erst wenn ein Präparat all diese Hürden genommen hat, erfolgt die Zulassung durch das Bundesamt für Verbraucherschutz und Lebensmittelsicherheit. Sie erkennen diese am dreieckigen Zulassungszeichen (› Abb. Seite 25) und einer individuellen Nummer. Die Dauer der Zulassung ist immer befristet, sodass bei der Wiederzulassung eine Neubewertung des Präparates erfolgen muss.

Das Pflanzenschutzgesetz

Den weiteren Weg des Mittels, wie Verkauf und Anwendung, regelt das Pflanzenschutzgesetz. Es wurde 2001 völlig neu gefasst. Auch die Anwendung im Hausgarten ist nun genauestens geregelt. Grundsätzlich handelt es sich bei jeder Zulassung um eine sogenannte Indikationszulassung. Das bedeutet, dass das Präparat nur in einem bestimmten Bereich und gegen genau angegebene Schädlinge bei definierten Pflanzen angewendet werden darf. Ein Schneckenkornpräparat beispielsweise darf nur gegen Nacktschnecken, nicht aber gegen Gehäuseschnecken und nur bei Kohlgemüse, Salat, Erdbeeren und Zierpflanzen gestreut werden. Kupfermittel sind unter anderem zugelassen bei Tomaten und Kartoffeln, nicht aber gegen die Kräuselkrankheit des Pfirsichs im Hausgarten. Diese können Sie als Privatgärtner also nicht bekämpfen. Zudem muss jedes Präparat für den Hausgarten die Aufschrift tragen: „Zugelassen in Haus und Kleingarten", und es darf maximal für eine Fläche von 500 m² pro Packung ausreichen.

Gesetzlich geregelte Anwendung

Für jedes Präparat gilt eine Reihe von Auflagen. So ist bei manchen Mitteln ein Abstand zu Gewässern von 10 m einzuhalten – dazu gehört selbstverständlich auch der Gartenteich. Ebenso ist die Anwendungshäufigkeit geregelt. Kein Mittel darf beliebig oft ausgebracht werden. Beachten müssen Sie auch die Wartezeit: die Zeit, die zwischen Anwendung des Präparates und Ernte verstreichen muss, damit das Ernteprodukt kaum mehr Rückstände aufweist.

> **TIPP!**
>
> **Keine alten Mittel verwenden!**
>
> Nach Ende des Zulassungszeitraums darf ein Mittel noch zwei Jahre lang verwendet werden, dann herrscht Anwendungsverbot. Grundsätzlich müssen Sie davon ausgehen, dass Mittel, die schon seit Jahren im Keller stehen, verboten sind, sowie Präparate, die sich nicht mehr in der Originalpackung befinden. Sie sind Problemmüll und bei entsprechenden Sammelstellen zu entsorgen.

All diese Regelungen und Vorschriften gelten selbstverständlich auch für Bio-Mittel (› Seiten 26–29). Denn auch sie können Wirkstoffe enthalten, die bei unsachgemäßer Anwendung Schäden und Umweltbelastungen hervorrufen können. So ist bei der Anwendung von (bio-)pyrethrumhaltigen Präparaten (› Seite 27) besondere Sorgfalt wichtig, weil sie nicht nur die Schädlinge töten, sondern auch alle mitbehandelten Nützlinge. Bei selbst hergestellten Hausmitteln, wie z. B. Schmierseifenlösung (› Kasten Seite 27), macht der Gesetzgeber eine Ausnahme. Diese dürfen nach Belieben hergestellt und verwendet werden, ohne dass irgendwelche Auflagen zu beachten wären.

Das Gesetz erlaubt den Einsatz von Pflanzenschutzmitteln grundsätzlich nur auf gärtnerisch, landwirtschaftlich oder forstlich genutzten Flächen, d. h. Gebieten, auf denen Nutz- oder Zierpflanzen stehen. Somit ist es nicht erlaubt, Unkraut zu spritzen, das an der Bordsteinkante vor dem Grundstück wächst. Auch Terrassen, Garagenzufahrten, ein befestigter Hof oder Plätze zum Lagern von z. B. Holz dürfen Sie nicht behandeln. Denn alle diese Flächen werden nicht gärtnerisch genutzt. Ein legaler Einsatz von Unkrautmitteln (Herbizide, › Seite 26) ist im Hausgarten nur im Rasen möglich, unter Kernobstbäumen, bei Zierpflanzen und bei Wegen mit Holzgewächsen.

Alle geprüften Pflanzenschutzmittel sind auf der Verpackung mit dem Zulassungszeichen und einer Nummer gekennzeichnet.

Mit größter Sorgfalt

Schon beim Kauf sollten Sie sich im Fachgeschäft über den Einsatz des Präparats beraten lassen. Laut Gesetz darf ein Verkauf von Pflanzenschutzmitteln ohne Beratung gar nicht mehr erfolgen.

➜ Lesen Sie sorgfältig die Gebrauchsanleitung. Hier ist alles vermerkt, was beachtet werden muss, auch das Mischungsverhältnis und welche Pflanzenteile zu behandeln sind. Dies variiert natürlich von Präparat zu Präparat. Vielen Mitteln ist ein Portionierer beigefügt, damit sie problemlos abgemessen werden können.

➜ Tragen Sie beim Hantieren mit Pflanzenschutzmitteln immer Handschuhe!

➜ Bringen Sie die Mittel bei windstillem, trockenem Wetter aus, niemals in praller Sonne. Achten Sie auf die Wettervorhersage:

In den Stunden nach der Ausbringung sollte es möglichst nicht regnen.

➜ Restmengen der Spritzbrühe dürfen keinesfalls in die Kanalisation gelangen. Sprühen Sie sie verdünnt nochmals auf die zu behandelnden Pflanzen.

➜ Lagern Sie die Mittel grundsätzlich frostfrei und getrennt von Lebensmitteln.

Die wichtigsten Wirkstoffe in Pflanzenschutzmitteln

In diesem Kapitel werden die einzelnen Gruppen der Pflanzenschutzmittel vorgestellt. Die Rede ist hier nie von einzelnen Mitteln oder Handelsnamen, denn ausschlaggebend ist ganz alleine der Wirkstoff. Weitere Bestandteile des Präparats sind sogenannte Füll- und Formulierungsstoffe. Sie sorgen unter anderem für gute Löslichkeit der Inhaltsstoffe. Die Gesamtheit aller Bestandteile des Pflanzenschutzmittels wird Formulierung genannt. Bitte beachten Sie zu diesem Thema auch die Angaben in den Porträts (ab Seite 98) und Bildtafeln zur Bestimmung (ab Seite 48) sowie die Wirkstofftabellen auf den Seiten 166–167.

Unkrautvernichtungsmittel

Mittel, die Pflanzen abtöten, heißen **Herbizide**. Sie werden zur Unkrautregulierung eingesetzt. Man unterscheidet verschiedene Typen: **Systemische Herbizide** gelangen auch in die Pflanzenwurzeln und töten die gesamte Pflanze. Ein **lokales Herbizid** dagegen tötet nur den Pflanzenteil, den es benetzt. **Universalherbizide** wirken auf alle grünen Pflanzen, **selektive Präparate** wirken nur bei einzelnen Pflanzengruppen, wie z. B. Moosen oder Gräsern.

➜ Ein häufig angewendeter Wirkstoff ist das **Glyphosat**, ein systemisches Universalherbizid. Es wird ausschließlich über grüne Pflanzenteile aufgenommen, also nicht über die Wurzeln. Nach ca. 10 Tagen ist der Wirkstoff bis in die Wurzeln gelangt, und das Unkraut wächst nicht mehr nach. Wichtig ist, dass die Unkrautpflanzen bei der Behandlung bereits eine gewisse Größe haben, damit sie genügend Wirkstoff aufnehmen. Je wüchsiger die Pflanzen sind, desto schneller erfolgt der Wirkstofftransport in die Wurzeln und desto früher kann die Pflanze entfernt werden, ohne dass sie wieder austreibt. Denn der Wirkstoff befindet sich nun in den Wurzeln und tötet diese ab.

➜ Eine andere Gruppe von Herbiziden sind **Wuchsstoffe** wie **2,4-D, MCPA** oder **Dicamba**. Sie wirken systemisch, aber selektiv auf sogenannte zweikeimblättrige Pflanzen. Sie werden eingesetzt, um Kräuter aus Rasenflächen zu entfernen, ohne den Gräsern zu schaden, da Gräser zu einer anderen Gruppe, den einkeimblättrigen Pflanzen, gehören.

Bei Insektiziden – wie beispielsweise diesem Kombipräparat – müssen Sie darauf achten, dass sie Nützlinge schonen.

➜ Die Wirkstoffe **Essigsäure** und **Pelargonsäure** gehören ebenfalls zu den Universalherbiziden, wirken aber nur lokal: Die oberirdischen Teile der Pflanzen werden abgetötet, die Wurzeln können aber wieder austreiben.

➜ **Eisensulfat** und **Qinoclamin** sind zwei Wirkstoffe, die Moos im Gras oberflächlich verbrennen und abtöten. Sie sind die am häufigsten eingesetzten Pflanzenschutzmittel im Hausgarten. Ihre Wirkung ist anfangs zufriedenstellend. Meist kehrt das Moos aber nach kurzer Zeit zurück. Eine Moosbekämpfung gelingt deshalb nur in Verbindung mit ausreichender Düngung, Bodenpflege und Belichtung des Rasens.

Gegen Insekten und Spinnentiere

Mittel gegen Insekten heißen **Insektizide**, gegen Spinnentiere **Akarizide**. Auch hier gibt es **systemische Mittel** sowie **Kontakt-** und **Fraßmittel**. Ein systemisches Mittel wird in der gesamten Pflanze verteilt, der Schädling muss deshalb nicht direkt getroffen werden, sondern nimmt den Wirkstoff beim Fressen oder Saugen über die Pflanze auf. Bei Kontakt- und Fraßmitteln muss das Insekt entweder von der Spritzbrühe getroffen werden, oder es muss den Wirkstoff direkt fressen.

→ Bei Zierpflanzen häufig verwendete Wirkstoffe gegen saugende Insekten sind **Dimethoat** und **Imidacloprid.** Sie sind systemisch, verteilen sich also in der gesamten Pflanze. Sie können gespritzt, in das Gießwasser gemischt oder als Stäbchen in die Erde gesteckt werden. Ihre Wirkung erstreckt sich über mehrere Wochen.

→ Seit Langem bewährt im **Bio-Bereich** sind **Kaliseifen.** Sie sind breit einsetzbar gegen saugende Insekten und Spinnmilben an Zierpflanzen, Obst und Gemüse, im Freiland und an Zimmerpflanzen. Der Schädling muss von diesem Kontaktmittel direkt getroffen werden. Deshalb ist eine Behandlung erforderlich, bevor sich die Blätter einrollen. Kaliseifen werden bei bedecktem Himmel und eher kühlen Temperaturen eingesetzt, denn sie wirken nur, solange sie nicht verdunstet sind. Sie töten die Eier der Schädlinge nicht ab.

→ Das gleiche Zulassungsspektrum haben Präparate auf **Rapsölbasis**. Das sind, wohlgemerkt, keine Salatöle, sondern Pflanzenschutzmittel als Ölemulsionen. Auch sie sind im **Bio-Bereich** erlaubt. Ölprodukte töten auch die Eier der Schädlinge. Sie eignen sich vor allem für hartlaubigere Pflanzen, da empfindliche Pflanzenteile durch das Öl manchmal Schädigungen erleiden.

→ Auch **Pyrethrum** ist ein **Bio-Wirkstoff**, gewonnen aus Chrysanthemenblüten. Es ist allerdings nicht nützlingschonend, da es alle getroffenen Insekten und Spinnentiere tötet. Präparate mit diesem Wirkstoff werden häufig gegen Schädlinge und Ungeziefer im Wohnbereich eingesetzt. Zeitweise stand es im Verdacht, hier bei Menschen Nervenschäden zu verursachen. Dieser Verdacht hat sich aber nicht bestätigt. Wenn es versehentlich in den menschlichen Körper gelangt, wird es sehr schnell wieder ausgeschieden.

→ Seit einigen Jahren werden vermehrt Präparate angeboten, die **sowohl Rapsöl als auch Pyrethrine** beinhalten. Diese haben ein noch besseres und breiteres Wirkungsspektrum als die Einzelwirkstoffe (z. B. können sie auch gegen Weiße Fliegen oder Schildläuse eingesetzt werden). Sie sind aber für Warmblüter völlig ungefährlich und im Bio-Anbau erlaubt.

→ Ein **Bio-Wirkstoff** gegen Raupen an Kohlgemüse, Kernobst und Reben ist das Fraßmittel ***Bacillus thuringiensis.*** Dieses Bakterienpräparat wirkt ausschließlich, also selektiv, auf Schmetterlingsraupen, beispielsweise von Kohlweißlingen. Nützlinge und andere

TIPP!

Schmierseifenlösung gegen Blattläuse

Ein gut wirksames Blattlausmittel können Sie mit Schmierseife oder Spülmittel selbst herstellen. Und Sie sparen dabei auch noch Geld. Dazu lösen Sie 20 ml (ein Schnapsglas bis zum Eichstrich enthält 5 ml) Seife (flüssige Seife oder Schmierseife gibt es im Drogeriemarkt) in einem Liter Wasser auf. Die Zugabe von 20 ml Spiritus verbessert die Wirkung. Geeignet ist ein handelsüblicher Pflanzensprüher. Sie müssen die Läuse direkt benetzen. Blüten und frische Blätter können durch die Spritzung allerdings verbräunen. Verwenden Sie möglichst kalkfreies Wasser oder Regenwasser, da dies die Wirksamkeit gegenüber Läusen erheblich verbessert. Spritzbrühe, die Sie nicht sofort verbrauchen, können Sie ohne Weiteres auf einer Rasen- oder sonstigen Fläche ausgießen, ohne dass Pflanzen- oder Umweltschäden zu befürchten wären.

Tiere werden nicht beeinträchtigt. Das Fraßgift wirkt besonders gut bei Wärme und auf junge Raupen. Auch gegen den Apfelwickler gibt es spezifische Wirkstoffe (› Seite 155).

➜ **Azadirachtin**, im Handel meist unter dem Namen **Neem** geführt, ist ein **Bio-Wirkstoff** gegen Schädlinge und Minierfliegen bei Zierpflanzen, gegen den Kartoffelkäfer, die Mehlige Apfelblattlaus und den Frostspanner. Das Fraß- und Kontaktmittel tötet die Schädlinge nicht, sondern macht sie unfruchtbar. Deshalb muss es unbedingt schon bei Befallsbeginn angewendet werden. An Apfelbäumen liegt dieser Zeitpunkt noch vor dem Aufblühen des Baumes.

Anti-Schnecken-Mittel

Wirkstoffe gegen Schnecken werden **Molluskizide** genannt (Mollusken = Weichtiere). Im Handel sind drei Wirkstoffe, die sich in der Wirkungsweise deutlich unterscheiden. Zugelassen sind die Schneckenmittel für Zierpflanzen, Salat-Arten, Kohlgemüse und Erdbeeren. Keinesfalls dürfen Sie Schneckenmittel in Häufchen auslegen, damit sie nicht von anderen Tieren in größeren Mengen gefressen werden. Streuen Sie sie immer breit und gleichmäßig aus. Das erhöht auch die Wirksamkeit der Mittel deutlich. Alle drei Schneckenkornwirkstoffe führen zu einem sehr guten Bekämpfungserfolg, wenn sie nach Vorschrift angewendet werden:

➜ **Eisen-III-Phosphat** setzt sich aus Stoffen zusammen – Eisen und Phosphat –, die auch natürlicherweise im Boden vorkommen. Für Schnecken sind sie in dieser Kombination jedoch tödlich: Wenn eine Schnecke den Wirkstoff aufnimmt, wird ihr Darm in Mitleidenschaft gezogen. Sie hört auf zu fressen, verkriecht sich und verendet, ohne dabei abzuschleimen. Die benötigte Menge an Schneckenkorn ist mit 5 g pro m² recht groß. Eisen-III-Phosphat ist auch in **biologisch** wirtschaftenden Betrieben erlaubt. Haustiere, Igel und Nützlinge werden durch diesen Wirkstoff nicht beeinträchtigt.

Schneckenkorn darf nicht in Häufchen ausgelegt werden. Zudem ist es wirksamer, wenn Sie es gleichmäßig zwischen den Pflanzen verteilen.

➜ Nur bei **Metaldehyd** schleimen die Schnecken ab. Hiervon dürfen Sie aber nur 0,8 g pro m² ausstreuen, also deutlich weniger als vom Eisen-III-Phosphat. Auch Metaldehyd ist bei der empfohlenen geringen Dosierung für Igel und Regenwürmer nicht schädlich. Hunde können jedoch beeinträchtigt werden, wenn sie größere Mengen davon fressen. Sie dürfen deshalb keinen Zugang zu diesen Präparaten haben. Das Präparat wird im Boden zu Wasser und Kohlendioxid abgebaut. Der größte Teil der handelsüblichen Schneckenmittel enthält diese Substanz.

➜ Vom **Methiocarb** dürfen ebenfalls nur 0,5 g pro m² ausgebracht werden. Es wirkt sehr schnell, da es die Nerven lähmt. Hier müssen Sie bei der Anwendung einen Abstand von 10 m zu Gewässern einhalten sowie – anders als bei den vorigen Wirkstoffen – eine Wartezeit von 14 Tagen, bis das Gemüse geerntet werden darf. Haustiere sollten ferngehalten werden.

Wirkstoffe gegen Pilze

Fungizide sind Präparate gegen Pilzkrankheiten, die in der Regel vorbeugend angewendet werden. Auch hier gibt es **systemische Mittel**, die sich innerhalb der Pflanze verteilen, und **Kontaktmittel**, die auf dem Blatt verbleiben. Die bekanntesten Mittel werden hier vorgestellt, einige weitere in den Porträts ab Seite 98 bei den jeweiligen Pilzkrankheiten. Beachten Sie dazu bitte außerdem die Wirkstofftabellen auf den Seiten 166–167.

→ Ein gegen viele Pilze einsetzbarer Wirkstoff ist das **Azoxystrobin** aus der Gruppe der **Strobilurine** (benannt nach einem Pilz, aus dem diese Substanz isoliert wurde). Azoxystrobin dringt in das Blatt ein (es ist halbsystemisch) und wirkt gegen den Echten und gegen den Falschen Mehltau an Tomate und Gurke, gegen die Braunfäule an der Tomate und gegen Rostpilze an Zierpflanzen. Der Wirkstoff wird auch gerne bei Rosen eingesetzt, weil er alle gängigen Blattkrankheiten wie Mehltau und Sternrußtau erfasst.
Bei diesen Mitteln müssen Sie noch mehr als bei anderen Fungiziden darauf achten, sie rein vorbeugend anzuwenden. Bei bereits gekeimten Pilzsporen sind sie wirkungslos – im Gegenteil: Die Pilze gewöhnen sich daran und werden schnell resistent gegen diese Wirkstoffgruppe.

→ Der Wirkstoff **Fosethyl** ist systemisch, das heißt, er dringt auch bis zur Wurzel vor. Deshalb wird er gegen *Phytophthora*-Pilze an Erdbeeren und Gehölzen eingesetzt. Ein bereits eingenisteter Pilz kann damit allerdings nicht mehr abgetötet werden. Ein weiteres Einsatzgebiet von Fosethyl ist der Falsche Mehltau bei Gurke und Salat.

→ Ein altbekannter und schon lange eingesetzter **Bio-Wirkstoff** ist **Kupfer**. Es ist zugelassen für Zierpflanzen, für die Weinrebe und für einige Gemüsearten. Sehr oft findet es Verwendung bei Tomaten gegen die diversen Tomatenkrankheiten, vor allem die Braunfäule. Kupfer gehört zu den Schwermetallen. Es reichert sich im Boden an, d. h. es wird nicht abgebaut, und ist giftig für Regenwürmer. Aus diesem Grund gibt es immer wieder Überlegungen, Kupfer komplett zu verbieten. Für die Bio-Anbauer ist aber zum jetzigen Zeitpunkt noch kein Ersatzprodukt vorhanden.
Die Kupferverbindungen sind ein anschauliches Beispiel dafür, dass Bio-Mittel nicht selbstverständlicherweise ungefährlich sind, sondern sehr wohl die Bezeichnung „umweltgefährlich“ tragen können.

→ Ebenfalls **biotauglich** ist **Netzschwefel**. Er wirkt gegen Schorf an Apfel und den Echten Mehltau an Weinrebe und Gemüse, zudem gegen Gallmilben, die an Johannisbeeren, Reben und Brombeeren schädigen. Bei hohen Temperaturen und Sonnenschein führt Schwefel zu Verbrennungen an der Pflanze. Schwefel ist im Übrigen auch ein wichtiger Pflanzennährstoff. Gegen seine Anwesenheit auf Pflanze und Boden ist nichts einzuwenden.

→ **Mancozeb, Maneb** und **Metiram** sind chemisch nahe verwandte, schwefelhaltige Substanzen, sehr breit wirksam und schon lange

Viele Pilzmittel wirken nur dann zufriedenstellend, wenn sie ausgebracht werden, bevor sich die Pilzerkrankung deutlich zeigt.

bekannt. Allerdings haben sie keine Wirkung gegen Echte Mehltaupilze. Ihre Haupteinsatzgebiete sind Kartoffel, Tomate, Weinrebe und Zierpflanzen.

→ Mit **Fenhexamid** liegt ein sehr guter Wirkstoff gegen Grauschimmel und Fruchtfäulen an Süß- und Sauerkirsche, Zwetschgen, Weinrebe und Zierpflanzen vor.

Weitere Wirkstoffe

Während gegen Nematoden (Fadenwürmer) keine Wirkstoffe zugelassen sind, dürfen gegen Nagetiere (*Rodentia*) sogenannte Antikoagulantien eingesetzt werden, bei denen die Tiere schmerzfrei an inneren Blutungen sterben. Mit Aluminiumphosphid können die Baue begast werden, und Zinkphosphid dient als Fraßgift. Calciumcarbid kann zur Vergrämung eingesetzt werden.

Nützlinge als biologische Helfer

Unterschätzen Sie nicht die tatkräftige Hilfe von Nützlingen in Ihrem Stauden- oder Gemüsebeet! Unter Nützlingen verstehen wir alle Arten von Tieren, die sich von Schädlingen ernähren. Wenn Sie die kleinen Helfer und deren Leistungen erst einmal kennengelernt haben, werden Sie auch Ihre Freude daran haben, ihnen das Leben und die Arbeit dankbar zu erleichtern. Effektiver ist Pflanzenschutz nicht machbar.

Nützlinge im Hausgarten fördern

Jeder, der sich mit Pflanzen beschäftigt – sei es im Erwerb oder als Hobby –, sollte bestrebt sein, den Pflanzenschutz so weit wie möglich den kleinen Helfern zu überlassen. Das schont die Umwelt und spart Kosten. Und es gibt genug davon: Neben Marienkäfern, Flor- und Schwebfliegen (› Seite 32) tummeln sich Zehrwespen, Raubwanzen, -fliegen und -milben. Dazu kommen diverse Käferarten, Spinnen, Laufkäfer, eine ganze Reihe von Schlupfwespen, aber auch Kröten, Vögel, Igel und weitere Wirbeltiere. Ohne ihre Mithilfe wird es Ihnen auch mit schärfsten Gegenmaßnahmen schwerfallen, die Schädlinge in vernünftigen Grenzen zu halten. Doch wie können Sie diese Nützlinge am einfachsten effektiv fördern?

Nützlinge anlocken – und schonen

Zunächst müssen Sie sich als Gartenbesitzer darüber im Klaren sein, dass jede Tierart ihren ganz speziellen Lebensraum benötigt. Eine große Terrasse, eingefasst mit einem gepflegten englischen Rasen, und am Rande noch ein Beet mit gefüllten Rosen bieten dem Igel keine Möglichkeit, seine Jungen aufzuziehen. Auch der Laubfrosch wird sich hier nicht wohlfühlen. Sicher, ein bienenbeflogener blühender Kleebestand im Rasen verträgt sich nicht mit barfuß laufenden Kindern. Doch es muss nicht gleich jedes Gänseblümchen im Rasen, jeder Löwenzahn zwischen den Büschen oder die Brennnessel hinter dem Kompost vernichtet werden. Für viele Nützlinge ist es außerordentlich wichtig, dass immer blühende Pflanzen vorhanden sind. Dadurch werden die Alttiere angelockt, die sich von Blütennektar ernähren, und sie legen dann quasi nebenbei ihre Eier in die Blattlauskolonien in der Nähe. Besonders gern werden Korb- und Doldenblütler besucht. Zu diesen Pflanzenfamilien gehören beispielsweise Löwenzahn, Ringelblumen und Margeriten, aber auch bestimmte Kräuter wie Petersilie und Dill. In diesen Blüten liegt der Nektar offen vor, sodass er auch für Insekten mit kurzem Saugrüssel – wie Schwebfliegen – erreichbar ist. Wichtig ist auch, dass Sie nicht gleich bei der ersten Blattlaus einen chemischen Rundumschlag starten. Zum einen werden so auch Nützlinge vernichtet, zum anderen haben neu zugewanderte Nützlinge keine Möglichkeit, sich zu vermehren.

Lebensräume schaffen

➜ Viele Insekten und kleine Wirbeltiere überwintern in der **Laub- und Streuschicht** unter den Sträuchern. Diese Möglichkeit wird ihnen genommen, wenn Sie das Laub vollständig und penibel überall herausrechen. Mit etwas gutem Willen ist es ohne Weiteres möglich, hier und da ein kleines Laubpolster liegen zu lassen.

➜ Sehr nützlich für eine ganze Anzahl von Tieren sind Haufen mit **Totholz oder Steinen.** Sie müssen nicht sehr groß sein, 50 cm Höhe – in einer versteckten Gartenecke oder im Gebüsch – reichen aus. Igel, Ringelnatter, Mauswiesel und Kröten schätzen solche Orte. Im Winter dienen sie als Quartier für Spinnen, Insekten und Amphibien.

➜ Eines der wertvollsten Biotope sind **abgestorbene Bäume** mit hartem Holz, wie es unsere Obstbäume haben. Wenn Sie einen solchen Baum als Lebensraum erhalten wollen, schneiden Sie alle Äste direkt am Stamm ab. Denn sonst wäre der Baum zu schwer und umsturzgefährdet. Ein 2–3 m hoher Stamm ist aber durch seine starken Wurzeln noch viele Jahre standfest. Holzbrütende Käfer sorgen nun für zahlreiche Löcher im Stamm, die dann von einer Vielzahl von Insekten als Wohn- und Brutstätte genutzt werden. Zur optischen Aufwertung können Sie den Stamm mit Rankpflanzen begrünen.

➜ Generell ist es wichtig, den Tieren eine möglichst große **Vielfalt an Kleinlebensräumen** anzubieten.

➜ Die ebenso wichtige Förderung der **Vögel** erreichen Sie durch Anbieten von Nistkästen. Davon dürfen Sie lieber zu viel als zu wenig aufhängen. Die Kästen sollten verschieden große Einfluglöcher haben, um mehrere Vogelarten anzusprechen. Hängen Sie sie schon im Winter auf, da die Vögel in kalten Winternächten gern darin Unterschlupf suchen. Auch im Winter vertilgen sie sehr viele überwinternde Schädlinge. Kohlmeise und Kleiber beispielsweise suchen unablässig die Rinde der Apfelbäume nach den Räupchen des Apfelwicklers ab und tragen so maßgeblich zu seiner Eindämmung bei.

➜ Eine Tiergruppe wird bei der Förderung meist vergessen, obwohl sie wichtige Feinde nachtaktiver Schädlinge wie Apfel- und Pflaumenwickler sowie Eulenfalter sind: die **Fledermäuse**. Ihnen mangelt es oft an geeigneten Sommerquartieren. Mit Fledermauskästen schaffen Sie hier leicht Abhilfe. Sie sollten immer an einem sehr sonnigen Platz in über 2 m Höhe angebracht werden. Vogel- und Fledermauskästen gibt es im Fachhandel zu kaufen. Der langen Lebensdauer und des Innenklimas wegen ist Holzbeton ein ideales Material. Wenn es Ihnen Spaß macht, spricht aber auch nichts dagegen, Nist- und Wohnhilfen aus Holz selber herzustellen.

Viele Tiere, wie Meisen, können Sie durch kleine Hilfen fördern. Sie danken es Ihnen das ganze Jahr über durch Vertilgen von Schädlingen.

Marienkäfer

Marienkäfer sind als Nützlinge allgemein bekannt, was sicher auch mit ihrem ansprechenden Äußeren zu tun hat. Im Mittelalter wurden sie als ein Geschenk der Gottesmutter angesehen, die sie als Hilfe gegen die Blattläuse auf die Erde schickte (daher der Name). Von den 70 bei uns heimischen Arten ist der Siebenpunkt-Marienkäfer (*Coccinella septempunctata*) der bekannteste. Es gibt aber auch gelb-schwarze Formen, wie den 14- oder 22-Punkt, und schwarze Käfer mit roten Punkten. Die Nahrung der allermeisten Marienkäfer besteht aus Läusen oder Spinnmilben. Manche Arten, wie der gelb-schwarz gezeichnete, ernähren sich von Mehltaupilzen. Bei Gefahr ziehen Marienkäfer die Beine ein und stellen sich tot. Hilft das nicht, können sie aus den Beingelenken eine übelriechende orangefarbene Flüssigkeit absondern. Spätestens jetzt wird jedem Fressfeind der Appetit gründlich vergehen.

Nützlinge im Porträt

Drei der wichtigsten Nützlinge, die in unseren Breiten im Hausgarten vorkommen, sind Marienkäfer, Schweb- und Florfliegen.

Marienkäfer

Marienkäfer überwintern als erwachsene Tiere. Die Weibchen legen dann nach und nach bis zu 800 Eier in kleinen Grüppchen ab. Eine einzige Larve des Siebenpunktes (› links) vertilgt in ihrem Larvenstadium bis zu 800 Blattläuse; in seinem gesamten Leben verzehrt ein Käfer bis zu 4000 Läuse. Nach vier Wochen verpuppt sich die Larve, und schon nach einer Woche schlüpft der fertige Käfer. Je nach Witterung und Art wachsen ein bis zwei Generationen pro Jahr heran. Besonders im zeitigen Frühjahr ist der Marienkäfer auf Blattläuse als Nahrung angewiesen. Vor allem naturnahe Standorte begünstigen eine rasche Entwicklung der Läuse und sind so Grundlage für die Vermehrung der Käfer. Wichtig sind auch Überwinterungsmöglichkeiten wie Hecken, sonnige Böschungen oder liegen gebliebenes Laub.

Schwebfliegen

Aus der großen Familie der Schwebfliegen kommen rund 200 Arten, deren Larven von Blattläusen leben. Die für den Menschen harmlosen Schwebfliegen sind 8–15 mm lang und gelb-schwarz. Von Wespen unterscheidet sie, dass sie nur ein Paar Flügel haben. Auch ihr Flug hat mit dem Wespenflug wenig gemein. Das Schweben auf der Stelle (daher der Name) wird unterbrochen durch blitzartige Flugmanöver, wobei sie Höchstgeschwindigkeiten von bis zu 500 km/h erreichen. Schwebfliegen legen ihre Eier in Blattlauskolonien ab. Die 15 mm langen Maden sind fußlos und ohne erkennbaren Kopf. Ihre Beute, die sie aussaugen, ertasten sie durch Pendelbewegungen des Körpers. Bis zur Verpuppung nach zwei Wochen vertilgt eine

Schwebfliegen sehen Wespen ähnlich. Im Gegensatz zu diesen können sie aber nicht stechen: Sie sind völlig ungefährlich und harmlos.

Schwebfliegenlarve bis zu 700 Blattläuse. Die tropfenförmige Puppe klebt an Pflanzenteilen, bei manchen Arten befindet sie sich als Tönnchenpuppe im Boden. Wegen ihrer hohen Fraßleistung gehören die Schwebfliegen zu den wirkungsvollsten Schädlingsvernichtern überhaupt. Im Herbst ziehen viele Arten über die Alpen nach Süden.
Erwachsene Schwebfliegen sind auf Blütennektar angewiesen. Weil sie nur einen kurzen Leckrüssel haben, muss der Nektar leicht zugänglich sein. Geeignete Pflanzen sind Doldenblütler wie Schafgarbe, Dill oder Kerbel sowie Korbblütler, z. B. Sonnenblume, Ringelblume, Margerite, Aster oder Löwenzahn.

Florfliegen

Florfliegen überwintern als ausgewachsene Insekten und ernähren sich von Pollen und Nektar. Im Lauf seines Lebens legt ein Weibchen bis zu 800 Eier. Um Kannibalismus unter den frisch geschlüpften Larven zu vermeiden, sitzen die Eier auf biegsamen Stielchen. Nach dem Schlüpfen beginnen die Junglarven sofort mit dem Fressen von Eiern, Larven und erwachsenen Insekten aller Art. Während ihrer Entwicklung vertilgen sie je nach Art zwischen 500 und 1000 Blattläuse. Nach 8–10 Tagen verpuppen sich die Larven. In einem warmen Sommer können mehrere Generationen entstehen. Für die erwachsenen Tiere sollten Sie immer Blütenpflanzen im Garten haben (› Seite 30), für die Larven Blattläuse (es bewährt sich also, nicht alle Blattläuse restlos zu vernichten!). Zum Überwintern nehmen die Tiere gern Holzkästchen mit einer Kantenlänge von 30 cm an, die regengeschützt aufgestellt werden. Als Füllstoff dient Stroh, eine Seite sollten Sie zum Schutz vor Vögeln mit Maschendraht bespannen.

Florfliege

In Europa gibt es 50 Arten. Die bekannteste ist *Chrysopa carnea* mit ihren zart durchscheinenden, grünlichen Flügeln. Im Herbst kommt sie häufig zum Überwintern in die Wohnungen. Wegen ihres großen Hungers und ihres breiten Nahrungsspektrums werden gezüchtete Florfliegenlarven von Erwerbsgärtnern als „Feuerwehr“ bei Schädlingsbefall eingesetzt.

Käufliche Nützlinge einsetzen

Sie können Nützlinge nicht nur fördern, sondern auch kaufen. Ihr Einsatz ist vor allem im Gewächshaus, in Wintergärten sowie bei Kübel- und Zimmerpflanzen sinnvoll. Im Gartenfachhandel sind Anforderungskärtchen erhältlich, mit denen Sie Nützlinge bestellen können. Mit dem Kauf der Karte sind Porto und Tiere bezahlt. Wie Sie die Nützlinge freilassen müssen, erfahren Sie auf der Gebrauchsanleitung. Meist werden sie ausgestreut, oder das Gefäß wird einfach nur geöffnet. Voraussetzung für einen gelungenen Nützlingseinsatz ist aber immer, dass er sehr frühzeitig erfolgt.

Umweltschonend und lange wirksam

Die Vorteile liegen auf der Hand: Es ist keine Chemie nötig, und Sie müssen keine Wartezeit einhalten. Zum richtigen Zeitpunkt ausgebracht, sind Nützlinge je nach Art ziemlich lange wirksam. Im biologischen Anbau sind sie oft die einzige Möglichkeit zur Schädlingsabwehr. Aber auch im konventionellen Gemüseanbau im Gewächshaus, vor allem bei Tomaten und Gurken, ist Nützlingseinsatz oft Standard. Im Hausgarten hat er sich ebenfalls bewährt. Manche Nützlinge, wie Raubmilben oder Nematoden, vermehren sich schneller als die Schädlinge. Hier genügt meist ein einziger Einsatz. Bei anderen Nützlingen können mehrere Einsätze nötig sein.

→ **Nematoden** sind sogenannte Fadenwürmer mit einer Länge von ca. 0,6 mm. Die Arten der Gattung *Heterohabditis* dringen in die in der Erde lebenden Larven und Puppen des Dickmaulrüsslers ein und töten sie. Geeignete Anwendungszeitpunkte sind Frühjahr und Herbst, die Bodentemperatur muss dabei mindestens 12 °C betragen, damit optimale Wirksamkeit ereicht wird. Zum Ausbringen lösen Sie die Nützlinge, die in einem Tonpulver geliefert werden, einfach in Wasser auf und gießen sie mit der Gießkanne aus. Das geschieht am besten abends, da die Tiere keine UV-Strahlung vertragen. Im Boden suchen sie aktiv die Käferlarven auf und bohren sich darin ein. Im Körper der Larven vermehren sie sich, die Käferlarven verfärben sich und sterben ab. Die Nematoden suchen nun neue Larven auf und befallen diese ebenfalls.
Häufig werden Nematoden in Wintergärten eingesetzt, ebenso bei Kübelpflanzen, die im Haus überwintert werden. Denn hier haben Schadinsekten besonders gute Lebensbedingungen und vermehren sich auch im Winter. Die Nematodenart *Steinernema carpocasae* wirkt speziell gegen die Jugendstadien von Maulwurfsgrillen. Gehen Sie dabei genauso

Gegen die Larven der lästigen Trauermücken helfen nützliche Nematoden. Sie lassen sich einfach und ohne großen Aufwand einsetzen.

vor wie bei den Dickmaulrüsslern. Diese Art hilft auch gegen die Larven der Wiesenschnake. Diese sollten sich ebenfalls im Jugendstadium befinden, allerdings ist ein Befall zu der Zeit meist nicht erkennbar. Der beste Zeitpunkt für den Einsatz der Nematoden ist April oder Mai. Eine Verkaufseinheit von 10 Millionen Tieren reicht für 20 m². Trauermücken sind zwar keine Schädlinge – nur an Stecklingen fressen gelegentlich die Larven –, können aber sehr lästig werden, wenn Sie viele Pflanzgefäße besitzen. Auch im Wintergarten sind die Fenster manchmal schwarz von diesen Insekten. Hier bietet sich der Einsatz der Nematodenart *Steinernema feltiae* (› Abb. Seite 34) gegen die Larven an.

→ Weiße Fliegen leben vor allem an Gurken und Tomaten im Gewächshaus in großen Massen, suchen aber auch Zimmerpflanzen heim. Sie verursachen schwarze, klebrige Beläge auf Blättern und Früchten. Wenn Sie nun die nur 1 mm großen **Schlupfwespen** der Art *Encarsia formosa* freilassen, legen sie ihre Eier in die Fliegenpuppen. Die heranwachsende Schlupfwespe verzehrt die Larve (= Parasitierung). Sie stirbt ab, während die Außenhülle schwarz wird.

→ Ein weiterer bewährter Nützling ist z. B. der **Australische Marienkäfer**, der gegen Woll- und Schmierläuse eingesetzt wird.

→ Gegen Blattläuse helfen **räuberische Gallmücken**. Diese sind aber für einzeln stehende Pflanzen und für das Blumenfenster weniger geeignet, da sie zu ihrer Entwicklung offenen Boden benötigen. Hier empfehlen sich die Larven der **Florfliegen**. Sie arbeiten sehr effektiv (› Seite 33) und vertilgen neben Läusen auch Thripslarven und Spinnmilben. Wenn sie alle Schädlinge vertilgt haben, fressen sie sich praktischerweise selbst auf.

→ Spinnmilben schädigen vor allem Gurken unter Glas sowie zahlreiche Zimmerpflanzen. Die Blätter verfärben sich dabei gelblich und gehen schließlich zugrunde. Die **Raubmilbe** *Phytoseiulus persimilis* ernährt sich von Spinnmilben und ihren Eiern. Da Raubmilben nur bei einer Luftfeuchtigkeit von über 60 % richtig aktiv werden, sollten Sie Ihre Zimmerpflanzen vorbeugend ab und zu mit Wasser bestäuben. Im Kleingewächshaus wird die Erde täglich mit der Gießkanne begossen. Dies ist wichtig, weil hohe Luftfeuchte die Vermehrung der Spinnmilben verlangsamt, die der Raubmilben aber fördert.

TIPP!

Methoden kombinieren

Wenn schon zu viele Spinnmilben vorhanden sind, kommen Sie mit den handelsüblichen Mengen an Raubmilben nicht mehr weit. Dezimieren Sie deshalb die Spinnmilben vorab mit einer Kaliseifenspritzung (› Seite 27). Alternativ – besser noch ergänzend – können Sie die kleinste Erwerbsgärtnermenge an Raubmilben (d. h. für 200 m²) sehr hoch dosiert ausbringen.

Larven wie erwachsene Tiere des Australischen Marienkäfers vertilgen Wollläuse und können in der Wohnung eingesetzt werden.

Der Zeitpunkt ist wichtig

Die Verfahren mit Schlupfwespen und Raubmilben funktionieren gut, wenn Sie sie sehr frühzeitig anwenden. Bei der Weißen Fliege ist das der Fall, sobald das erste Exemplar gefunden wird. Bei der Spinnmilbe ist es besonders wichtig, die Raubmilben dann zum Einsatz zu bringen, wenn erst wenige Schädlingsexemplare vorhanden sind. Kontrollieren Sie deshalb wöchentlich die Blattunterseiten der gefährdeten Pflanzen. Wenn bereits ein Gespinst zu sehen ist, ist der Einsatz von Raubmilben nicht mehr sinnvoll, da sie darin nicht mehr jagen können.

Auch gegen Unkraut ist ein Kraut gewachsen

In Landwirtschaft und Gartenbau ist eine professionelle Unkrautbekämpfung die Grundvoraussetzung für eine profitable Ernte. Dafür steht auch eine große Zahl an Unkrautvernichtungsmitteln bereit. Ganz so dramatisch verhält es sich im Hausgarten natürlich nicht. Dennoch müssen Sie auch als Gartenbesitzer und Hobbygärtner auf der Hut sein, damit das Unkraut nicht der große Gewinner in Ihrem Garten wird.

Jedes Kraut hat seine Berechtigung. Müssen Beikräuter, wie sie auch genannt werden, immer bekämpft werden? Eine Brennnessel in der Gartenecke, Gänseblümchen im Rasen und ein paar Ringelblumen zwischen den Kohlrabipflanzen sind sogar nützlich: Sie locken Nützlinge an und beschatten den Boden. Schwieriger wird es, wenn das Staudenbeet von Giersch und der Kopfsalat von Franzosenkraut überwuchert wird. Unkräuter haben oft einen kürzeren Lebenszyklus und sind wüchsiger als Kulturpflanzen. Wasser, Nährstoffe und Lichtangebot sind aber begrenzt: Alles, was das Unkraut nimmt, fehlt der Kulturpflanze, und nach kurzer Zeit sind unsere Staudenraritäten von Quecken überwuchert, und die Erdbeeren verschwinden unter einer dicken Schicht Ackerwinden. Außerdem können Unkräuter Viruskrankheiten weitergeben und Schädlinge anlocken. Dies alles sind Gründe, die Unkrautflora im Garten nicht aus den Augen zu verlieren.

Vorteil durch rasche Vermehrung

Unterschieden werden zwei Unkrauttypen: **Samenunkräuter** vermehren sich über eine Unzahl von Samen. Die wichtigste Bekämpfungsmaßnahme ist hier, die Samenbildung zu verhindern. Ob Franzosenkraut oder Fingerhirse – Samenunkräuter haben ein schier unerschöpfliches Vermehrungspotenzial. Befindet sich der Samen erst einmal im Boden, wird er bei der nächsten Gelegenheit keimen und der Kulturpflanze Konkurrenz machen. Ganz wichtig ist es deshalb, dass Sie in den Gemüsebeeten die Erde immer flach lockern. Dadurch trocknet die obere Bodenschicht aus, und der Unkrautsamen kann nicht auskeimen. Ein festgedrückter Boden wird von unten andauernd mit Feuchtigkeit versorgt, dies fördert den Unkrautwuchs. **Wurzelunkräuter**, darunter mehrjährige Dauerunkräuter, vermehren sich über Wurzeln oder Rhizome. Wird ein solcher Teil zerstückelt, bildet sich aus jedem Teilstück eine neue Pflanze. Zu den lästigen und schwer bekämpfbaren Vertretern dieser Gruppe zählen Quecke, Giersch und Ackerwinde. Sie können durch Umgraben und händisches Entfernen der Rhizome in Schach gehalten werden. Graben Sie eventuell vorhandene Stauden ebenfalls aus, und entfernen Sie die Unkrautausläufer aus den Wurzelballen. Bei der Ackerwinde hilft jedoch auch Ausgraben nicht. Hier wäre der Einsatz von Glyphosat (› Seite 26) denkbar, der aber nur bei Zierpflanzen und unter Kernobst zugelassen ist. Die Winde sollte sich im Stadium der Blüte befinden. Der Garten wird dabei aber nicht großflächig mit dem Pflanzenschutzmittel besprüht, sondern lediglich die einzelne Unkrautpflanze wird mit einer Mischung aus einem Drittel Herbizid und zwei Drittel Wasser besprüht oder eingepinselt. Beachten Sie die Sicherheitsmaßnahmen (› Seite 25), und schirmen Sie benachbarte Kulturpflanzen während des Ausbringens ab.

Gut vorgebeugt ist halb gewonnen

Ein sehr bewährtes Mittel, Samenunkraut zu verhindern, ist der Einsatz von **Mulch**. Dabei wird die Erde abgedeckt, um dem Unkraut das Licht zu nehmen. Im Gemüsebeet kommen Mulchfolie, Grasschnitt oder andere organische Materialien zum Einsatz. Dicker als 1–2 cm sollte die Mulchschicht aber nicht sein, um keine Schnecken zu fördern. Ausnahme: Bei Stauden oder Gehölzen haben sich auch dickere Schichten aus Rindenmulch oder größeren Kieselsteinen bewährt. Bei Verwendung von Rindenmulch müssen Sie vermehrt Stickstoff düngen, denn beim Abbau der Rinde verbrauchen die Bodenorganismen viel davon. Am besten ist es, wenn Sie Wurzelunkräuter ganz ausgraben. Dies ist aber nicht immer machbar – möglicherweise haben sie ihren Ausgangspunkt im Bereich von Gehölzwurzeln oder beim Nachbarn. Nach ihrer Entfernung auf der zu schützenden Kulturfläche ist es dann wichtig, die Unkräuter am erneuten Eindringen zu hindern. Dazu bietet sich der Einbau einer **Rhizom- oder Wurzelsperre** an. Sie besteht aus 40 cm hohen Bahnen spezieller Folien, die in den Boden eingegraben werden und oben 1–2 cm herausragen dürfen. Diese Folie ist sogar von extrem aggressiven Ausläufern wie Bambus nicht zu durchstoßen. Schwachstellen sind aber die Überlappungen. Wenn die Bahnen an den Stoßstellen nur übereinandergelegt werden, durchwachsen die Rhizome und Wurzeln sie sofort. Sie müssen deshalb mit speziellen Schienen verklammert, mit Spezialkleber verklebt oder mit Heißluft verschmolzen werden.

Spritzen nur ausnahmsweise erlaubt

In einigen wenigen Einsatzgebieten darf auch im Hausgarten ein chemisches Herbizid ausgebracht werden (› Seite 25). Dies betrifft Verunkrautungen im Rasen oder Bewuchs unter Obstbäumen und Zierpflanzen. **Ausdrücklich verboten** ist der Einsatz jeglicher Pflanzenschutzmittel, also auch von Unkrautmitteln, auf gärtnerisch nicht genutzten Flächen wie Garagenzufahrten, Terrassen und befestigten Hofflächen! Hier müssen Sie auf Handarbeit oder Abflammen zurückgreifen. Dabei werden die Blätter mit einer Gasflamme kurz erhitzt, sodass sie nach einigen Tagen absterben.

Bei starkem Unkrautdruck hat sich der Einsatz von Mulchfolie bewährt. Durch Lichtmangel kann sich das Unkraut nicht entwickeln.

Gesunde Pflanzen in der Wohnung

Die Lebensbedingungen für Pflanzen im Innenbereich sind nicht ideal. Nicht selten führt eine ungleichmäßige Wasserversorgung oder Lichtmangel zu Stresssituationen bei Zimmerpflanzen. Schädlinge hingegen haben durch das konstante Klima und die geschwächten Pflanzen beste Entwicklungsmöglichkeiten. Hinzu kommt, dass Nützlinge und Gegenspieler in Wohnräumen natürlicherweise nur im Ausnahmefall vorkommen.

Besondere Lebensbedingungen

Mehr noch als im Garten lautet die Grundregel für den Pflanzenschutz im Haus: Sorgen Sie für den richtigen Standort und optimale Pflege, und vermeiden Sie Kulturfehler. Damit schaffen Sie die besten Voraussetzungen für die Gesundheit Ihrer Zimmerpflanzen.

➜ In Wohnräumen haben Pflanzen sehr oft unter einem unzureichenden **Lichtangebot** zu leiden. Unser Auge gleicht schwaches Licht durch Öffnen der Pupille aus. Die Pflanze kann das nicht. Schon wenige Zentimeter hinter einer Fensterscheibe nimmt das Lichtangebot drastisch ab, und der Pflanze fehlt das für die Photosynthese nötige Sonnenlicht. Abhilfe schaffen nur die Nähe zu einem hellen Fenster (kein Nordfenster) oder Pflanzenleuchten.

➜ Die größte Belastung stellen aber nicht selten **zu hohe Wassergaben** dar. Eine Vernässung des Wurzelballens mit nachfolgender Wurzelfäule ist wohl die häufigste Todesursache bei Zimmerpflanzen. Bei Pflanzen, die nicht so recht gedeihen wollen, die Blätter verlieren oder kümmern, ist eine Wurzelkontrolle nötig. Lösen Sie dazu den Wurzelballen samt Erde vorsichtig aus dem Topf und riechen Sie daran. Riecht er faulig oder schimmlig, liegt Sauerstoffmangel durch Vernässung vor. Er zeigt sich auch in Wurzelverbräunungen. Ganz schlecht ist es um die Pflanze bestellt, wenn selbst die Wurzelspitzen dunkel gefärbt sind. Abhilfe ist nur möglich, indem Sie dosiert und achtsam gießen.

➜ Oft haben die Pflanzen auch Probleme, sich auf **unterschiedliche Gießmethoden** einzustellen. Bei der Anzucht in der Gärtnerei werden Pflanzen ausschließlich von unten gewässert. Daher ist es vorteilhaft, wenn Sie sie auch auf der Fensterbank über den Untersetzer gießen. So bleibt auch die Erdoberfläche immer trocken, und es bildet sich kein Schimmel. Den meisten Zimmerpflanzen schadet es nicht, wenn der Topf zwischen den Gießvorgängen gut durchtrocknet.

→ Auch an der richtigen **Düngung** mangelt es Zimmerpflanzen oft. Der geringe Topfinhalt speichert nur wenig Nährstoffe, und sehr schnell ist die Pflanze unterversorgt. So wird sie aber anfällig für Pilzerkrankungen und Schädlinge. Ideal ist eine kontinuierliche Nährstoffversorgung mit Langzeitdüngern, die Sie im Fachhandel erhalten.

Ideale Voraussetzungen für Schädlinge

→ Viele **Schädlinge** wie Schildläuse, Dickmaulrüssler oder Weiße Fliege können sich im durchwegs frostfreien Klima der Wohnung das ganze Jahr über ungehemmt vermehren. Im Winter begünstigt die trockene Luft Spinnmilben zusätzlich, sodass sie optimale Lebensbedingungen haben. Besprühen Sie deshalb die Pflanzen täglich mit Wasser.

→ Weniger wohl fühlen sich bei Trockenheit **Pilze** auf den Blättern. Einzig der Echte Mehltau profitiert von der trockenen Luft und überzieht die Pflanzen mit seinem weißen Geflecht, denn als einziger Pilz braucht er keinen Wasserfilm auf der Blattoberfläche für die Sporenkeimung. Wurzelpilze treten jedoch häufiger auf – sie profitieren besonders von reichlichen Wassergaben.

Methoden für Innenräume

Gerade für Zimmer- und Wintergartenpflanzen gibt es eine breite Palette von **Nützlingen**, mit denen sich fast jeder Schädling im Zaum halten lässt (› Seiten 30–35). Bei der Bekämpfung von Dickmaulrüsslern oder Trauermücken, deren Larven sich im Wurzelwerk entwickeln, können Sie mit dem Einsatz von Nematoden sehr gute Erfolge erzielen. Denn auch die Nematoden profitieren von den gleichmäßigen und hohen Temperaturen, die in Zimmern herrschen.

Erst wenn alle Pflege- und Kulturmaßnahmen nicht gegriffen haben und ein Nützlingseinsatz erfolglos war, können Schutzmittel zum Einsatz kommen. Bei hartlaubigen Pflanzen eignen sich Präparate auf **Rapsölbasis** (› Seite 27) sehr gut. Sie wirken gegen Schädlinge, sind aber völlig ungiftig für den Menschen. Um einen Niederschlag der Spritzbrühe auf dem Boden zu vermeiden – die Pflanze sollte tropfnass eingesprüht werden –, behandeln Sie sie am besten in der Badewanne oder auf der Terrasse. Eine andere Möglichkeit ist es, systemische Mittel als Granulat oder Stäbchen in die Erde zu bringen. Die Wurzeln nehmen den Wirkstoff auf und verteilen ihn in der ganzen Pflanze. So werden auch versteckt sitzende Schädlinge sicher erfasst. Je nach Präparat kann die Wirkung mehrere Wochen anhalten.

Gelbtafeln sind einfach anzubringen und wirken gegen viele Insekten. Besonders gut funktionieren sie bei den lästigen Trauermücken.

Gegen Insekten und Spinnmilben gibt es im Handel zahlreiche **Sprays**, die auch alle für Innenräume zugelassen sind. Dennoch riecht es nach dem Einsatz unangenehm nach Spritzmittel. Zudem ist das Pflanzenschutzmittel in der Raumluft einfach unerwünscht. Im Winter ist es auch nicht möglich, die Pflanze im Freien zu behandeln. Hier bietet sich folgender Trick an: Stellen Sie die Pflanze in eine große Kunststofftüte, z. B. einen Müllsack, besprühen Sie sie und binden Sie sofort danach den Sack zu. Das Präparat kann nun in hoher Konzentration auf die Schädlinge einwirken und gelangt nicht in die Luft. Am nächsten Tag können Sie den Sack vorsichtig entfernen.

Bestimmung

Auch wenn Sie kein Pflanzenschutz-Experte sind: Mithilfe der Bildtafeln in diesem Kapitel können Sie lernen, die häufigsten Schädlinge, Krankheiten und Umwelteinflüsse zu erkennen, die in Haus und Garten vorkommen. Und selbst wenn sich der aufgetretene Schaden nicht mehr beheben lassen sollte, sind Sie mit Ihrem neu erworbenen Wissen für das nächste Mal bestens gerüstet.

Bestimmen leicht gemacht

Erkrankt eine Pflanze oder zeigt sie Kümmerwuchs, ist schnelle Abhilfe gefragt. Doch dazu ist es nötig, erst einmal die genaue Ursache festzustellen. Bei Echtem Mehltau oder Rostpilzen ist das nicht allzu schwer, auch Blattläuse oder Raupen lassen sich leicht erkennen. Oft lässt sich aber vom beobachteten Schadbild kaum auf den Schädling schließen. Dann hilft Ihnen diese systematische Diagnoseanleitung.

Eine Untersuchung umfasst grundsätzlich alle Pflanzenteile und läuft im Prinzip immer gleich ab. Dabei spielt es keine Rolle, ob Sie eine Zimmerpflanze oder ein Gartengehölz vor sich haben. Der Ablauf sei hier am Beispiel eines Obstbaums erläutert:

Schritt für Schritt zum Diagnose-Erfolg

Ein junger Apfelbaum zeigt fahles, gelbliches Laub, die Blätter sind leicht gerollt, der Baum sieht nicht mehr sehr vital aus.

➜ Im ersten Schritt kontrollieren Sie das **Laub** nach Auffälligkeiten. Das können Schädlinge wie Blattläuse, Spinnmilben oder Thripse sein. Möglicherweise deuten dunkle oder farbige Punkte auf Pilzfruchtkörper hin. Wichtiges Hilfsmittel ist hier eine Lupe mit 10-facher Vergrößerung. Oft erleichtert sie Ihnen die Ursachenerkennung erheblich.

➜ Ein wichtiges Indiz ist auch der **Umfang des Schadens.** Sind nur wenige Blätter oder Zweige betroffen, ist die Schadursache normalerweise lokal an diesen Stellen beheimatet. Wenn die gesamte Pflanze betroffen ist, hat die Beeinträchtigung wahrscheinlich eine grundlegendere Ursache.

➜ Der nächste Schritt ist die **Kontrolle des Stamms.** Kleine Bohrlöcher deuten auf Splint- oder Borkenkäfer hin. Die ungebetenen Gäste müssen nicht zahlreich sein – drei oder vier eingebohrte Käfer reichen aus, um ein kleines Bäumchen zum Absterben zu bringen. Wenn keine Bohrlöcher zu finden sind, ist möglicherweise die **Rinde** an manchen Stellen verfärbt oder eingesunken. Dies verursacht der Rindenbrand (› Seite 138), eine Bakterienerkrankung. Zur Absicherung der Diagnose bringen Sie mit einem Messerchen einen kleinen Schnitt in der Rinde an. Bei einem gesunden Stamm kommt dabei helles **Bastgewebe** zum Vorschein. Wenn es durch Bakterien zerstört wird, verfärbt es sich braun, und das Gehölz kann dann absterben. Die Erkrankung ist nicht nur auf Jungbäume beschränkt.

→ Bleibt der Stamm ohne Befund, nehmen Sie als Nächstes den **Stammfuß** in Augenschein. Entfernen Sie dazu einige Zentimeter Erde, denn oft sitzen Pilzerkrankungen wie die Kragenfäule (› Seite 127) genau am Übergang zum Boden. Auch hier schneiden Sie die Rinde an, um das Bastgewebe beurteilen zu können. Eine Dunkelfärbung ist ein starkes Indiz für eine *Phytophthora*-Pilzerkrankung (› Seite 136). Eine Rettung der Pflanze – und meist auch der Nachbarpflanzen – ist dann nicht mehr möglich.

→ Abschließend folgt der wichtigste Teil der Diagnose, die Sichtung der **Wurzel.** Obwohl ohne Wurzeluntersuchung in vielen Fällen die Schadursache nicht offensichtlich wird, wird sie leider viel zu selten angewendet. Dabei sind die Wurzeln der wichtigste Teil einer Pflanze. Für die Diagnose müssen Sie natürlich nicht das gesamte Wurzelwerk freilegen. Oft reicht schon eine kleinere Öffnung, um sich ein klares Bild zu verschaffen.

Gesunde Wurzeln müssen eine Vielzahl von **hellen Wurzelspitzen** aufweisen. Damit erfolgt die Aufnahme von Wasser und Nährstoffen. Sobald sie geschädigt werden, macht sich das an den oberirdischen Teilen der Pflanze bemerkbar. Je nach Schadursache und Umfang kann sich das Schadbild schon nach wenigen Tagen zeigen, in anderen Fällen dauert es Monate, bis Symptome erkennbar werden. Mögliche Schaderreger sind Wühlmäuse (› Seite 156) und Engerlinge (› Seite 111). Bedeutend häufiger treten jedoch Bodenpilze in Erscheinung. Die Folge sind **verbräunte und vermorschte Wurzeln,** die hellen Wurzelspitzen fehlen oft vollständig. Gefördert werden diese Krankheitserreger durch Bodenverdichtung und Staunässe. Zu erkennen ist diese oft schon am fauligem Geruch und an der speckigen, verfestigten Erde. Die Staunässe muss dabei nicht permanent vorliegen; schon eine Vernässung von wenigen Wochen reicht, um erheblichen Schaden zu verursachen. **Verkrümmte und verdickte Wurzeln** können auf Nematoden, Bakterien oder weitere Pilze hindeuten, je nachdem, welche Pflanzen befallen wurden.

Dem Verursacher auf der Spur

Die hier geschilderte Vorgehensweise hat sich nicht nur bei Obstgehölzen bewährt. In der Regel führt sie auch bei Ziergehölzen, Stauden, Gemüse und sogar Zimmerpflanzen zum Erfolg. Gerade Letztere leiden des Öfteren unter einem Zuviel an Wasser. Ein Blick auf die verbräunten Wurzelspitzen offenbart dann sofort die Schadursache. Auch bei Gemüse ist meist nicht der Nachbar schuld, wenn plötzlich ganze Beete dahinwelken. So schädigt die Nassfäule (› Seite 133) die Kohlstrünke und die Schäfte von Lauch, Kohlfliegenlarven (› Seite 126) und Kohlhernie (› Seite 127) zerstören die Kohlwurzeln, und der *Fusarium*-Pilz (› Seite 115) lässt Zwiebelwurzeln absterben. Keine dieser Krankheiten ist auf den ersten Blick erkennbar. Aber wenn Sie sich an diese systematische Vorgehensweise halten, werden Sie sicher die richtige Diagnose stellen.

Checkliste Pflanzenuntersuchung

- ✔ Ist der Schaden begrenzt oder gleichmäßig verteilt?
- ✔ Sind Fruchtkörper/Schädlinge sichtbar?
- ✔ Hat die Pflanze sichtbare Verletzungen?
- ✔ Zeigen die Blätter Verfärbungen? Betrifft dies jüngere oder ältere Blätter, liegt es gleichmäßig vor oder astweise?
- ✔ Sind an Stängel/Stamm/Trieb Verfärbungen bzw. Rindenveränderungen zu sehen; ist die Bastschicht unter der Rinde hell?
- ✔ Ist die Übergangszone Erde–Luft ohne Auffälligkeit, das Bastgewebe unter der Rinde am Stammfuß durchgehend hell (immer Kontrolle mit kleinen Schnitten)?
- ✔ Sind die Wurzeln vermorscht, viele weiße Wurzelspitzen sichtbar; stinkt der Boden?
- ✔ Sind die Wurzeln angefressen? Sind Schädlinge an den Wurzeln zu sehen?
- ✔ Ist der Schaden schnell oder schleichend eingetreten?

Hinweise zur Bestimmung

Damit Sie die Krankheitsursache Ihrer Pflanze möglichst einfach finden, ist das Kapitel „Bestimmung“ (ab Seite 46) entsprechend der Pflanzenteile, an denen Schädigungen auftreten können, in fünf Unterkapitel aufgegliedert:

1. Blätter und Nadeln:
2. Triebe und Wuchs:
3. Blüten und Knospen:
4. Früchte:
5. Wurzeln, Zwiebeln und Knollen:

Diese Abschnitte finden Sie auf einen Blick anhand der gestanzten Griffleiste, der Symbole sowie der entsprechend gefärbten Balken der Bildtafeln. Zur **Bestimmung** gehen Sie nun so vor:

Nachdem Sie sich im **ersten Schritt** für einen bestimmten, **betroffenen Pflanzenteil** entschieden haben, schlagen Sie nun das entsprechende Kapitel auf. Die Seiten mit den Bildtafeln sind alle nach dem folgenden Schema gestaltet:

Was?

Beim **zweiten Schritt** der Bestimmung müssen Sie sich in der ersten Spalte für die **Art der Schädigung** entscheiden. Einen Überblick über die jeweiligen Möglichkeiten können Sie sich auf den ersten Seiten der Unterkapitel verschaffen (z. B. › Seite 47).

Wo?

Zur weiteren Eingrenzung der möglichen Ursachen wählen Sie im **dritten Schritt** in der zweiten Spalte die **betroffene Pflanzengruppe** aus. In allen Kapiteln können Sie sich zwischen den Gruppen alle Pflanzen, Obst, Gemüse sowie Zierpflanzen entscheiden. Einige Schädlinge, wie z. B. Blattläuse, sind nicht sehr wählerisch und befallen so gut wie alle Pflanzen, andere – wie die Rosenblattrollwespe – haben sich auf bestimmte Arten spezialisiert. Bei Ihrer Bestimmung sollten Sie auch die Schadbilder unter „alle Pflanzen“ mit Ihrer Pflanze vergleichen und dann unter der entsprechenden kleineren Gruppe – bei einem betroffenen Apfelbaum wäre das „Obst“ – nachsehen.

Im vierten Schritt ist die Anzahl der möglichen Ursachen schon sehr begrenzt. Jetzt gilt es, sich durch abschließendes Vergleichen für die **richtige Ursache** zu entscheiden.

Schadbild

Unterstützung finden Sie dabei in der dritten Spalte mit der Abbildung der **Schadbilder.** Vergleichen Sie diese mit dem Schadbild an Ihrer Pflanze. Beachten Sie dabei aber, dass es immer eine gewisse Bandbreite an Erscheinungsformen gibt. So können vor allem Viruserkrankungen je nach Virusart und Pflanzensorte, an der sie auftreten, unterschiedlich aussehen.

Symptome/Verlauf

Weitere Absicherung finden Sie in der vierten Spalte mit einer **Beschreibung der Symptome** und des Krankheitsverlaufs. Hinweise auf die genauen Stellen des Schadens (z. B. „blattoberseits“) sowie auf Symptome fortgeschrittener Krankheitsstadien oder Merkmale, die nicht auf den ersten Blick zu sehen sind, werden Ihnen helfen.

Pflanzen

In der fünften Spalte finden Sie zur weiteren Kontrolle eine detailliertere Auflistung der **Pflanzen**, die von dem jeweiligen Schaden betroffen sein können. Bei den Ursachen, die alle Pflanzen betreffen können, sind Beispiele häufig befallener Arten genannt.

Ursache/Maßnahme

Haben Sie sich anhand Schadbild, Symptomen und Pflanzen für eine Zeile entschieden, finden Sie in der sechsten Spalte zuerst den **Namen** der Schadursache. Darunter werden nach dem › die wichtigsten **Maßnahmen** genannt. Meist handelt es sich hierbei um Notmaßnahmen, die den Schaden eindämmen und ein Ausufern verhindern. Der anschließende Seitenverweis (z. B. › Seite 153) nennt Ihnen die **zugehörige Porträtseite**. Hier finden Sie dann im **fünften Schritt** eine genaue Beschreibung der Schadursache mit den effektivsten Maßnahmen.

Hinweise zu den Porträts

Im Kapitel „Porträts“ (ab Seite 98) folgen 126 Steckbriefe der wichtigsten Krankheiten, Schädlinge und unbelebten (= abiotischen) Ursachen (z. B. Umwelteinflüsse), die im Hausgarten üblicherweise auftreten können. Der Porträtteil ist eine wichtige Ergänzung zum vorhergehenden Bestimmungsteil: Hier finden Sie weiterführende Informationen über die Schadursachen, ihre Vermeidung und Bekämpfungsmöglichkeiten. Da die Porträts alphabethisch nach den deutschen Namen sortiert sind, können Sie auch direkt bei einer Ihnen bekannten Schadursache nachschlagen.

Aufbau der Steckbriefe

→ An oberster Stelle finden Sie eine Abbildung, die entweder das Schadbild oder, ergänzend zum Diagnosefoto im Bestimmungsteil, den Verursacher zeigt; manchmal sehen Sie auch ein anderes Stadium der Krankheit oder weitere betroffene Pflanzen.

→ An zweiter Stelle steht nun der deutsche **Name**, gefolgt von der wissenschftlichen Bezeichnung. Diese wird üblicherweise gewählt, um ein Lebewesen – ob Schädling, Nützling, Pflanze, Bakterie oder Pilz – eindeutig zu benennen. Die deutschen Namen sind nicht eindeutig und können mitunter regional voneinander abweichen.

→ Es folgt eine Zeile mit **Symbolen und Seitenangaben** (z. B. ✿ › S. 77). Diese verweisen Sie auf zusätzliche Informationen im entsprechenden Kapitel des Bestimmungsteils (ab Seite 46).

Die **Porträtbeschreibung** selbst besteht aus folgenden Kategorien:

→ Im Abschnitt **Betroffene Pflanzen** finden Sie die Pflanzen, die von dieser Krankheit oder Störung befallen werden können. Manche Krankheiten und Schädlinge sind auf wenige Wirtspflanzen beschränkt, andere können sehr viele Pflanzenarten befallen.

→ Unter dem Stichwort **Schadbild** werden alle Symptome und möglichen Stadien der Krankheit, ergänzend zum Bestimmungsteil, beschrieben. Besteht eine Verwechslungsgefahr mit anderen Krankheitsursachen, wird diese hier ebenfalls genannt. So lässt z. B. der Birnentriebbohrer junge Triebe welken und vertrocknen – für den Baum kein Schaden. Aber der viel problematischere Feuerbrand verursacht fast identische Symptome.

→ Im Abschnitt **Lebensweise** können Sie wichtige biologische Daten des Schädlings oder Erregers nachlesen. Diese zu kennen, erleichtert die Bekämpfung. Wichtig sind bei Pilzen die Nebenwirte, bei Schädlingen der Zeitpunkt der Eiablage, die Anzahl der Eier und der Generationen, die sich in einem Jahr entwickeln können. Auch die Kenntnis des Überwinterungsorts kann wichtig sein: So können Sie z. B. den Apfelschorf oder die Kastanienminiermotte eindämmen, indem Sie das Herbstlaub entfernen.

→ Bei abiotischen Schädigungen wird an dieser Stelle die **Ursache** der Störung beschrieben. So werden aufgeplatzte Früchte beispielsweise durch eine unregelmäßige Wasserversorgung verursacht.

→ Der letzte Abschnitt stellt die **Maßnahmen** vor, die Sie zur Problemlösung ergreifen können. Wenn möglich, werden sowohl vorbeugende als auch direkte Maßnahmen genannt. In vielen Fällen ist ein Standortwechsel die einzige Möglichkeit; häufig ist das Problem aber auch über resistente Sorten anzugehen. Manchmal bleibt jedoch nur die Entfernung der Pflanzen.

Wenn chemische oder biologische Pflanzenschutzmittel zugelassen sind, ist dies ebenfalls vermerkt. Grundsätzlich sollte eine Verwendung von Pflanzenschutzmitteln jedoch nur als letzter Ausweg angesehen werden.

Besondere Schadursachen

Einige Probleme, die sich schwer lösen lassen, beschäftigen fast alle Gartenbesitzer. Neben Schnecken oder Blattläusen sind dies z. B. „wurmige“ Äpfel und Kirschen, Braunfäule bei Tomaten oder plötzliches Absterben von Heckenpflanzen. Hier wird in besonders ausführlichen Porträts umfassend auf wirkungsvolle Maßnahmen eingegangen.

Blätter und Nadeln

An Blättern und Nadeln machen sich Schäden besonders häufig bemerkbar. Das überrascht nicht, gibt es doch eine fast unüberschaubare Zahl an Pilzerkrankungen und Schädlingen, die sich an grünen Blättern gütlich tun. Aber auch unbelebte (= abiotische) Faktoren erzeugen häufig Krankheitsbilder auf Blättern. Doch mithilfe dieses Kapitels ist es gar nicht so schwer, die Ursache des Schadens aufzuspüren.

Grundsätzlich gilt: Prüfen Sie sehr sorgfältig, ob das Schadbild auch wirklich zur richtigen – bzw. einzigen – Diagnose führt. So können die Blätter eines absterbenden Birnbaums über und über mit orangeroten Flecken übersät sein. Schnell ist man versucht, das Absterben damit in Verbindung zu bringen. Doch in Wirklichkeit ist der Birnengitterrost unschuldig, und die Wühlmaus hat zuvor schon die Wurzeln gefressen.

Flecken

Sie sind das vorherrschende Symptom auf Blättern. Zunächst müssen Sie abklären, ob die Flecken nicht natürlicher Art sind und ganz einfach dazugehören. Schon Generationen von Gartenbesitzern versuchten dahinterzukommen, ob die eckigen Aufhellungen auf Zucchiniblättern schädlich sind. Sie sind es nicht, sie gehören zu diesen Blättern. Hinweise gibt auch das Klima, in dem sich Flecken entwickelt haben. Auf Zimmerpflanzen in beheizten Räumen ist ein **Pilzbefall** wenig wahrscheinlich. In einem dicht bewachsenen Abschnitt im Garten, der nur langsam abtrocknet, sollten Sie eher an eine Pilzerkrankung denken. Wenn Sie Pilzbefall vermuten, suchen Sie immer auch nach Fruchtkörpern (› Seite 169). Wenn Sie welche finden – meist als sehr kleine schwarze Pünktchen im Zentrum der Verfärbung erkennbar –, hat sich Ihr Verdacht bestätigt. Doch Vorsicht! Abgestorbene Pflanzenteile werden früher oder später immer von Pilzen besiedelt. Diesen sogenannten Sekundärbefall von der wahren Krankheitsursache zu unterscheiden, wird aber immer schwieriger, je länger der Krankheitsbeginn zurückliegt. Versuchen Sie bei Ihrer Diagnose möglichst frische Schadbilder zu betrachten (Pflanzen mehrere Tage lang beobachten).

Verfärbungen

Hier ist es – wie bei Flecken übrigens auch – immer sinnvoll, einen Blick mit der Lupe auf die Blattunterseite zu werfen. Sie werden erstaunt sein, wie viele **Milben, Blattsauger** oder **Thripslarven** Sie dort manchmal finden. Prüfen Sie bei Verfärbungen immer auch, ob sie mit Wuchsveränderungen verbunden sind. Auch **Virosen** können Verfärbungen verursachen. Die Diagnose „Virus" ist oft nur dann sicher, wenn weitere typische Anzeichen dazukommen. Das kann eine verschmälerte Blattspreite (= Blattfläche) sein, verkümmerter Wuchs oder auch Verkrüppelungen. Eine weitere Ursache von Verfärbungen an Gartenpflanzen kann auch der Urin von Hunden bzw. Katzen sein.

Welkeerscheinungen

Bei Welkeerscheinungen ist es sinnvoll, zusätzlich in den Abschnitten *Triebe und Wuchs* (› Seite 64) oder *Wurzeln, Zwiebeln, Knollen* (› Seite 90) nachzuschlagen. Meist finden Sie hier die Lösung, weil Schäden an der Wurzel häufig Welkesymptome an den oberirdischen Teilen nach sich ziehen.

Wucherungen und Deformationen

Veränderungen des Blattgewebes werden meist durch die Saugtätigkeit von Milben und Läusen verursacht. Auffällige Beispiele sind die **Rebenpockenmilbe** oder die **Mehlige Kohlblattlaus.** Wichtig ist hier die Abgrenzung von Virosen: Bei oft gleichem Schadbild fehlen dort die Schädlinge.

Fraßspuren

Forschen Sie bei Fraßspuren nach, ob sie frisch oder schon älteren Datums sind. Dies erkennen Sie bei genauer Betrachtung der Wundränder, oft auch mit der Lupe. Bei älteren Fraßspuren lohnt es sich nicht, dem Verursacher nachzuspüren. Meist ist er über alle Berge und der Schaden sowieso nicht mehr rückgängig zu machen. Bei frischen Spuren ist der Verursacher vielleicht aber noch greifbar. Schleimspuren verraten die Anwesenheit von **Schnecken,** Kotkrümel die von **Raupen.** Oft sind diese so gut getarnt, dass Sie die Tiere erst finden, wenn Sie direkt über den Kotkrümeln danach suchen. Andere Fraßschäden werden durch **Käfer** verursacht. Bei nachtaktiven Tieren wie dem **Dickmaulrüssler** braucht es etwas Erfahrung, um den Schädling an den Fraßspuren zu erkennen.

Schädlinge

Relativ leicht festzustellen sind Schädlinge auf Blättern. **Läuse** sitzen meist auf der Blattunterseite und scheiden auch noch Honigtau aus, sodass die gesamte Pflanze unappetitlich klebt. Andere Schädlinge, wie **Spinnmilben** oder **Weichhautmilben**, sind mit bloßem Auge kaum noch zu sehen und am ehesten über die Symptome zu diagnostizieren. Bei **Gemüsefliegen**, die besonders großen Schaden anrichten, können Sie nur vorbeugend Schutznetze einsetzen.

In diesem Kapitel

FLECKEN: alle Pflanzen

Was?	Wo?	Schadbild	Symptome / Verlauf	Pflanzen	Ursache / Maßnahme
Flecken	**alle Pflanzen**		blattoberseits bräunliche bis weißliche Flecken, im Winter und im zeitigen Frühjahr bei starkem Sonnenschein; sie können auch völlig verbräunen	häufig immergrüne Pflanzen, Kübelpflanzen	**Sonnenbrand** → Pflanzen mit Vlies oder Reisig beschatten › Seite 149
			blattober- und -unterseits vielgestaltige, meist sehr dunkle bis schwarze Flecken	häufig Ahorn	**Blattfleckenpilze** → befallene Blätter entfernen, Pflanzen trocken halten; bei starkem Befall Fungizide einsetzen › Seite 101
			meist orange Flecken, meist blattunterseits; können zu Pusteln werden und sich später braun bis schwarz verfärben	oft Rosen, Stockrosen, Lauch	**Rostpilze** → auf resistente Sorten achten; Pflanzen trocken halten; bei starkem Befall Fungizide einsetzen › Seite 140
			hellbraune und über das gesamte Blatt verteilte Flecken; können später dunkler werden; Pflanzengewebe wird weich; bei hoher Luftfeuchte wird ein mausgrauer, dichter Schimmelrasen sichtbar › auch Seite 76 und 86	besonders oft Salat; Gurke, Tomate	**Grauschimmel** → Pflanze trocken halten, abgestorbene Pflanzenteile entfernen; Fungizideinsatz möglich › Seite 117

Was?	Wo?	Schadbild	Symptome / Verlauf	Pflanzen	Ursache / Maßnahme
Flecken	**alle Pflanzen**		längliche oder runde, helle Flecken oder Gangminen am gesamten Blatt; im Gegenlicht sind oft Larven oder Puppen zu erkennen **Ähnlich:** › Lauchminierfliege, Seite 52; › Kastanienminiermotte, Seite 53	häufig an Obst, Gemüse, Zierpflanzen	**Minierfliegen** → bei Gemüse Kulturschutznetz auflegen; bei Zierpflanzen Larven in Gängen zerdrücken › Seite 131
			blattober- und -unterseits helle Flecken, Marmorierung, Ring- oder Kreisbildung; meist mit gelblicher Färbung, seltener rötlich oder braun › auch Seite 88	oft Gurkengewächse, Kartoffeln	**Viruserkrankung** → befallene Pflanzen sofort entfernen; auf resistente Sorten achten › Seite 153
	Baumobst		blattoberseits: orangerote Flecken von 5–10 mm Durchmesser; blattunterseits: braune Höcker › auch Seite 72	Birne	**Birnengitterrost** → Überträger sind breit- und flachwachsende Wacholder-Arten, diese möglichst roden › Seite 101
			auf gesamtem Blatt braune, runde, scharf umrandete Flecken mit bis 1 cm Durchmesser; Gewebe fällt später heraus; Baum im unteren Bereich stärker befallen; Früchte mit schwarzen Flecken	Kirsche, Pflaume, Aprikose, Pfirsich; auch Lorbeerkirsche	**Schrotschusskrankheit** → Baum gut ausschneiden, Abtrocknung fördern › Seite 147

FLECKEN: Baumobst

Was?	Wo?	Schadbild	Symptome / Verlauf	Pflanzen	Ursache / Maßnahme
Flecken	**Baumobst**		blattoberseits sehr zahlreiche, wenige mm große, rotviolette Flecken; Blätter vergilben schließlich und fallen ab; Krankheit beginnt unten	Sauerkirsche, Süßkirsche	**Sprühfleckenkrankheit** → Baum gut ausschneiden, um Abtrocknung zu fördern; unempfindliche Sorte wählen › Seite 149
			auf gesamtem Blatt unbestimmte bräunliche Flecken, Blattverfärbungen und Blattaufhellungen; kann das ganze Laubkleid betreffen, sodass ein kümmerliches Erscheinungsbild ensteht › auch Seite 67 und 77	vor allem Zwetschge, Kirsche, Apfel, Birne	**Rindenbrand** → Gehölz roden, da Heilung nicht möglich › Seite 138
	Beerenobst		blattoberseits zahlreiche violette Flecken oder weiße Flecken mit rotem Rand,einige mm Durchmesser; bei starkem Befall sterben die Blätter ab	Erdbeere	**Rotflecken-/Weißfleckenkrankheit** → Erdbeerlaub nach der Ernte komplett abschneiden und kompostieren › Seite 140
			blattunterseits kleine orangefarbene Säulchen; später verbräunen die Blätter und fallen ab › auch Seite 72	Johannisbeere, Stachelbeere	**Johannisbeersäulenrost** → keine Johannisbeeren in der Nähe 5-nadliger Kiefern anbauen; Pflanzenschutzmittel möglich › Seite 121

Was?	Wo?	Schadbild	Symptome / Verlauf	Pflanzen	Ursache / Maßnahme
Flecken	**Beerenobst**		blasige, rötlich verfärbte Auftreibungen; blattunterseits sitzen manchmal Blattläuse	Johannisbeere	**Johannisbeerblasenlaus** → Bekämpfung meist nicht nötig; Kaliseifenmittel auf Blattunterseite spritzen › Seite 120
	Gemüse	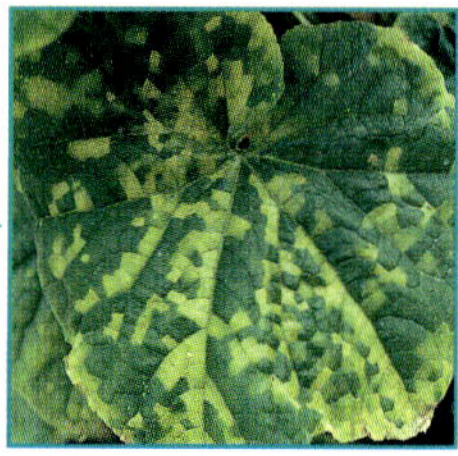	beidseitig eckige, gelbliche, von Blattadern begrenzte Flecken; verbräunen innerhalb weniger Tage; innerhalb einer Woche können alle Blätter braun sein **Ähnlich:** Eckige-Blattflecken-Krankheit, › Seite 52	vor allem Gurke, seltener Zucchini, Kürbis	**Falscher Mehltau** → Blätter trocken halten; Pflanzenschutzmittel vorbeugend möglich › Seite 112
			blattoberseits, zahlreich, hellbraun, mit wenigen mm Durchmesser; bei starkem Befall stirbt das Blatt unter Braunwerdung ab	Sellerie, Petersilie	**Septoria-Blattfleckenkrankheit** → Blätter trocken halten; Pflanzenschutzmittel bei Sellerie möglich › Seite 148
			blattober- und -unterseits; dunkle Flecken werden recht groß; befallenes Gewebe stirbt ab; oft sind konzentrische Kreise im toten Gewebe zu erkennen	Kohl, Tomate, Kartoffel, Möhre und andere	**Schwarzflecken-krankheit** → Pflanzen trocken halten; bei Tomate, Kartoffel Pflanzenschutzmittel möglich › Seite 147

FLECKEN: Gemüse

Was?	Wo?	Schadbild	Symptome / Verlauf	Pflanzen	Ursache / Maßnahme
Flecken	**Gemüse**		blattoberseits gelbliche Flecken; blattunterseits mit sehr dunklem, samtartigem Belag; Fleckenzahl nimmt zu, bis die Blätter absterben; kommt nur im Gewächshaus vor	Tomate	**Samtfleckenkrankheit** → Luftfeuchte niedrig halten; resistente Sorten wählen › Seite 142
			blattober- und -unterseits lange Gangminen; im Gegenlicht sind darin Larven und Kotreste zu erkennen; teilweise sind braune Tönnchenpuppen vorhanden; meist auch perlschnurartig aufgereihte Einstichlöcher zu erkennen	Zwiebel, Lauch, Schnittlauch	**Lauchminierfliege** → Kulturschutznetz verwenden › auch **Zwiebelfliege,** Seite 159
			blattober- und -unterseits wässrige, erst gelbliche, später schwarze Flecken; durch Blattadern begrenzt, deshalb eckig; meist nur im Freiland; Krankheitsentwicklung langsamer als beim Falschen Mehltau, › auch Seite 51 und unten	Gurke, Kürbisgewächse	**Eckige-Blattflecken-Krankheit** → Bekämpfung nicht möglich, meist auch nicht nötig › Seite 109
	Zierpflanzen		blattoberseits unregelmäßig dunkelolive Flecken mit ausgefranstem Rand **Ähnlich:** Sternrußtau, › Seite 53 › auch Seite 85	Rose	**Falscher Mehltau** → Einsatz von Pflanzenschutzmittel möglich; resistente Sorten wählen › Seite 112

Was?	Wo?	Schadbild	Symptome / Verlauf	Pflanzen	Ursache / Maßnahme
Flecken	**Zier-pflanzen**		blattoberseits unregelmäßige, dunkle Flecken in verschiedenen Größen, mit ausgefransten Rändern; Blätter vergilben und fallen ab **Ähnlich:** Falscher Mehltau, › Seite 52	Rose	**Sternrußtau** → Einsatz von Pflanzenschutzmitteln möglich; resistente Sorten wählen › Seite 150
			blattober- und -unterseits rundliche, braune Flecken, die später ineinander überlaufen; im Gegenlicht Kotreste und Larve sichtbar	weißblütige Kastanie; seltener Ahorn	**Kastanienminiermotte** → Falllaub sammeln und vernichten › Seite 121
Verfär-bungen	**alle Pflanzen**		junge Blätter vergilben blattober- und -unterseits; Blattadern bleiben aber grün › auch Seite 71	vor allem Beeren-obst, Rhododendron, Weintraube	**Eisenmangel** → Ursache ergründen; mit Eisendünger behandeln › Seite 110
			ältere Blätter vergilben blattober- und -unterseits; auch die Blattadern › auch Seite 71	Gemüse, Obst, Zierpflanzen	**Stickstoffmangel** → stickstoffhaltigen Dünger ausbringen › Seite 150

VERFÄRBUNGEN: alle Pflanzen

Was?	Wo?	Schadbild	Symptome / Verlauf	Pflanzen	Ursache / Maßnahme
Verfärbungen	**alle Pflanzen**		blattoberseits weißer, abwischbarer Belag; später vertrocknet das Blatt und stirbt ab › auch Seite 76	Gemüse, Obst, Zierpflanzen	**Echter Mehltau** → Einsatz von Pflanzenschutzmittel möglich; resistente Sorten wählen › Seite 109
			blattoberseits schwärzlicher Belag; beginnend meist bei den unteren Blättern	oft Kohl, Tomate, Gurke; Zimmerpflanzen, Kübelpflanzen	**Rußtaupilze** → Belag abwaschen; Blattläuse und Weiße Fliegen als Verursacher bekämpfen › Seite 142
			blattober- und -unterseits gelblich oder bräunlich gesprenkelt; Sprenkelung nimmt zu, Blatt vertrocknet; möglicherweise feines Spinngewebe sichtbar; meist im Haus oder Gewächshaus	oft Gurke; Zimmerpflanzen, Kübelpflanzen	**Rote Spinne** → Luftfeuchtigkeit erhöhen; Einsatz von Pflanzenschutzmittel möglich; Nützlinge einsetzen › Seite 141
			blattoberseits erscheinen Blätter durch viele sehr kleine weiße Sprenkel silbrig; tritt vor allem im Zimmer oder Gewächshaus auf	häufig Lauch und Zwiebel; Blütenpflanzen, Zimmerpflanzen	**Thrips** → Einsatz von Pflanzenschutzmittel möglich; Nützlinge einsetzen › Seite 151

Was?	Wo?	Schadbild	Symptome / Verlauf	Pflanzen	Ursache / Maßnahme
Verfärbungen	**Obst**		gesamtes Blatt betroffen; Blätter bekommen kleine braune Flecken; dann verfärben sie sich gelb und fallen ab	Rote und Weiße Johannisbeere, Stachelbeere	**Johannisbeer-Blattfallkrankheit** → im Herbst Blätter einsammeln und vernichten; resistente Sorten wählen › Seite 120
			blattoberseits sind Blätter beim Austrieb rötlich verfärbt; später färbt sich der Belag schwarz	Birne	**Birnenpockenmilbe** → beim Austrieb Pflanzenschutzmittel auf Rapsölbasis einsetzen › **Gallmilben**, Seite 115
	Gemüse		gesamtes Blatt hat braune Flecken unterschiedlicher Größen, die mit der Zeit ineinanderlaufen; Blatt wird braun und stirbt ab; blattunterseits morgens mitunter violetter Sporenrasen sichtbar › auch Seite 87	Tomate, Kartoffel	**Braunfäule** → Pflanzen trocken halten; Einsatz von Pflanzenschutzmittel möglich; bei Tomate resistente Sorten wählen › Seite 106
			gesamtes Blatt zeigt violettgelbe Verfärbungen; befallene Blätter verkrümmen; meist blattunterseits Kolonien grauer Läuse von 1–2 mm Größe erkennbar	Kohlgewächse	**Mehlige Kohlblattlaus** → Läusekolonien gezielt mit Rapsöl- oder Kaliseifenprodukten behandeln › Seite 130

VERFÄRBUNG: Ziergehölze

Was?	Wo?	Schadbild	Symptome / Verlauf	Pflanzen	Ursache / Maßnahme
Verfärbungen	**Ziergehölze**		gesamtes Blatt bzw. gesamte Nadel; Nadeln werden fahl, stumpf und sterben schließlich ab; Blätter werden braun › auch Seite 69	Zier- und Heckengehölze	**Phytophthora-Wurzelfäule** → befallene Pflanzen schnell entfernen; Pflanzenschutzmittel vorbeugend möglich › Seite 136
			gesamte Nadel; Nadeln bekommen Flecken, werden gelb, dann braun und fallen im Frühjahr ab; betrifft nur Bäume bis zum 10. Lebensjahr	Kiefer	**Kiefernschütte** → abgefallene Nadeln aufsammeln und entfernen › Seite 123
			gesamte Nadel; Nadeln verbräunen; Befall wandert vom Bauminneren nach außen und von unten nach oben	Sitka-, Omorika-, Blaufichte, seltener Rotfichte	**Sitkafichtenröhrenlaus** → Einsatz von Pflanzenschutzmittel möglich › Seite 148
			blattoberseits kleine helle Pünktchen; wenn sie stark zunehmen, verfärbt sich das Blatt weißlich; blattunterseits sitzen kleine Insekten	Rose	**Rosenzikade** → Einsatz von Pflanzenschutzmittel möglich; Bekämpfung aber meist nicht nötig › Seite 139

Was?	Wo?	Schadbild	Symptome / Verlauf	Pflanzen	Ursache / Maßnahme
Verfärbungen	**Rasen**		gesamtes Blatt; zuerst gelbe, dann strohfarbene Flecken im Rasen; rote Grasspitzen, darauf vereinzelte rosafarbene Pilzfäden sichtbar	Rasengräser	**Rotspitzigkeit** → ausreichend Stickstoff düngen; Rasenfilz reduzieren; hochwertige Gräsersorten verwenden › Seite 141
			gesamtes Blatt; Flecken von abgestorbenem Gras von bis zu 25 cm Durchmesser, gehen ineinander über, sodass große Rasenflächen braun werden; bei hoher Luftfeuchte entwickelt sich graues oder rosafarbenes Pilzgeflecht	Rasengräser	**Schneeschimmel** → Falllaub entfernen; keine Stickstoffdüngung im Herbst; gute Kaliumversorgung sicherstellen › Seite 146
			Kreise mit dunkler gefärbtem Gras oder kreisförmig angeordnete Pilzfruchtkörper im Rasen	Rasengräser	**Hexenring** → Boden im Bereich der Verfärbungen mit Grabgabel lockern und gut wässern › Seite 119
Welkeerscheinungen	**alle Pflanzen**		Absterben und Vertrocknen der Blätter und Zweige	alle Pflanzen	› viele Ursachen für Welkeerscheinungen finden Sie auch im Abschnitt *Triebe und Wuchs*, › Seiten 64–73

WUCHERUNGEN: alle Pflanzen

Was?	Wo?	Schadbild	Symptome / Verlauf	Pflanzen	Ursache / Maßnahme
Wucherungen	**alle Pflanzen**		längliche oder kugelförmige, hohle Gebilde, sogenannte Gallen; können farbig sein; Rosengallen bilden sich an Trieben und sind stark behaart	meist Gehölze; oft Eiche, Ahorn, Pflaume	**Gallwespen** → Bekämpfung nicht erforderlich › Seite 115
	Obst		Blätter färben sich im Frühjahr weißgrau bis rötlich, sind blasig aufgetrieben und verdrehen sich; dann fallen sie ab	Pfirsich	**Kräuselkrankheit** → Baum gut auslichten; für schnelles Abtrocknen sorgen › Seite 128
			Blätter blasig aufgetrieben, auf der Unterseite weißlicher Filzbelag	Weinrebe	**Rebenpockenmilbe** → beim Austrieb mit Rapsölpräparaten behandeln › **Gallmilben**, Seite 115
	Zierpflanzen		Nadeln und Triebe bilden am Triebende zusammen eine bis zu pflaumengroße, ananasförmige Galle aus	Fichte	**Fichtengallenlaus** → Bekämpfung ist nicht nötig › Seite 114

Was?	Wo?	Schadbild	Symptome / Verlauf	Pflanzen	Ursache / Maßnahme
Deformationen	**alle Pflanzen**		junge Blätter sind deformiert, gestaucht und gekräuselt › auch Seite 79	oft Erdbeere, Gemüse, Zierpflanzen	**Weichhautmilben** → befallene Pflanzenteile entfernen; Nebenwirkung von Rapsöl- und Kaliseifenpräparaten › Seite 154
			Blätter sind verdreht, verkrümmt und gestaucht; schwarze Flecken möglich › auch Seiten 71 und 94	oft Stauden	**Nematoden** → Pflanze entfernen; Fruchtwechsel vornehmen, Schwarzbrache durchführen › Seite 134
			Blattspreite (= Blattfläche) ist stark verengt, Blätter blasig aufgetrieben › auch Seite 88	oft Gemüse	**Viruserkrankung** → Pflanze unverzüglich entfernen › Seite 153
	Zierpflanzen		Blätter sind eingerollt, darin befindet sich ein kleines Räupchen	Rose	**Rosenblattrollwespe** → befallene Blätter entfernen › Seite 138

FRASSSPUREN: alle Pflanzen

Was?	Wo?	Schadbild	Symptome / Verlauf	Pflanzen	Ursache / Maßnahme
Fraß-spuren	**alle Pflanzen**		Blätter vom Rand her angefressen, oft bleiben nur Blattrippen übrig; häufig Kahlfraß; evtl. Larven sichtbar, ähneln stark Schmetterlingsraupen	häufig Obst, Gemüse, Zierpflanzen	**Blattwespe** → Einsatz von Pflanzenschutzmittel möglich › Seite 103
			Fraßspuren aller Art, häufig Lochfraß; manchmal Kotkrümel vorhanden	häufig Obst, Gemüse, Zierpflanzen	**Schmetterlingsraupen** → absammeln; Kulturschutznetz auflegen; Einsatz nützlingschonender Pflanzenschutzmittel möglich › Seite 143
			Fraßspuren; häufig Schabefraß, aber auch Lochfraß; oft mit Schleimspuren	häufig Gemüse, Zierpflanzen	**Schnecken** → absammeln; Schneckenkorn ausbringen oder Schneckenzaun anlegen; Laufenten halten › Seite 144
	Obst		Fensterfraß, d. h. die durchsichtige untere Blatthaut bleibt erhalten; schwarze, nacktschneckenähnliche Räupchen	Kirsche; selten Pfirsich, Aprikose, Pflaume	**Schwarze Kirschblattwespe** → Bekämpfung nicht möglich, im Normalfall auch nicht nötig › Seite 147

Was?	Wo?	Schadbild	Symptome / Verlauf	Pflanzen	Ursache / Maßnahme
Fraß-spuren	**Gemüse**		an Keimlingen und Jungpflanzen kleine Fraßlöcher; bei Häufung verdorren die Keimblätter; mit dem Blattwachstum werden die Löcher größer	alle Kohlarten; Radieschen, Rettich	**Erdfloh** → Erdflohnetz auflegen › Seite 111
			Fraßgänge, die ins Pflanzeninnere weisen; möglicherweise erkennbare Kotkrümel, die nicht in der Mine liegen, sondern außen	Lauch	**Lauchmotte** → Kulturschutznetz auflegen › Seite 129
			Blätter vom Rand her angefressen; Kahlfraß möglich; rotbraune, 1 cm große Larven sichtbar	Kartoffel	**Kartoffelkäfer** → absammeln; Einsatz nützlingschonender Pflanzenschutzmittel möglich › Seite 121
	Zier-pflanzen		Blattränder buchtenartig ausgefressen; Eibennadeln komplett abgefressen › auch Seite 96	meist hartlaubige Pflanzen; oft Eibe, Rhododendron, Kübelpflanzen	**Dickmaulrüssler** → nachts absammeln; Nematoden einsetzen › Seite 108

FRASSSPUREN: Zierpflanzen

Was?	Wo?	Schadbild	Symptome / Verlauf	Pflanzen	Ursache / Maßnahme
Fraß-spuren	**Zier-pflanzen**		Blätter vom Rand her angefressen; oder Fensterfraß durch die Larven; auch Kahlfraß möglich	Lilien-gewächse	**Lilienhähnchen** → absammeln; Einsatz von Pflanzenschutz-mittel möglich › Seite 129
			Loch- und Skelettierfraß; oft nur noch Blattrippen übrig	Schneeball-Arten	**Schneeballblattkäfer** → Einsatz von Pflanzenschutzmittel möglich › Seite 146
Schäd-linge	**alle Pflanzen**		Blätter eingerollt, verfärbt oder verbräunt; schwarze, grüne oder gelbe, wenige mm große Tiere in Kolonien an den Blättern › auch Rußtaupilze, Seite 54	Obst, Gemüse, Zierpflanzen	**Blattläuse** → mit scharfem Wasserstrahl abspritzen, Nützlinge einsetzen; Einsatz von Pflanzenschutz-mittel möglich › Seite 102
			braune, schildartige Gebilde von maximal ca. 5 mm Größe; Blätter klebrig von Honigtau › auch Rußtaupilze, Seite 54	Obst, Zierpflanzen; gerne hartlaubige Pflanzen	**Schildläuse** → Einsatz von Pflanzenschutzmittel möglich (Präparate auf Rapsölbasis und systemische Mittel) › Seite 142

Was?	Wo?	Schadbild	Symptome / Verlauf	Pflanzen	Ursache / Maßnahme
Schädlinge	**alle Pflanzen**		an Blättern, aber auch auf Trieben sitzen kleine, wattebauschartige Gebilde, die sich bei genauem Hinsehen bewegen	alle Pflanzenarten	**Woll- und Schmierläuse** → im Haus Nützlinge einsetzen; Einsatz von Pflanzenschutzmittel möglich › Seite 156
			blattunterseits viele 3 mm große, weiße Fliegen; ovale, unbewegliche, 2 mm große, fast weiße Larven; klebriger Belag (Honigtau) › auch Rußtaupilze, Seite 54	oft Zierpflanzen; Tomate, Gurke im Gewächshaus	**Weiße Fliege** → Gelbtafeln aufhängen; frühzeitig Nützlinge einsetzen; Einsatz von Pflanzenschutzmittel möglich › Seite 154
	viele Gehölze		gesellige Raupen an Blättern; bis zu 2 cm groß und hell gefärbt; möglicherweise eingehüllt in ein Gespinst	häufig Zier- und Obstgehölze	**Gespinstmotten** → Gespinste herausschneiden und entsorgen; vor der Gespinstbildung mit Neem-Produkten behandeln › Seite 116
	Gemüse		blattunterseits viele 3 mm große, weiße Fliegen; ovale, unbewegliche, 2 mm große, fast weiße Larven; klebriger Belag (Honigtau) › auch Rußtaupilze, Seite 54	Kohlarten	**Kohlmottenschildlaus** → Rapsölpräparate auf Blattunterseite sprühen › Seite 127

Triebe und Wuchs

Auffälligkeiten an Trieben oder dem Wuchs der Pflanzen weisen häufig auf sehr wichtige Krankheiten hin, die massive Schäden nach sich ziehen können. Die Ursachen solcher schwerwiegender Krankheiten können dabei völlig im Verborgenen liegen. Befallsort sind z. B. die Bastschicht unter der Rinde, der Holzkörper oder der Wurzelhals. Die Pflanzen sterben dann oft schnell und ohne erkennbare äußerliche Ursache.

Probleme an Wuchs und Trieben, z. B. Welke, können auch durch **Bodenschädlinge** verursacht sein. Sehen Sie deshalb immer auch im Abschnitt *Wurzeln, Zwiebeln, Knollen* nach.

Flecken

Bei Flecken an Trieben ist die Diagnose relativ leicht. Beispiele sind die **Rotpusteln** und die **Himbeerrutenkrankheit**. Manche Pflanzen, wie Platanen, haben jedoch von Natur aus eine fleckige Rinde. Auch die Witterung kann Verfärbungen hervorrufen, ohne dass diese gleich schädlich sein müssen. Solche natürlichen Erscheinungen finden Sie bei den Schadbildern selbstverständlich nicht.

Welke

Oft wird die gesamte Pflanze von einer Welke heimgesucht, die zu mehr oder weniger schnellem Absterben führt. Eine direkte Ursache ist auf den ersten Blick nicht erkennbar. Häufig sterben bei Kernobstbäumen die Blüten ab, gefolgt vom Zurücktrocknen der Äste. Sofort fällt der Verdacht auf den **Feuerbrand.** Ähnliche Symptome – aber weniger lebensbedrohend für die Pflanzen – haben der Blütenbrand (*Pseudomonas*) und die ***Monilia*-Spitzendürre.** Alle drei Krankheiten sind letztlich nur durch einen Labortest sicher zu unterscheiden, den Sie im Hausgarten nicht durchführen können. Dennoch gibt es Hinweise zur Unterscheidung: So benötigt der Feuerbrand Wärme und Sonnenschein, die beiden anderen Krankheiten Kühle und Nässe. Bei nasskaltem Blühwetter ist also eher mit *Monilia* oder Blütenbrand zu rechnen, bei Hitze während der Blüte können Sie von Feuerbrand ausgehen. Eine weitere Krankheit, die Obstbäume schnell töten kann, ist der **Rindenbrand**. Allen diesen Krankheiten gemeinsam ist, dass sie nur dann diagnostizierbar sind, wenn gezielt danach gesucht wird.

Borkenkäfer verursachen ebenfalls Welke. Gefährdet sind entgegen landläufiger Meinung nicht nur Nadelgehölze, sondern vor allem frisch verpflanzte Laubbäume. Meist wird ihr Absterben aber gar nicht mit Borkenkäferbefall in Verbindung gebracht, da die Einbohrlöcher kaum sichtbar sind. Altbekannte Arten der ***Phytophthora*-Pilze** bringen – begünstigt durch die heißen Sommer der letzten Jahre – immer häufiger Heckengehölze wie Thujen zum Absterben. Bisweilen wird dann völlig zu Unrecht der Nachbar heimlicher Aktionen verdächtigt. Dabei ist eine korrekte Diagnose durch eine Wurzelhalskontrolle ganz einfach. Viel unscheinbarer sind ***Verticillium*- und *Fusarium*-Pilze.** Sie schädigen vor allem krautige Pflanzen. ***Sclerotinia***, erkennbar am weißen Pilzgeflecht, kommt ausschließlich an krautigen Pflanzen vor, oft im Gewächshaus. Der Übergang von Welke zu Absterben ist fließend. Weniger schlimm sind die Folgen eines Befalls mit **Johannisbeerglasflügler** oder **Birnentriebbohrer**. Sie bringen zwar Zweige zum Vertrocknen, gefährden aber nicht das ganze Gehölz. Gerade beim Birnentriebbohrer ist aber eine genaue Diagnose nötig, um sie vom gefährlichen Feuerbrand zu unterscheiden. *Fusarium, Verticillium, Phytophthora* oder Borkenkäfer dagegen münden normalerweise in Absterben.

Kümmerwuchs

Ursache sind häufig **Nährstoffmängel,** meist Eisen- oder Stickstoffdefizite. Bei Eisenmangel ist keine Abhilfe möglich, wenn Sie nicht seine Ursache ermitteln. Auch **Bodenmüdigkeit** kann Wuchsprobleme zur Folge haben. Dies zu erkennen ist besonders wichtig, da keine schnellen Lösungen möglich sind (› Seite 104). Kleinwüchsigkeit und gestauchte Triebe, allgemein unbefriedigendes Wachstum kann aber auch durch **Nematodenbefall** hervorgerufen werden. Hier hilft dann nur noch eine sehr weite Fruchtfolge.

Wucherungen

Wucherungen an Trieben beruhen bei Kernobst meist auf dem **Obstbaumkrebs**, einem Pilzbefall. Doch auch **Blutläuse** lösen mit ihrem giftigen Speichel Triebdeformationen aus. Spektakulär sind auch die orangefarbenen Sporenlager, die sich aus den Stammverdickungen von Wacholder durch den **Birnengitterrost** bilden. Von diesem nicht befallen wird der einheimische Säulenwacholder und auch nicht die Thuja, die fälschlicherweise oft als Überträger verdächtigt werden. Häufiger zu finden sind auch die Fruchtkörper von **Baumpilzen**. In Farbe und Form sind sie extrem unterschiedlich, doch alle wachsen sie direkt am Holz. Ein Verstreichen von Schnittwunden mit Baumwachs kann ihre Ansiedlung leider nicht verhindern, wie die neuere Forschung zeigt. Baumpilze breiten sich dann aus, wenn die Lebenskraft der Bäume schwindet.

In diesem Kapitel

FLECKEN: viele Gehölze

Was?	Wo?	Schadbild	Symptome / Verlauf	Pflanzen	Ursache / Maßnahme
Flecken	**viele Gehölze**		orangefarbene, 1 mm große Pusteln; oft an der Triebbasis oder an Aststummeln	oft Ahorn, Johannisbeere, Hainbuche	**Rotpustelkrankheit** → befallene Äste entfernen; keine Stummel stehen lassen; ausgewogen düngen › Seite 141
	Obstgehölze		violette Flecken am unteren Teil der Triebe; können später aufreißen; führt zu Ertragsminderungen	Himbeere	**Himbeerrutenkrankheit** → mulchen; abgeerntete Ruten entfernen; so tief wie möglich abschneiden › Seite 120
Welke einzelner Triebe	**viele Gehölze**		Triebspitzen mit Blüten welken und verdorren; im Extremfall können ganze Bäume während der Blüte schlagartig absterben › auch Seiten 77 und 83	oft Sauerkirsche, Süßkirsche, Mandelbäumchen, Apfel; Forsythie	**Monilia-Spitzendürre** → Triebe zurückschneiden; Pflanzenschutzmittel in Blüte spritzen; resistente Sorten wählen › **Monilia-Fruchtfäule,** Seite 132
			einzelne Triebe welken schnell; das Laub verdorrt und bleibt am Baum; kann sehr schnell auf das ganze Gehölz übergreifen	Apfel, Birne, Quitte, Eberesche; Cotoneaster, Weiß- und Rotdorn	**Feuerbrand** → Pflanze bis weit ins gesunde Holz zurückschneiden oder roden; Werkzeug desinfizieren › Seite 113

Was?	Wo?	Schadbild	Symptome / Verlauf	Pflanzen	Ursache / Maßnahme
Welke einzelner Triebe	**Obstgehölze**		Triebe sterben ab; brechen leicht; im Inneren frisst eine Larve das Mark	Rote und Schwarze Johannisbeere	**Johannisbeerglasflügler** → Triebe entfernen und entsorgen › **Glasflügler**, Seite 116
			frischer (einjähriger) Trieb welkt und krümmt sich hakenförmig auf ca. 10 cm Länge; spiralige Einstiche unter der Krümmung	Birne, Apfel	**Birnentriebbohrer** → befallene Zweige entfernen › Seite 101
			gesamte Pflanze ist nicht mehr vital; schnelle Welke und Verdorren ist ebenso möglich wie langes Dahinsiechen; kann zum Absterben der ganzen Pflanze führen › auch Seiten 50 und 77	oft an Zwetschge, Kirsche, Apfel, Birne	**Rindenbrand** → keine Heilung möglich; Pflanze entfernen › Seite 138
			Triebe welken; am Trieb tritt gummiartiges Harz in Klumpen aus; falls der Haupttrieb betroffen ist, kann auch die ganze Pflanze welken	Kirsche, Aprikose, Steinobst	**Gummifluss** → beim Schnitt Zapfen stehen lassen; stark befallene Äste entfernen › Seite 118

WELKE EINZELNER TRIEBE: Ziergehölze

Was?	Wo?	Schadbild	Symptome / Verlauf	Pflanzen	Ursache / Maßnahme
Welke einzelner Triebe	**Ziergehölze**		einzelne Zweige oder Zweigspitzen verdorren oder sterben ab; oft auch nach Heckenschnitt	Thuja, Zypresse	**Triebsterben** → kranke Zweige entfernen › Seite 151
			einzelne Triebe sterben ab; im Mark frisst eine Raupe	Rose	**Rosentriebbohrer** → befallene Triebe entfernen › Seite 139
Welke der ganzen Pflanze	**alle Pflanzen**		ganze Pflanze verwelkt und stirbt dann ab	viele Pflanzen	viele Ursachen für Welke oder Absterben, wie z. B. Bodenschädlinge, finden Sie auch im Abschnitt *Wurzeln*, › Seiten 92–97
	Obstgehölze		Gehölz stirbt ab; am Wurzelhals stammumgreifende Nekrose und Faulstelle; Rinde blasig aufgetrieben	Obstarten, besonders Apfel	**Kragenfäule** → Baum roden; Bewuchs am Stammfuß entfernen, damit er schneller abtrocknet › Seite 127

Was?	Wo?	Schadbild	Symptome / Verlauf	Pflanzen	Ursache / Maßnahme
Welke der ganzen Pflanze	**Ziergehölze**		Blätter werden klein und gelb, Nadeln braun; Kümmerwuchs; Pflanze kann dahinsiechen oder relativ schnell absterben › auch Seite 56	häufig Heckenpflanzen; Laub- und Nadelgehölze	**Phytophthora-Wurzelfäule** → Pflanze roden › Seite 136
			schnelles Verdorren entweder der Baumspitze oder des ganzen Baums	Nadel- und Laubbäume	**Borkenkäfer** → Gehölz fällen und Rinde entfernen oder Holz entsorgen › Seite 105
	krautige Pflanzen		Keimlinge fallen um und sterben; Stängelfuß oft schwarz verfärbt; Krankheit greift sehr schnell um sich	vor allem Gemüse, Zierpflanzen	**Keimlingskrankheiten** → Erde und Anzuchtgefäß keimfrei machen; zu viel Nässe vermeiden › Seite 122
			oft einseitige Welke (d. h. auf einer Pflanzenhälfte); Pflanzen verdorren manchmal schnell; Krankheit kann rasch auf Nachbarpflanzen übergreifen	Gemüse, Zierpflanzen; oft Astern	**Fusarium-Welke** → Pflanzen mit etwas Erdreich sofort entfernen; Fruchtwechsel einhalten › Seite 115

WELKE DER GANZEN PFLANZE: krautige Pflanzen

Was?	Wo?	Schadbild	Symptome / Verlauf	Pflanzen	Ursache / Maßnahme
Welke der ganzen Pflanze	krautige Pflanzen		an Stängel oder auch Wurzel bzw. Wurzelhals watteartiges Pilzmycel; darin schwarze, harte Dauerkörper von bis zu 1 cm Durchmesser; Pflanze welkt und geht ein › auch Seite 93	oft Gemüse; auch an gelagertem Gemüse	**Sclerotinia-Fäule** → Pflanzen entfernen; Dauerkörper möglichst nicht auf den Boden gelangen lassen › Seite 148
			Pflanze welkt, vor allem bei Wärme und Sonnenschein; sie stirbt langsam ab	viele Arten	**Verticillium-Welkekrankheit** → Pflanze mit umgebendem Boden entfernen; restistente Sorten wählen › Seite 152
			Pflanze welkt, fällt um, fault und stinkt; Krankheit greift rasch um sich und befällt Nachbarpflanzen › auch Seite 94	Gemüsearten	**Nassfäule** → Pflanzen sofort entfernen und entsorgen › Seite 133
Kümmerwuchs	alle Pflanzen		Pflanze siecht dahin; Wachstum ist eingeschränkt; häufig, nachdem eine alte Pflanze am gleichen Standort durch eine neue der gleichen Art ersetzt wurde	oft Obstgehölze und Rosen sowie Gemüse	**Bodenmüdigkeit** → Standort wechseln oder Boden austauschen › Seite 104

Was?	Wo?	Schadbild	Symptome / Verlauf	Pflanzen	Ursache / Maßnahme
Kümmerwuchs	**alle Pflanzen**		Pflanze bleibt klein; ältere Blätter vergilben › auch Seite 53	Obst, Gemüse, Zierpflanzen	**Stickstoffmangel** → stickstoffhaltigen Dünger ausbringen › Seite 150
			Kümmerwuchs; vergilbtes junges Laub, Blattadern bleiben grün; kann auch nur einzelne Zweige betreffen › auch Seite 53	Obst, Gemüse, Zierpflanzen; häufig Rhododendron	**Eisenmangel** → Ursache ergründen; mit Eisendünger behandeln › Seite 110
	krautige Pflanzen		Bohne geht nicht oder nur schlecht auf; Keimblätter sind abgefressen	Bohne	**Bohnenfliege** → Bohnensaat bis zum Aufgang mit Vlies abdecken › Seite 105
			Blätter sind verdreht; das Pflanzenwachstum stockt; Pflanze ist nicht vital › auch Seiten 59 und 94	Gemüse, Zierpflanzen	**Nematoden** → Fruchtwechsel einhalten; Standort wechseln; Schwarzbrache anwenden › Seite 134

WUCHERUNGEN: Obstgehölze

Was?	Wo?	Schadbild	Symptome / Verlauf	Pflanzen	Ursache / Maßnahme
Wucherungen	**Obstgehölze**		Wucherungen an Ästen; Triebe sterben ab, sobald die Wucherungen den Ast ganz umfassen	häufig an Apfel, Birne	**Obstbaumkrebs** → Befallsstellen ausschneiden; resistente Sorten wählen; Kupfermittel zur Blattfall-Zeit spritzen › Seite 134
			Wucherungen an dünnen Trieben, Schnittstellen und Wunden; im Sommer saugen hier Läuse, die weiße Wachsfäden ausscheiden	Apfel	**Blutlaus** → Pflanzenschutzmittel auf Rapsölbasis auf Kolonien sprühen; vor Austrieb Stammbasis behandeln › Seite 104
	Ziergehölze		orangefarbene, zentimeterdicke Ausstülpungen an den Trieben; gallertartige Konsistenz; entsteht im Mai und verschwindet dann wieder › auch Seite 49	Wacholder	**Birnengitterrost** → befällt auch Birnbäume; Triebe entfernen oder gesamte Pflanze roden › Seite 101
			aus spindelförmig verdickten Ästen und dem Stamm brechen blassgelbe, längliche Sporenlager hervor › auch Seite 50	5-nadelige Kiefern, wie z. B. Weymouthskiefer	**Kiefernblasenrost** → befällt auch Johannisbeerblätter; Bäume roden › **Johannisbeersäulenrost,** Seite 121

Was?	Wo?	Schadbild	Symptome / Verlauf	Pflanzen	Ursache / Maßnahme
Wucherungen	**Ziergehölze**		Wucherungen an Trieben; kleinere aber auch an Blättern; betroffenes Pflanzenteil kann absterben	Oleander	**Oleanderkrebs** → kranke Teile entfernen, Werkzeuge desinfizieren; Pflanze vor Regen schützen › Seite 135
Pilzfruchtkörper	**viele Gehölze**		Fruchtkörperbildung von Baumpilzen unterschiedlicher Farben an Ästen und Stämmen; Größe zwischen 3 und 30 cm; Formen reichen von kugelig bis flach	Ziergehölze, Obstgehölze	**Baumpilze** → Bruchgefahr der Bäume beachten und, falls nötig, roden oder Äste entfernen › Seite 100
			Pilzfruchtkörper kommen aus den Wurzeln und dem Stammfuß	Ziergehölze, Obstgehölze	**Hallimasch** → Baum ist nicht zu retten, deshalb roden › Seite 118
Fraßspuren	**alle Pflanzen**		bodennahe Triebe und Pflanzenteile sind angefressen › auch Seite 95	Obst, Gemüse, Zierpflanzen	**Wühlmaus** → Vergrämen; Fallen aufstellen, Köder auslegen › Seite 156

Blüten und Knospen

Allzu viele Sorgen müssen Sie sich hier nicht machen. Denn Krankheiten und Schädlinge an Blüten und Knospen verursachen normalerweise keine gravierenden Probleme. Natürlich kann der Ausfall der Blüten auch einen Ausfall der Ernte nach sich ziehen. Dies ist zwar ärgerlich, aber die Pflanze selbst erleidet dadurch keinen bleibenden Schaden. Die meisten Blütenprobleme sind übrigens Folge von Pflegefehlern.

Der Grund für mangelhafte Blühleistung ist oft in Düngefehlern zu suchen. Vor allem Stickstoff treibt das vegetative Wachstum stark an. Die Pflanzen bilden dann reichlich Triebe und Blätter, aber Blüten und Früchte bleiben aus. Neben einem Zuviel an Stickstoffdüngung kann auch ein sehr humoser Boden der Grund für fehlende Blüten sein, denn beim Abbau von Humus wird im Sommer bei Wärme und Feuchtigkeit sehr viel Stickstoff frei. Aber auch fehlender Dünger kann die Blühleistung gewaltig beeinträchtigen. So brauchen Kübelpflanzen wie der Enzianstrauch ab Wuchsbeginn im Frühling hohe Licht- und Düngegaben.

Verfärbungen

Bei Verfärbungen der Blüten gilt es besonders genau hinzusehen. Nicht selten gehen sie auf **Thripse** zurück, die oft Zimmerpflanzen zusetzen, aber auch Freilandpflanzen nicht verschonen. Die Tiere sind nicht leicht aufzuspüren, da sie sehr versteckt leben. Wenn der Schaden sichtbar wird, ist es für Gegenmaßnahmen zu spät. Weißliche Verfärbungen, die Sie meist an Knospen von Zierpflanzen oder Obstgehölzen finden, weisen auf Befall durch den **Echten Mehltau** hin. Hier ist eine Bekämpfung zwar noch möglich. Empfehlenswert ist aber die Verwendung resistenter Sorten.

Absterben

Das Absterben von Knospen und Blüten kann vielfältige Ursachen haben. Im Frühjahr sind, vor allem bei Obstgehölzen, oft **Frosttemperaturen** der Grund. Aber nicht immer hängen Blüten nach einer Frosteinwirkung braun und verbrannt herab. Viel öfter ist äußerlich zunächst gar nichts zu sehen. Vor allem wenn sehr tiefe Temperaturen auf die noch geschlossene Knospe einwirken, bleiben die Kelch- und Blütenblätter intakt. Beim Öffnen der Knospe werden aber die geschwärzten Griffel und Fruchtknoten sichtbar. Diese Blüte kann naturgemäß keine Frucht mehr hervorbringen. Sehr früh blü-

hende Gehölze wie Aprikosen oder Pfirsiche sind dabei besonders frostgefährdet.
Bei nasskaltem Wetter sind die Obstbaumblüten durch den **Moniliapilz** oder durch **Blütenbrand** gefährdet. Die Symptome sind gleich. Eine Unterscheidung ist aber auch nicht dringend nötig, da der Baum normalerweise nicht nachhaltig geschädigt wird und Abhilfe ohnehin nicht mehr möglich ist. Anders sieht es aus beim **Feuerbrand**, einer weiteren Bakterienkrankheit des Kernobstes. Er benötigt warmes, sonniges Wetter. Dann werden die Bakterien von den Bienen von Blüte zu Blüte transportiert und können so in kurzer Zeit ganze Bäume infizieren.
Häufig zu finden ist auch **Grauschimmel**, der die Knospen von Zierpflanzen – vor allem Rosen – verbräunt und abtötet. Auch Tiere haben es auf Knospen abgesehen. Neben Allerweltsschädlingen wie Läusen oder Raupen gibt es auch Spezialisten, die sich nur in Knospen entwickeln können – z. B. **Blütenstecher**, kleine Rüsselkäfer, die ihre Eier in die ungeöffnete Blüte legen und den Blütenstiel benagen. In der vertrocknenden Knospe entwickelt sich die Larve.

Verkrüppelungen

Wenig auffällig, dafür aber recht zerstörerisch, können **Wanzen** sein. Wenn sie an den Knospen saugen, bleibt das Blütenwachstum stecken, oder die Blütenblätter verkrüppeln.

Wenn der Schaden entdeckt wird, ist es für Maßnahmen natürlich viel zu spät. Bei einem Verdacht auf **Weichhautmilben** lohnt sich der Griff nach einer guten Lupe. Damit können Sie die Schädlinge sofort identifizieren. Bei der **Johannisbeergallmilbe** dagegen ist das Schadbild eindeutig. Beim Knospenaustrieb leben die Tiere offen auf den Pflanzenteilen und sind deshalb gut bekämpfbar.

Fraßspuren und „Schädlinge"

Knospen- und Blütenfraß im Frühjahr geht oft auf die Raupen des **Frostspanners** zurück. Das ganze Jahr über können Raupen von **Eulenfaltern** und anderen Schmetterlingen schädigen. Für die Bekämpfung ist eine genaue Artbestimmung aber völlig unerheblich. **Rosenkäfer und Rapsglanzkäfer sind zwar nicht schädlich,** sie wurden aber mit in dieses Buch aufgenommen, da sie sehr auffällig sind, oft vorkommen und genauso oft als Schädling verfolgt werden. Vor allem der Rosenkäfer hat das nicht verdient. Weder seine Larven – oft im Kompost zu finden – noch das erwachsene Tier richten irgendwelchen Schaden an. Der Rapsglanzkäfer schädigt zwar Rapsblüten, im Hausgarten aber ist er höchstens lästig. Allerdings hat er im Jahr 2006 in Norddeutschland erstmals Blumenkohl und andere Kohlarten benagt und geschädigt; dies ist eine neue Entwicklung.

In diesem Kapitel

VERFÄRBUNG: alle Pflanzen

Was?	Wo?	Schadbild	Symptome / Verlauf	Pflanzen	Ursache / Maßnahme
Verfärbungen	**alle Pflanzen**		weißer Belag auf Knospen oder Blüten › auch Seite 54	häufig Apfel, Weinrebe, Zucchini; Phlox	**Echter Mehltau** → resistente Sorten wählen; Einsatz von Pflanzenschutzmittel möglich › Seite 109
			ausgewaschene Farben, streifige Aufhellungen oder Verbräunungen an Blüten; oder Blüten trocknen ein › auch Seiten 54 und 88	Gemüse, Zierpflanzen; häufig Gladiolen	**Thrips** → Einsatz von Pflanzenschutzmittel möglich; in geschlossenen Räumen Nützlinge einsetzen › Seite 151
Absterben	**alle Pflanzen**		über Nacht werden Blütenblätter und Blütenorgane braun; bei geschlossener Blüte oder Knospe oft nur der Fruchtknoten; bei Erdbeere: kleiner schwarzer Fleck in der Mitte der offenen Blüte	frühblühende Arten wie Magnolie, Aprikose, Pfirsich, Kirsche	**Blütenfrost** → kleinere Bäume oder Erdbeeren kurzfristig mit Vlies abdecken › Seite 103
			Blüten und Knospen verbräunen und sterben ab; bei hoher Luftfeuchte bildet sich grauer Sporenrasen › auch Seiten 48 und 86	Obst, Gemüse, Zierpflanzen; oft Rose	**Grauschimmel** → befallene Teile entfernen; Einsatz von Pflanzenschutzmittel möglich › Seite 117

Was?	Wo?	Schadbild	Symptome / Verlauf	Pflanzen	Ursache / Maßnahme
Absterben	**viele Gehölze**		Blüten verbräunen und sterben ab; meist beschränkt auf die Triebspitzen; kann aber auch umfassender sein › auch Seiten 66 und 83	oft Sauerkirsche, Forsythie	**Monilia-Spitzendürre** → Zweige abschneiden; Pflanzenschutzmittel in offene Blüte spritzen **› Monilia-Fruchtfäule,** Seite 132
	Obst		Blüten vertrocknen und sterben ab; in der Blüte sitzt eine kleine helle Larve	Erdbeere	**Erdbeerblütenstecher** → Maßnahmen nicht möglich, normalerweise auch nicht nötig **› Blütenstecher,** Seite 104
			Blüten vertrocknen und sterben ab; in der Blüte sitzt eine kleine helle Larve	Apfel	**Apfelblütenstecher** → Maßnahmen nicht möglich und nicht nötig **› Blütenstecher,** Seite 104
			Blütenbüschel sterben bei nasskaltem Wetter ab. **Ähnlich:** Feuerbrand, › Seite 66; **Verwechslungsgefahr** mit Monilia (› oben), die aber bedeutend mehr verholzte Pflanzenteile mitbefällt › auch Seiten 50 und 67	Kernobst, vor allem Birne	**Blütenbrand** → Behandlung nicht möglich; auch nicht nötig, da kein dauerhafter Schaden **› Rindenbrand,** Seite 138

ABSTERBEN: Zierpflanzen

Was?	Wo?	Schadbild	Symptome / Verlauf	Pflanzen	Ursache / Maßnahme
Absterben	**Zierpflanzen**		im Winter sterben Blütenknospen am Rhododendron durch Pilzbefall ab; Infektion möglich über die Eiablagestellen der Rhododendronzikade, › Abb. Seite 126.	Azalee, Rhododendron	**Knospensterben am Rhododendron** → Bekämpfung der Zikade im Sommer mit Insektiziden › Seite 126
Blütenschwund	**Obst**		Blüten werden weniger; meist jedoch erst an den Früchten erkennbar: Trauben und Johannisbeeren sind sehr lockerbeerig	Johannisbeere, Weintraube	**Verrieseln** → Ursachen: ungünstige Witterung während der Blüte, nasskalt, zugig; fehlende Befruchtung › Seite 152
Verkrüppelungen	**Obst**		Johannisbeerknospen sind rund aufgetrieben und grün, treiben aber gar nicht oder nur unvollständig aus	Johannisbeere	**Johannisbeergallmilbe** → befallene Zweige abschneiden; Einsatz von Pflanzenschutzmittel auf Rapsölbasis bei Austrieb möglich › **Gallmilben,** Seite 115
	krautige Pflanzen		Blütenblätter bzw. ganzer Blütenstand ist verkrüppelt; manchmal verbräunt	v. a. Blütenpflanzen wie Artischocke, Sonnenblume u. a. Korbblütler	**Wanzen** → keine Abhilfe möglich, da Schaden lange vor dem Sichtbarwerden verursacht wird › Seite 154

Was?	Wo?	Schadbild	Symptome / Verlauf	Pflanzen	Ursache / Maßnahme
Verkrüppelungen	**krautige Pflanzen**		Blüten sind verzwergt und verkrüppelt › auch Seite 59	viele Pflanzenarten, eher kleinblütige Arten	**Weichhautmilben** → Pflanze entsorgen › Seite 154
Fraßspuren	**viele Gehölze**		Knospen und Blüten sind angefressen; Räupchen zu sehen, die sich raupentypisch mit „Katzenbuckel“ fortbewegen	oft Obstgehölze	**Frostspanner** → Einsatz von nützlingschonenden Pflanzenschutzmitteln möglich; im Herbst Leimringe anbringen › Seite 114
„Schädlinge“	**alle Pflanzen**		große, metallisch grün glänzende Käfer in Blüten; kein Schadbild	alle Blütenpflanzen, oft Rose	**Rosenkäfer** → kein Schädling, daher Bekämpfung nicht nötig › Seite 139
			kleine schwarze Käfer in gelben Blüten; treten meist sehr häufig auf, werden von gelben Flächen stark angezogen; kein Schadbild	Gemüse, Zierpflanzen; v. a. gelb blühende Arten	**Rapsglanzkäfer** → kein Schädling, daher Bekämpfung nicht nötig › Seite 137

Früchte

Nicht nur wir Menschen freuen uns auf die süße Ernte. Mit zunehmender Reife werden unsere Gartenfrüchte auch für viele Tiere und Pilze interessant – jeder möchte seinen Teil abbekommen. Nun sind die unterschiedlichsten Strategien gefragt, damit die Ernte nicht völlig ausfällt. Doch bevor Sie Gegenmaßnahmen ergreifen, müssen Sie herausfinden, wer genau Ihnen Kirschen, Äpfel und Tomaten streitig macht.

Probleme an Früchten sind einfach zu diagnostizieren: Die Symptome sind klar und leicht einer Ursache zuzuordnen. Sehr viel schwieriger ist es jedoch, die Schäden zu vermeiden. Denn Schädlingsattacken können über einen langen Zeitraum, oft über Monate, anhalten. Deshalb ist es mit ein oder zwei Bekämpfungsmaßnahmen nicht getan.
Bitte beachten Sie: In diesem Kapitel finden Sie in der ersten Spalte die betroffenen Pflanzen, in der zweiten die Art des Schadens.

Deformationen

Sowohl Obst als auch Gemüse kann **platzen**, vor allem bei unregelmäßiger Wasserversorgung. An Fruchtmissbildungen sind oft **Wanzen** schuld, die an den jungen Früchten saugen. An den Saugstellen wächst das Gewebe nicht mehr weiter. Der Pflanze schadet dies nicht – im Gegensatz zu Deformationen durch **Virusbefall**. Deshalb müssen Sie die Ursache sorgfältig abklären.

Flecken

Auf Früchten können Flecken viele Ursachen haben. Beim Kernobst sind es oft **Schorfpilze**, die auf den Schalen wachsen. Sie sind zwar nicht gesundheitsschädlich, aber durch die rissige Haut dringen **Fäulnispilze** ein. Auch schrumpfen die Früchte am Lager schnell ein, da die schützende Wachsschicht fehlt. Pilzlichen Ursprungs sind auch **Regenflecken.** Zu Unrecht werden hier oft Abgase von Verkehr und Industrie verdächtigt. Verbreitet an Tomaten sind die **Braunfäule** sowie die **Blütenendfäule**, an der vor allem Tomatenpflanzen in schwarzen Töpfen leiden. Denn durch die Besonnung kann sich das Substrat so aufheizen, dass die Feinwurzeln absterben. Dann ist die Calciumaufnahme gestört, und an der Fruchtspitze erscheinen die schwarzen, eingesunkenen Flecken. In extrem heißen Perioden – wie in den letzten Sommern –, kann es an Obst und Fruchtgemüsen zu **Sonnenbrand** kommen.

Verfärbungen

Die Grenze von Flecken zur Verfärbung ist fließend. Bei Brombeeren wird eine fehlende Ausfärbung von Teilfrüchten oft gar nicht als Saugschaden von **Milben** erkannt. Schon eher vermutet man ein Problem bei Äpfeln, deren Fruchtfleisch **glasig** wird. In der Tat ist dies eine Stoffwechselstörung, der Apfel ist aber dennoch genießbar. In Japan bedeutet es sogar ein Qualitätsmerkmal, ist es doch ein Zeichen, dass die Frucht besonders viel Sonnenschein abbekam.

Fäulnis

Faulende Früchte, häufig schon am Baum, sind ein Hauptproblem im Hausgarten. In den allermeisten Fällen handelt es sich um ***Monilia*-Fruchtfäule**. Sie dringt stets durch Wunden ein, z. B. Einbohrstellen des Apfelwicklers, Wespenfraß, Schorfrisse. Bei schorfresistenten Sorten ist das Problem auch deutlich reduziert. Beim **Ohrwurm** zeichnet sich ein Umdenken ab. Neben Blattläusen frisst er nämlich auch Löcher in Früchte, vornehmlich in weichschalige wie Aprikose und Pfirsich. Sie faulen dann schnell.
Bei faulenden Lagerfrüchten kommen ganz verschiedene Erreger in Betracht – welche, ist dabei aber gar nicht so wichtig. Was Sie wissen sollten: Es können auch Arten wie ***Penicillium*** oder ***Fusarium*** darunter sein. Sie produzieren starke Pilzgifte, die auch in den scheinbar noch gesunden Fruchtteil einwandern. Angefaulte oder angeschimmelte Früchte sollten daher nicht ausgeschnitten werden, sondern gleich in den Abfall wandern. Ein weiterer Übeltäter ist der **Grauschimmel**. Er befällt vornehmlich Erdbeeren.

„Wurmige" Früchte

Die Larven von **Fruchtfliegen, Kleinschmetterlingen** und **Käfern** haben es auf Gartenfrüchte abgesehen. Leider sind Spritzmittel in diesem Bereich eher Mangelware. Eine Bekämpfung ist auch schwierig, da die Falter den ganzen Sommer lang fliegen. Bei Kirschen und Himbeeren lässt sich das Problem über die Sortenwahl regeln. Grundsätzlich wäre es schon in den Griff zu bekommen, wenn sämtliche Früchte in einem größeren Gebiet pünktlich geerntet und verwertet würden. Diese Zeiten sind aber wohl vorbei.

Belag

Wenig Freude an ihren Früchten haben Sie, wenn ein Belag auf Stachelbeeren oder Weintrauben erscheint. Dabei handelt es sich um **Mehltau**. Hier sind zwar Präparate verfügbar, doch ein oder zwei Behandlungen reichen bei Weitem nicht aus. Sie können auch nicht unbedingt darauf hoffen, dass die Krankheit im nächsten Jahr wieder verschwindet. Die beste Lösung ist hier immer noch die Verwendung resistenter Sorten.

In diesem Kapitel

Wo?	Was?	Schadbild	Symptome / Verlauf	Pflanzen	Ursache / Maßnahme
alle Pflanzen	**Deformationen**		Früchte platzen auf; kleine Risse in der Fruchtschale, oder sie platzt zur Gänze; auch bei Gemüse, wie Kohlköpfen oder Möhren, möglich	häufig Tomate, Kirsche, Kohlrabi	**Aufplatzen von Früchten** → gleichmäßig gießen; in Trockenperioden keine sehr langen Gießpausen einlegen › Seite 100
Baumobst	**Flecken**		dicht unter der Schale braune Flecken, bitter schmeckend; im Lager können die Flecken noch deutlich zunehmen	Apfel	**Stippe** → Wuchskraft durch Sommerschnitt bremsen; Früchte schnell verwerten; resistente Sorten wählen › Seite 150
			rußartige, herunterlaufende Verunreinigungen auf der Schale; können auch größere Flächen einnehmen; lassen sich abwaschen	Apfel	**Regenfleckenkrankheit** → Baum gut auslichten; Früchte müssen schnell abtrocknen; Krankheit ist ungefährlich › Seite 137
			Schale bekommt raue, dunkle Stellen, die aufreißen können; Befall kann den ganzen Sommer über zunehmen, bis hin zur gesamten Oberfläche	Kernobst, Apfel, Birne	**Schorf** → Falllaub kompostieren; resistente Sorten wählen; Einsatz von Planzenschutzmittel ist schwierig › Seite 146

Wo?	Was?	Schadbild	Symptome / Verlauf	Pflanzen	Ursache / Maßnahme
Baum-obst	**Verfär-bungen**		glasig durchscheinende Bereiche im Inneren der Frucht; können sich am Kernhaus, aber auch nahe der Schale befinden	Apfel	**Glasigkeit** → Äpfel bald verbrauchen; keine Bekämpfung möglich › Seite 116
	Fäulnis		rasch fortschreitende Verbräunung um Verletzung herum; darauf entstehen konzentrische Kreise von hellen Sporenlagern; Früchte, die sich direkt berühren, werden schnell angesteckt › auch Seiten 66 und 77	häufig an Kirsche, Zwetschge, Apfel, Birne, Pfirsich	**Monilia-Fruchtfäule** → befallene Früchte entfernen; bei Steinobst Einsatz von Pflanzenschutzmittel möglich › Seite 132
			Früchte faulen im Lager und bilden eine ledrige, harte Haut aus; oder Fruchtfleisch und Schale werden weich, braun und sinken ein; oft schwarze, grüne oder weiße Sporenlager	Apfel, Birne	**Lagerfäulen** → keine verletzten Früchte einlagern; Lager regelmäßig kontrollieren, um faule Früchte auszulesen › Seite 128
			Kernhaus ist innen ganz verschimmelt, erkennbar erst nach Durchschneiden der Frucht; mit der Zeit dringt Fäulnis ins Fruchtfleisch vor	Apfel	**Kernhausfäule** → keine Bekämpfung möglich; unempfindliche Sorten auswählen › Seite 123

BAUMOBST: Fäulnis

Was?	Wie?	Schadbild	Symptome / Verlauf	Pflanzen	Ursache / Maßnahme
Baum-obst	**Fäulnis**		weichschalige Früchte werden schon am Baum braun und faulig und fallen ab; Fraßspuren sichtbar	Aprikose, Pfirsich	**Ohrwurm** → keine Behausungen aufhängen › Seite 135
	Defor-mationen		Früchte sind vergrößert, verbogen und deformiert sowie hohl; Farbe ist blassgrün	Zwetschge; seltener Mirabelle	**Narren- und Taschen-krankheit** → Baum gut ausschneiden; für schnelle Trocknung sorgen; kranke Früchte entfernen › Seite 133
	„wurmig"	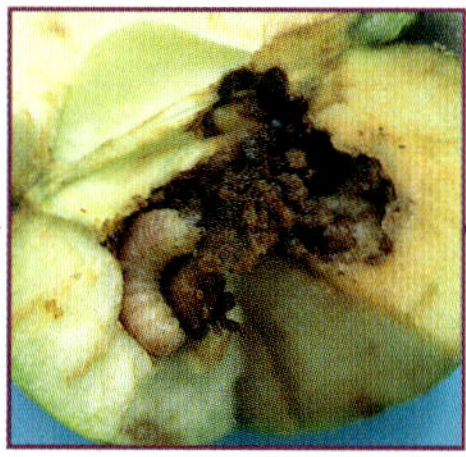	Gänge und eine weißliche bis rosafarbene Larve in den Früchten; tritt von Mai bis September auf; befallene Früchte fallen frühzeitig herab	Apfel, Birne; Zwetschge	**Apfelwickler** → Einsatz von Pflanzenschutzmittel bei Apfelwickler möglich; Zwetschgenwickler nicht zu bekämpfen › **Wickler,** Seite 155
		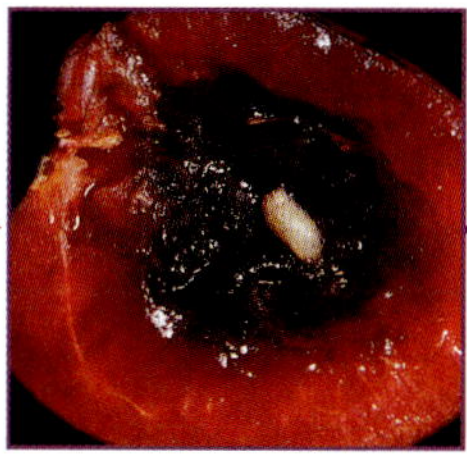	weiße, beinlose Made in der Frucht; bei herabgefallenen Früchten ist das Ausbohrloch zu sehen, diese Früchte sind dann leer	Süßkirsche; selten Sauerkirsche	**Kirschfruchtfliege** → kein Pflanzenschutzmittel vorhanden; sehr frühe Sorte pflanzen › Seite 124

Was?	Wie?	Schadbild	Symptome / Verlauf	Pflanzen	Ursache / Maßnahme
Baum-obst	**„wurmig“**		Pflaumen- und Zwetschgenfrüchte schon bald nach der Blüte hohl gefressen; in manchen ist eine weiße Larve zu finden; großes Bohrloch zu sehen	Zwetschge	**Pflaumensägewespe** → Bekämpfung nicht möglich › Seite 135
Beeren-obst	**Belag**		weißlicher, rauer Belag, der mit der Zeit sehr dunkel wird	Stachel-beere; selten Jo-hannis-beere	**Amerikanischer Stachelbeermehltau** → wiederholter Einsatz von Pflanzenschutzmittel möglich; besser: resistente Sorten wählen › Seite 100
			leichter grauer Belag; Früchte wachsen nicht mehr weiter und platzen auf; bei spätem Befall können sie auch faulen und eintrocknen › auch Seite 52	Weintraube	**Falscher Mehltau** → häufiger Einsatz von Pflanzenschutzmittel möglich; besser: resistente Sorten wählen › Seite 112
	Verfär-bungen		unreife Früchte verfärben sich braun, reife braun oder violett; Früchte sind hart und nicht mehr genießbar	Erdbeere	**Lederbeerenfäule** → Pflanzen rasch aus dem Garten entfernen › **Wurzelfäule der Erdbeere,** Seite 157

BEERENOBST: Verfärbungen

Wo?	Was?	Schadbild	Symptome / Verlauf	Pflanzen	Ursache / Maßnahme
Beeren-obst	**Verfär-bungen**		Einzelbeeren der Frucht werden nicht schwarz, sondern bleiben hart und rot; kann jedes Jahr immer mehr Früchte befallen	Brombeere	**Brombeergallmilbe** → beim Austrieb die Pflanze wiederholt mit Mittel auf Rapsölbasis behandeln › **Gallmilben,** Seite 115
	Fäulnis		unreife Früchte verbräunen; auf reifen bildet sich eine mausgraue Schimmelschicht › auch Seiten 48 und 76	Erdbeere, Himbeere, Brombeere	**Grauschimmel** → Pflanzenschutzmittel in die Blüten spritzen; resistente Sorten wählen; Früchte trocken halten › Seite 117
	„wurmig"		gelbliche Larven mit kleinen Beinen in den Früchten	Himbeere	**Himbeerkäfer** → Herbsthimbeere anbauen; keine Pflanzenschutzmittel verfügbar › Seite 119
			Räupchen mit schwarzem Kopf bereits in Blüten, später in Früchten; befressen während des ganzen Sommers Blüten und Früchte; hoher Ertragsausfall möglich	Weintraube	**Traubenwickler** → Einsatz von Pflanzenschutzmittel möglich › **Wickler,** Seite 155

Wo?	Was?	Schadbild	Symptome / Verlauf	Pflanzen	Ursache / Maßnahme
Nüsse	**„wurmig“**		weiße Larve in reifender Frucht; zur Ernte ist die Nussschale leer und weist ein kleines Loch auf	Haselnuss	**Haselnussbohrer** → Bekämpfung nicht möglich › Seite 119
Gemüse	**Flecken**		schwarzer, harter, eingesunkener Fleck auf der stielabgewandten Seite am Blütenansatz; er kann die halbe Frucht einnehmen	Tomate, Paprika	**Blütenendfäule** → Gewächshaus schattieren; Kulturgefäß schattieren; mehr gießen › Seite 103
			helle Kreise mit einem Durchmesser von bis zu 1 cm; im Zentrum ist ein kleiner Punkt zu sehen › auch Seiten 48 und 76	Tomate	**Geisterflecken** → Bekämpfung nicht möglich und nicht nötig › **Grauschimmel,** Seite 117
			dunkle, unregelmäßige und verwaschene Flecken; die Früchte verhärten; werden schließlich völlig braun › auch Seite 55	Tomate	**Braunfäule** → Pflanzenschutzmittel möglich; Pflanzen trocken halten; resistente Sorten wählen › Seite 106

GEMÜSE: Flecken

Wo?	Was?	Schadbild	Symptome / Verlauf	Pflanzen	Ursache / Maßnahme
Gemüse	**Flecken**		streifige Vernarbungen und Verkorkungen; auch silbrige Aufhellungen und Verkrüppelungen › auch Seiten 54 und 76	Gurke, Erbse	**Thrips** → Behandlung mit Kaliseife-Präparaten möglich › Seite 151
	Fäulnis		Früchte werden braun; Fruchtfleisch wird weich und schleimig › auch Seiten 48, 76 und 86	oft Gurke, Paprika, Zucchini	**Grauschimmel** → abgestorbene und kranke Pflanzenteile entfernen › Seite 117
	Deformationen		Früchte sind stark gekrümmt	Gurke	**Gurkenwanze** → Schäden durch Besaugen; keine Maßnahmen möglich › **Wanzen,** Seite 154
			Früchte können ausgebeult oder verkrümmt sein; auch gelbe Verfärbungen möglich › auch Seite 59	Gurke, Zucchini	**Viruserkrankung** → Pflanze sofort entfernen › Seite 153

Wo?	Was?	Schadbild	Symptome / Verlauf	Pflanzen	Ursache / Maßnahme
Gemüse	**Wucherungen**		bis zu faustgroße, silberne Blasen; mit schwarzem Pulver gefüllt; je reifer der Kolben, umso größer können die Blasen sein	Zuckermais	**Maisbeulenbrand** → Blasen entfernen und im Hausmüll entsorgen › Seite 129
	„wurmig“		5 cm lange Raupen in Bohrgängen im Kolben; fressen Spindel und Körner	Zuckermais	**Maiszünsler** → im Herbst Wurzelhals der Pflanze zerschlagen, damit Raupen nicht überwintern können › Seite 130
			winzige weißliche Larven in erntereifen Erbsenschoten; zerfressen die Erbsen	Erbse	**Erbsenwickler** → keine Bekämpfung möglich › **Wickler**, Seite 155

Wurzeln, Zwiebeln, Knollen

Weil wir sie nicht sehen, vergessen wir sie oft – dabei sind die Wurzeln sehr wichtige Pflanzenorgane. Sie geben Pflanzen nicht nur einen festen Stand, sondern versorgen sie auch mit Wasser und allen lebenswichtigen Nährstoffen. In der Diagnose werden die Wurzeln aber oft stiefmütterlich behandelt. Dabei können Sie viele Erkrankungen und Ernährungsstörungen nur durch eine genaue Wurzelbetrachtung erkennen.

Schäden an der Wurzel machen sich fast immer an oberirdischen Teilen der Pflanze bemerkbar (Ausnahme: Rettichschwärze). Je nach Art und Umfang kommen hier **Blattverfärbungen, Verbräunungen, Welkeerscheinungen** oder **Absterben** vor. Der Schaden kann entweder die gesamte Pflanze betreffen oder nur an Pflanzenteilen auftreten. Wurzelprobleme kommen bei Zimmerpflanzen, Gemüse, Obst und Zierpflanzen gleichermaßen vor. Zu einer sorgfältigen Diagnoseerstellung gehört daher die Untersuchung von Wurzeln und Standraum einer kranken Pflanze in besonderem Maße. Nicht selten ist man sicher, einen oberirdischen Krankheitserreger dingfest gemacht zu haben. Doch dann stellt sich bei der Wurzelkontrolle heraus, dass ein unterirdischer Schaden erst den Weg für den Folgeschädling in Blättern oder Trieben bereitet hat. So sorgt Stickstoffmangel infolge abgefressener Wurzeln für eine geschwächte Pflanze, die dann gerne von Blattläusen heimgesucht wird.

Missbildungen

Bei Missbildungen an unterirdischen Pflanzenteilen sind normalerweise Krankheitserreger beteiligt, die sehr langlebig sind und im Boden viele Jahre überdauern können. Bei **Rettichschwärze, Kohlhernie** oder **Wurzelkropf** ist daher schnelle Entsorgung über die Mülltonne oberstes Gebot. Bei **Nematoden** geht dies jedoch nicht so einfach, da sie im Boden verteilt leben. Hier ist ein gründlicher Fruchtwechsel für ein oder zwei Jahre eine gute Empfehlung. An Nematoden sollten sie bei Wachstumsstockungen, verstärkter Wurzelbildung und unklaren Symptomen mit starken Ertragseinbußen immer denken. Ihr direkter Nachweis ist schwierig, da die Wurzelknöllchen nicht immer gebildet werden.

Verfärbungen und Fäulnis

Wurzeln, vor allem Wurzelspitzen, sind im Allgemeinen weiß. Eine Verfärbung ins

Bräunliche oder Schwarze zeigt normalerweise Probleme an. Häufig entstehen diese durch **Staunässe** – vor allem Zimmerpflanzen leiden oft darunter. Da die Pflanzen in der Gärtnerei im Ebbe-Flut-Verfahren herangezogen werden – bei Trockenheit werden die Pflanztische, auf denen die Töpfe stehen, für einige Minuten von unten „geflutet" –, befindet sich die Hauptmasse der Wurzeln sehr weit unten im Topf. Wenn Sie nun nach dem Kauf von oben gießen, vernässt die Erde sehr schnell, und **Fäulnis** macht sich breit. Ungünstig ist auch, wenn im Untersetzer oder Übertopf Wasser stehen bleibt. Schon wenige Stunden unter Wasser können bei den Wurzeln eine Sauerstoffknappheit bewirken, die mit Sicherheit für bleibende Schäden sorgt. Auch im Freiland ist Staunässe ein großes Problem. Dazu müssen nicht einmal ein verdichteter Boden und reichliche Niederschläge vorhanden sein; auch Pflegefehler können dazu führen.

Die Folge ist dann häufig Pilzbefall, denn Pilze haben bei den durch Nässe geschwächten Pflanzen leichtes Spiel. Ihre Symptome sind neben Wurzelverfärbungen ebenfalls Fäulnis. Alle Bodenpilze können extrem langlebige Dauersporen hervorbringen, die den Boden auf lange Zeit verseuchen. ***Fusarium*-Pilze** befallen viele Pflanzenarten, und ein großes Problem der Erdbeeren sind ***Phytophthora*-Pilze**. Pflanzen, die mit diesen Bodenpilzen infiziert sind, dürfen Sie auf keinen Fall auf dem Kompost entsorgen. Die Sporen würden hier nicht zugrunde gehen, sondern sich stattdessen im gesamten Garten ausbreiten. An Möhren und Sellerie kann auch die ***Sclerotinia*-Fäule** auftreten, die Sie leicht am watteartigen Pilzgeflecht erkennen. Dieser Pilz befällt sogar eingelagertes Gemüse. Eine durch Bakterien verursachte Fäulnis, die **Nassfäule**, kann ebenfalls sowohl im Beet als auch im Lager auftreten.

Schädlinge und „Lästlinge"

Ein wichtiges Beurteilungskriterium der Wurzeln ist ein Angriff und Befall durch Tiere. **Wühlmäuse** und **Engerlinge** sind leicht zu erkennen, wenn Sie die Wurzel in Augenschein nehmen. Auch **Läuse** sind nicht selten an den Wurzeln zu finden und sorgen für Wachstumsdefizite, zuweilen sogar für ein Absterben der Pflanzen. Andere Wurzelprobleme treten durch **Gemüsefliegen** auf. Diese bekommen Sie durch den Einsatz von Kulturschutznetzen, teilweise auch durch die richtige Sortenwahl, gut in den Griff.

Wichtig: Engerlinge im Kompost sind die Larven der Rosenkäfer. Sie sind unschädlich und müssen auf jeden Fall geschont werden!

Topfsubstrat von Zimmer- und Kübelpflanzen, das an der Oberfläche feucht ist, fördert **Trauermücken**. Für den Privatgärtner sind sie in der Regel aber lediglich lästig.

In diesem Kapitel

LÄSTIGE TIERE IM SUBSTRAT: alle Pflanzen

Was?	Wo?	Schadbild	Symptome / Verlauf	Pflanzen	Ursache / Maßnahme
lästige Tiere im Substrat	alle Pflanzen		kleine, durchsichtige Larven in Blumentöpfen, später schwarze Mücken; können sehr zahlreich werden; Tiere verlassen später das Substrat; richten normalerweise keinen Schaden an	vor allem Zimmerpflanzen	**Trauermücken** → Mücken mit Gelbtafeln dicht über der Erde fangen; Einsatz von Nützlingen gegen die Larven möglich › Seite 151
			1 cm große, schwarz-rot gezeichnete Tierchen mit dreieckigem Rückenschild; meist sehr gesellig am Stammfuß von Bäumen	oft Linde	**Feuerwanzen** → keine Bekämpfung nötig, da unschädlich › Seite 114
Missbildungen	Gemüse		Rettichkörper sind eingeschnürt; die Rinde ist in diesem Bereich rissig und verbräunt; an oberirdischen Pflanzenteilen keine Veränderung sichtbar	Rettich	**Rettichschwärze** → weite Fruchtfolge einhalten; resistente Sorten wählen › Seite 137
Welkeerscheinungen	alle Pflanzen		fast alle Wurzelschädigungen haben Welke, vergilbtes Laub und Kümmerwuchs der oberen Pflanzenteile – bis hin zum Absterben – zur Folge	alle Pflanzen	› die Schadursachen lassen sich anhand der folgenden, weiteren Merkmale leichter bestimmen

Was?	Wo?	Schadbild	Symptome / Verlauf	Pflanzen	Ursache / Maßnahme
Verfärbungen	**alle Pflanzen**		schwärzlich verfärbt im Inneren; oft aber nur bei einem Ring der Leitungsbahnen; Pflanze welkt oft bei Sonnenschein und erholt sich abends wieder; kann absterben; Rettichblätter welken aber nicht › auch Seite 69	oft Gemüse wie Gurke, Rettich	**Fusarium-Welke** → keine direkte Bekämpfung möglich; weite Fruchtfolge einhalten › Seite 115
			Wurzelspitzen sind braun oder schwarz und morsch; wenig Feinwurzelmaterial vorhanden; Boden riecht schlecht (Fäulnis); oft mit nachfolgendem Pilzbefall; Pflanze welkt	oft Zimmerpflanzen, Obst, Gemüse, Zierpflanzen	**Staunässe** → Ursache oft Pflegefehler; diese möglichst beheben › Seite 149
Fäulnis	**Obst**		Wurzelspitzen braun; keine frischen Wurzelspitzen vorhanden; das Innere des Rhizoms (Erdbeerstrunk) ist dunkel gefärbt; Pflanze welkt	Erdbeere	**Wurzelfäule der Erdbeere** → völlig neue Kultur an völlig neuem Platz beginnen; resistente Sorten wählen › Seite 157
	Gemüse	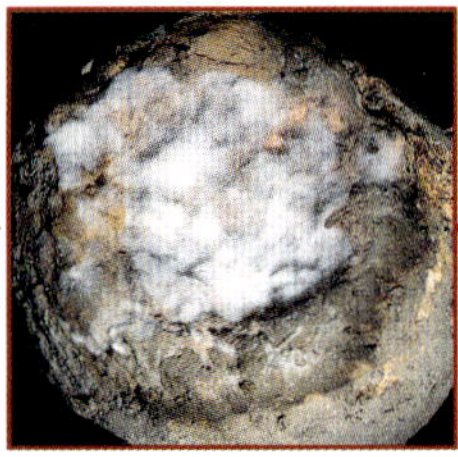	watteartiges Pilzgeflecht an Stamm, Stammfuß, Rübe oder Wurzel; darin harte, schwarze Dauerkörper; Lagergemüse kann auch im Lager befallen werden; Pflanze welkt › auch Seite 70	oft Möhre, Tomate, Gurke, Paprika	**Sclerotinia-Fäule** → Pflanze sofort entfernen; keine Dauerkörper zurücklassen › Seite 148

FÄULNIS: Gemüse

Was?	Wo?	Schadbild	Symptome / Verlauf	Pflanzen	Ursache / Maßnahme
Fäulnis	**Gemüse**		Pflanze welkt und fällt schnell um; Pflanzenteile werden weich und matschig; heftige, unangenehme Geruchsentwicklung › auch Seite 70	oft Möhre, Lauch, Chinakohl	**Nassfäule** → betroffene Pflanzen sofort entfernen und beseitigen › Seite 133
Missbildungen	**krautige Pflanzen**		Kümmerwuchs; verdrehte Blätter; Welke; oft herdförmiges Auftreten; sehr kleine Knöllchen an Wurzeln › auch Seiten 59 und 71	oft Gemüse; Möhre, Tomate, Zucchini	**Nematoden** → Fruchtwechsel einhalten; Schwarzbrache anwenden › Seite 134
	viele Gehölze		bis kindskopfgroße Wucherungen; Pflanzen wachsen nicht mehr so gut; auch Welke möglich	meist Obstgehölze, Ziergehölze	**Wurzelkropf** → Wucherungen entfernen und entsorgen; wenn Hauptwurzel betroffen, Pflanze komplett entsorgen › Seite 158
	Gemüse	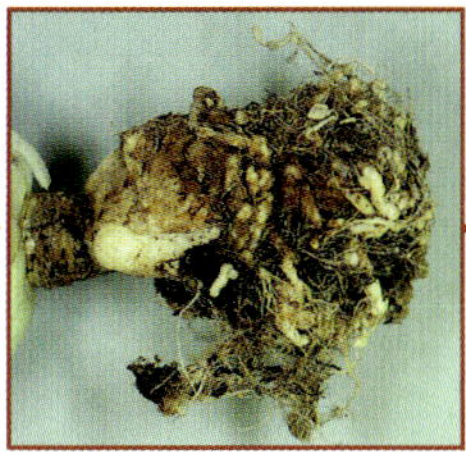	Pflanzen wachsen nur schlecht und kümmerlich; Wurzeln sind knollig verdickt	Kohlarten	**Kohlhernie** → sehr weiten Fruchtwechsel einhalten; evtl. Boden kalken; resistente Sorten wählen › Seite 127

Was?	Wo?	Schadbild	Symptome / Verlauf	Pflanzen	Ursache / Maßnahme
Fraßspuren	**alle Pflanzen**		Pflanzen welken, da Wurzelhals und bodennahe Blätter angefressen werden	meist krautige Pflanzen, z. B. Spinat, Salat, Balkonblumen	**Erdraupen** → fressen nur nachts; Einsatz von *Bacillus thuringiensis* möglich › **Schmetterlingsraupen**, Seite 143
			Wurzeln sind aufgefressen; Pflanzen fallen um oder welken › auch Seite 73	oft Gehölze, Gemüse, Obst, Zierpflanzen; häufig Blumenzwiebeln	**Wühlmaus** → Vergrämen; Fallen aufstellen, Köder auslegen › Seite 156
Fraßspuren und Schädlinge	**alle Pflanzen**		watteartige Gebilde oder gut erkennbare Läuse an Wurzeln; Kümmerwuchs; sehr junge Pflanzen sterben ab	oft Endivie, Möhre	**Wurzelläuse** → Boden gut feucht halten; angießen mit Schmierseifenlösung › Seite 158
			Pflanzen welken und sterben ab; Feinwurzeln werden von bis zu 3 cm langen Larven mit gekrümmtem Körper, dunklem Kopf und deutlich sichtbaren Beinpaaren gefressen	oft Rasengräser	**Engerlinge** → Larven von Maikäfer, Junikäfer oder Gartenlaubkäfer; Bekämpfung praktisch nicht möglich › Seite 111

Was?	Wo?	Schadbild	Symptome / Verlauf	Pflanzen	Ursache / Maßnahme
Fraßspuren und Schädlinge	**alle Pflanzen**		längliche, dünne, gelblich gefärbte Larven, die an Wurzeln fressen; Pflanze welkt	oft Möhre, Kartoffel	**Drahtwurm** → Larve des Schnellkäfers; Kartoffelscheiben auslegen, dann Tiere einsammeln › Seite 108
			Pflanzen welken; fingerdicke Gänge im Boden; darin ein bis zu 5 cm großes, dunkles Insekt mit maulwurfartigen Vorderbeinen	oft Gemüse, Zierpflanzen	**Maulwurfsgrille** → Einsatz von Nützlingen möglich › Seite 130
	Zierpflanzen		Pflanzen welken oder kümmern; weiße, bis zu 1 cm große, gekrümmte Larven fressen an Feinwurzeln › auch Seite 61	Topf- und Kübelpflanzen; Pflanzen in Torfsubstraten	**Dickmaulrüssler** → Einsatz von Nützlingen möglich › Seite 108
			Rasengräser welken und verbräunen; lassen sich leicht aus dem Boden ziehen; beim Aufgraben kommen bis zu 3 cm lange, im Querschnitt runde, schmutzig braune Larven zum Vorschein	Rasengräser	**Wiesenschnake** → Einsatz von Nützlingen möglich › Seite 156

Was?	Wo?	Schadbild	Symptome / Verlauf	Pflanzen	Ursache / Maßnahme
Fraßspuren und Schädlinge	**Gemüse**		Wurzelkörper ist durchzogen von einer Vielzahl schwarzer Gänge; darin weißliche, 1 cm lange Larven; Sämlinge können welken	Möhre	**Möhrenfliege** → Kulturschutznetz einsetzen; resistente Sorten wählen › Seite 131
			Pflanzen kümmern und können absterben; an Wurzeln fressen weiße, 1 cm große Maden; Fraßgänge möglich	Kohlarten, auch Radieschen und Rettich	**Kohlfliege** → Kulturschutznetz einsetzen › Seite 126
		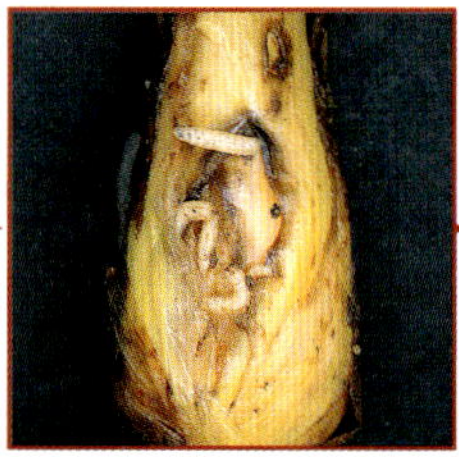	Pflanze vergilbt und stirbt ab; Blätter möglicherweise extrem verdreht; Gänge in der Nähe des Zwiebelbodens, Fäulnis in diesem Bereich; evtl. kleine weiße Larven zu sehen	Zwiebel, Lauch	**Zwiebelfliege** → Kulturschutznetz einsetzen › Seite 159
			Pflanze wird schlapp und welk; beim Herausziehen bricht der Strunk ab, da er hohl ist; im Inneren lebhafte, 3 cm große Larve	Salat	**Wurzelbohrer** → Larve aufspüren und entfernen › Seite 158

Porträts

Damit Sie sich ein noch genaueres Bild der in diesem Buch beschriebenen Krankheiten, Schädlinge und Schadursachen machen können, werden sie in diesem Kapitel als Porträts – und mit weiteren Hintergrundinformationen versehen – vorgestellt. Hier finden Sie auch alle Bekämpfungsmaßnahmen ausführlicher beschrieben, die in den Bestimmungsdiagrammen ab Seite 48 nur stichwortartig angesprochen sind.

Amerikanischer Stachelbeermehltau

Sphaerotheca mors-uvae

› S. 85

BETROFFENE PFLANZEN: Stachelbeere, Schwarze Johannisbeere
SCHADBILD: Zuerst sind Triebspitzen, dann auch Blätter und Früchte mit einem weißen Belag bedeckt. Dieser verbräunt im Sommer. Die Früchte platzen auf und sind nicht mehr zu genießen. Später fallen sie ab. Die Neutriebe sind verkrümmt und kurz.
LEBENSWEISE: Der Pilz überdauert den Winter auf den Triebspitzen. Im Frühling beginnt er zu wachsen und überzieht Neutriebe und Früchte mit seinem Geflecht. Die Sporen verbreiten sich über weite Entfernungen. Ältere Stachelbeer-Sorten, wie 'Achilles' oder 'Rondom', sind immer gefährdet.
MASSNAHMEN: Schneiden Sie die Triebspitzen in der Vegetationsruhe ab, und entfernen Sie Befall, der während der Vegetation auftritt, rasch. Wiederholte Spritzungen mit den Wirkstoffen Schwefel und Lecithin, beginnend Anfang Mai, sind möglich, wirken aber nicht immer zufriedenstellend. **Sortenwahl:** Verwenden Sie resistente Sorten wie 'Remarka', 'Rokula', 'Rolanda' oder 'Invicta'.

Aufplatzen von Früchten

› S. 82

BETROFFENE PFLANZEN: Tomate, Möhre, Kopfkohl; Kirsche, Apfel
SCHADBILD: Möhren sind der Länge nach aufgerissen, Kohlköpfe und Kohlrabi platzen, bei Tomaten bilden sich Risse am oberen Fruchtdrittel. Dem Aufplatzen folgt schnell eine Fruchtfäule, die auch auf gesunde Früchte übergreift.
URSACHE: Nach längerer Trockenperiode oder bei unregelmäßigem Gießen im Gewächshaus verliert die äußere Haut an Elastizität. Zudem nimmt der Wassergehalt der Zellen in der Pflanze ab. Wenn nun plötzlich viel Wasser zur Verfügung steht, saugen sich die Zellen prall. Die Außenhaut kann sich aber nicht mehr genug dehnen und platzt.
MASSNAHMEN: Bei Kirschen und Tomaten gibt es große Unterschiede in der Platzempfindlichkeit bei den Sorten. So sind die Kirsche 'Kassins Frühe' und die Tomate 'De Berao' sehr anfällig. Achten Sie unter Glas auf gleichmäßige Wasserversorgung. Wässern Sie im Freiland in Trockenzeiten periodisch und durchdringend, also mit 20 l Wasser pro m².

Baumpilze

diverse Arten

› S. 73

BETROFFENE PFLANZEN: alle Baumarten
SCHADBILD: Der eigentliche Schadfaktor ist das Pilzmycel im Holzkörper. Der Pilz baut die Holzfasern ab, was den Holzkörper schwächt und vermorschen lässt. Je nach Pilzart kommt es zur Ausbildung von Fruchtkörpern, die sich in Farbe, Größe (3–30 cm) und Aussehen beträchtlich unterscheiden. Vor allem ältere und geschwächte Bäume können einen Pilzangriff nicht abwehren. Je nach Pilzart kann es aber Jahre dauern, bis der Baum abstirbt.
LEBENSWEISE: Pilzsporen werden vom Wind weit verfrachtet und sind überall vorhanden. Eintrittspforten sind Wunden.
MASSNAHMEN: Eine Bekämpfung von Baumpilzen ist nicht möglich. Auch sofortiges Verstreichen von Schnittwunden mit Wundwachs schützt den Baum nicht. Befallene Bäume verlieren ihre Standsicherheit. Grenznahe Bäume sollten gefällt werden, da Sie als Baumbesitzer bei Schäden durch herabfallende Äste haften, wenn Fruchtkörper sichtbar sind oder waren.

Birnengitterrost

Gymnosporangium sabinae

› S. 49 › S. 72

BETROFFENE PFLANZEN: Hauptwirt: breit- und flachwachsende Wacholderarten; Nebenwirt: Birne
SCHADBILD: Der Rostpilz verursacht ab Mai gelbrote Flecken auf den Birnblättern, im Spätsommer bilden sich blattunterseits warzenartige braune Gebilde, die die Sporen enthalten. Auf den Wacholderbäumen erscheinen im Mai orangfarbene, gallertartige Auswüchse, die ebenfalls Sporen ausschleudern.
LEBENSWEISE: Der Pilz lebt dauerhaft auf Wacholder-Arten, jedoch nicht auf einheimischem Säulenwacholder. Die Sporen werden im Frühling bis zu 300 Meter weit getragen und infizieren das frische Birnenlaub.
MASSNAHMEN: Spritzen Sie die Sporenlager bei der Entstehung im Mai mit scharfem Wasserstrahl ab. Falls der Standort des infizierten Wacholders bekannt ist, können Sie diesen roden. Chemische Präparate gegen Birnengitterrost sind nicht zugelassen. Spritzungen gegen Schorf (› Seite 146) kurz nach dem Austrieb erfassen den Rostpilz jedoch. Befallenes Laub können Sie kompostieren.

Birnentriebbohrer

Janus compressus

› S. 67

WEITERER NAME: Birnentriebwespe
BETROFFENE PFLANZEN: Birne, Apfel, gelegentlich Eberesche
SCHADBILD: Junge, noch weiche Triebe krümmen sich hakenförmig nach unten und verdorren. Dieses Schadbild wird sehr häufig mit dem Feuerbrand (› Seite 113) verwechselt. Eine genaue Identifizierung ist sehr wichtig, weil bei Feuerbrandbefall eine Rodung des Baumes nötig sein kann. Befall mit dem Birnentriebbohrer erkennen Sie jedoch eindeutig daran, dass unter der Krümmung ungefähr ein Dutzend dunkle, spiralig angeordnete Einstichstellen zu sehen sind.
LEBENSWEISE: Die 8 mm lange Wespe legt im Mai ein Ei in das Gewebe des Triebes. Dann sticht sie darunter spiralig in den Trieb ein und bringt ihn so zum Absterben. Im noch grünen Teil des Triebs entwickelt sich die Larve und frisst das Innere des Stängels.
MASSNAHMEN: Eine Bekämpfung ist nicht nötig, da der Baum kaum geschädigt wird. Befallene Triebe können Sie aber mit der darin enthaltenen Larve entfernen.

Blattfleckenpilze

diverse Arten

› S. 48

BETROFFENE PFLANZEN: alle Arten, häufig Ahorn oder Rote Bete
SCHADBILD: Die Pilze verursachen verstreute, gelbliche, graue, braune oder rote Flecken. Anfangs sind es nur wenige, später können sie zunehmen und ineinanderfließen, bis zum Absterben des Blattes. In den Flecken sind, oft nur mit der Lupe, kleine dunkle Fruchtkörper des Pilzes zu sehen. Verbreitet sind die *Cercospora*-Flecken an Roter Bete oder die Teerfleckenkrankheit bei Ahorn.
LEBENSWEISE: Die Pilze treten vor allem bei langen Feuchteperioden auf. Zum Herbst werden sie häufiger und sind an vielen Blättern zu sehen. Oft gehört dies aber schon zum Ab- und Umbauprozess von abgestorbenem Pflanzenmaterial.
MASSNAHMEN: Eine Bekämpfung ist meist nicht nötig. Frühzeitiges Entfernen befallener Pflanzenteile stoppt oder verzögert die Krankheit. Das Gemüse können Sie bedenkenlos verzehren. Bei Zierpflanzen könnten Sie bei Krankheitsbeginn auch kupferhaltige Präparate einsetzen.

Blattläuse

ca. 800 Arten

› S. 62

BETROFFENE PFLANZEN: alle Pflanzen

SCHADBILD: Blattläuse sind äußerst vielgestaltig. Es gibt sie in den Farben gelb, schwarz, grün sowie geflügelt und ungeflügelt. Besonders schädlich sind die grau bemehlten Arten. Sie können alle Pflanzenteile befallen und verursachen Blattkräuselungen, Blattrollen, blasige Auftreibungen, deutliche Blattverfärbungen oder Absterben der Triebspitzen. Sie entnehmen den Wirtspflanzen Pflanzensaft und schwächen sie. Aus dem Saft wird hauptsächlich Eiweiß benötigt, der überschüssige Zucker wird als sogenannter Honigtau ausgeschieden. Er bildet einen klebrigen Belag, auf dem sich Schwärzepilze (› Rußtaupilze, Seite 142) ansiedeln. Blattläuse sind oft Überträger sehr stark pflanzenschädigender Viruskrankheiten (› Seite 153). Das gleiche Schadbild verursachen Blattsauger und Blattflöhe, die sich äußerlich kaum von Blattläusen unterscheiden.

LEBENSWEISE: Aus dem Winterei schlüpft im Frühling die sogenannte Stamm-Mutter. Diese ist lebendgebärend und bekommt jeden Tag mehrere lebende ungeflügelte, ebenfalls lebendgebärende Nachkommen. Wenn die Kolonien groß genug sind, entstehen geflügelte Individuen, die der weiteren Ausbreitung dienen. Im Herbst erscheinen die geflügelten Männchen, die die jetzt ebenfalls geflügelten Weibchen begatten. Manche Blattlausarten sind nur auf eine Wirtspflanzenart spezialisiert, andere haben verschiedene Sommer- und Winterwirte, und ein Teil der Lausarten kann an vielen verschiedenen Pflanzenarten saugen.

MASSNAHMEN: Eine umweltfreundliche Bekämpfung von Läusen bei Gemüse und Obstgehölzen ist mit der Spritzung von Kaliseifen- oder Rapsölpräparaten möglich. Bei diesen Präparaten müssen Sie die Schädlinge direkt treffen, um eine Wirkung zu erzielen. Wenden Sie sie daher frühzeitig an, bevor sich die Blätter einrollen. Bei Zierpflanzen sind auch Mittel mit den Wirkstoffen Imidacloprid oder Dimethoat einsetzbar. Sie sind systemisch, verteilen sich in der Pflanze und erfassen auch versteckt sitzende Tiere. Die systemischen Präparate wirken teilweise über mehrere Wochen. Sie können sie über eine Spritzung ausbringen, aber auch über das Gießwasser oder als Pflanzenschutzstäbchen über die Erde. Bei Gehölzen sind nicht immer sofort Pflanzenschutzmittel nötig. Oft reicht es schon, die Läuse mit einem **scharfen Wasserstrahl** abzuspritzen und den Nützlingen, wie Marienkäfern und Schwebfliegen, den Rest zu überlassen. An jungen Obstbäumen jedoch müssen Blattläuse bekämpft werden, sonst sterben die Neutriebe ab. Neem, zugelassen bei Äpfeln, wird vor der Blüte ausgebracht. Da es die Stamm-Mütter unfruchtbar macht, kommt es dann nicht zur Massenvermehrung. Bei Salat können Sie das Lausproblem über resistente Sorten wie 'Estelle' oder 'Nobbelan' lösen. **Unwirksam** dagegen sind 24-stündig angesetzte Brennnesselauszüge, wie offizielle Versuche zeigten.

Blattsauger verursachen den gleichen Schaden wie Blattläuse und werden genauso bekämpft.

Blattläuse sind lebendgebärend. Deshalb wachsen sehr schnell ganze Kolonien heran.

Blattwespen

ca. 900 Arten in Mitteleuropa

› S. 60

BETROFFENE PFLANZEN: alle Pflanzenarten; bekannt sind Stachelbeerblattwespe, Rosenblattwespe oder Kohlblattwespe
SCHADBILD: Blattwespen sind sehr vielgestaltig. Manche Arten sind schwarz-gelb gefärbt und ähneln echten Wespen. Andere sind eher bräunlich oder rötlich. Schädlich sind die Larven, die quasi über Nacht die Pflanzen kahl fressen können. Die Larven gleichen Schmetterlingsraupen, im Gegensatz zu diesen haben sie jedoch zahlreiche sogenannte Bauchfüße.
LEBENSWEISE: Einige häufiger vorkommende Blattwespenarten fressen auf dem Blattrand reitend und sind sehr gesellig. Dabei ist der Korper fragezeichenartig nach oben gekrümmt.
MASSNAHMEN: Meist wird der Schaden erst bemerkt, wenn die Larven schon ihr Endstadium erreicht haben. Jegliche Maßnahmen sind dann sinnlos. Gegen beißende Insekten – zu denen die Blattwespenlarven gehören – an Zierpflanzen ist der Wirkstoff Acetamiprid zugelassen (junge Larven besprühen).

Blütenendfäule

› S. 87

BETROFFENE PFLANZEN: Tomate, Paprika
SCHADBILD: Am Blütenansatz der Früchte bildet sich ein wässriger Fleck. Er vergrößert sich, wird schwarz und verhärtet. Im Endstadium ist er leicht eingesunken.
URSACHE: Die Blütenendfäule wird durch Kalziummangel verursacht. Im Boden ist Calcium meist ausreichend vorhanden, nicht immer wird es aber in genügendem Maße aufgenommen. Bei hoher Luftfeuchte (z. B. im Folienhaus) und gleichzeitig trüber Witterung verdunstet die Pflanze kaum Wasser. Da Calcium über den Wasserstrom aufgenommen und transportiert wird, kommt es nun zur Unterversorgung. Bei Tomaten in Kübeln kann überhitzte Erde zu Calciummangel führen.
MASSNAHMEN: Lüften Sie das Folienhaus gut. Achten Sie bei Trockenheit auf vermehrtes Gießen; eine Tomatenpflanze braucht im Schnitt 5 l Wasser pro Tag. Beschatten Sie die Töpfe, da die Feinwurzeln alle an der Topfwand liegen. Sie werden durch Hitze schnell geschädigt, was die Wasseraufnahme stört.

Blütenfrost

› S. 76

BETROFFENE PFLANZEN: Obstgehölze, Erdbeere, Zierpflanzen
SCHADBILD: Frostschäden sind meist schwer zu erkennen, Blütenschwärzung ist die Ausnahme. Erdbeeren zeigen in der Blütenmitte einen kleinen schwarzen Fleck. Bei Obstblüten ist oft nur der Fruchtknoten geschwärzt, die Blütenblätter aber intakt. Bei geschlossener Blüte können Sie dies erst bei einem Schnitt durch die Knospe feststellen. Folge erfrorener Blüten ist immer ausbleibende Fruchtentwicklung. Am empfindlichsten ist die geöffnete Blüte. Je weniger weit sie entwickelt ist, desto mehr Frost hält sie aus.
URSACHE: Zu tiefe Temperaturen, Spätfröste bei frühblühenden Pflanzen.
MASSNAHMEN: Pflanzen an der Hauswand können Sie nachts mit einem Vlies schützen. Entfernen Sie es tagsüber, um Bestäubung zu ermöglichen. Decken Sie bei sehr früh blühenden Gehölzen wie Aprikosen den Traufbereich mit einer Strohschicht ab. Der Boden bleibt dann länger kühl und verzögert die Blüte, bis die Frostgefahr geringer wird.

Blütenstecher

Anthonomus spec.

› S. 77

BETROFFENE PFLANZEN: Erdbeere, Apfel, Birne; seltener Himbeere und Brombeere
SCHADBILD: Blütenstecher sind 4 mm kleine, dunkle Käfer. Das Schadbild zeigt sich in vertrocknenden Blütenknospen.
LEBENSWEISE: Die Käfer – in Waldnähe treten sie vermehrt auf – erscheinen Ende März und legen ihre Eier in die Blütenknospen. Sie benagen den Stängel, damit die Knospe abstirbt. Die Blüten vertrocknen dadurch. Im Blüteninneren befindet sich eine kleine Larve, deren Entwicklung nach 30 Tagen abgeschlossen ist. Bei Kernobst sorgt der Blütenstecher oft für die nötige Blütenausdünnung: Ohne ihn würden zu viele Äpfel ausgebildet. Bei der Erdbeere werden die verbleibenden Früchte größer, sodass sich der Schaden auch hier in Grenzen hält.
MASSNAHMEN: Eine Bekämpfung ist aus oben genannten Gründen nicht nötig, wäre aber auch nicht möglich. Pflanzenschutzmittel sind nicht zugelassen. Bei der Erdbeere könnten Sie befallene Blütenknospen entfernen und vernichten.

Blutlaus

Eriosoma lanigerum

› S. 72

BETROFFENE PFLANZEN: Apfel, selten Birne
SCHADBILD: Die Kolonien bestehen aus dunklen Läusen. Zu sehen ist aber nur der „Wattebausch“: Wachsfäden, die die Tiere absondern, um Nässe abzuwehren. Die Saugtätigkeit der Läuse verursacht Wucherungen und Zweigmissbildungen – vor allem an jungen Trieben –, die ertragsmindernd wirken. Diese werden auch als Blutlauskrebs bezeichnet. Beim Zerdrücken wird der blutrote Körpersaft der Läuse freigesetzt, der namengebend ist.
LEBENSWEISE: Oft sitzen Blutläuse an Schnittwunden. Die erwachsenen Tiere überwintern ohne Wollfäden am Stammfuß und unter Rindenplatten und sind kaum sichtbar. Im Frühjahr besiedeln sie wieder die Zweige.
MASSNAHMEN: Im Spätherbst bis Vorfrühling kann man den Wurzelhals mit einem Rapsölpräparat behandeln. Besprühen Sie dann während des Sommers die Kolonien mit denselben Mitteln. Nur ölhaltige Präparate durchdringen im Sommer die Wachsschicht der Läuse.

Bodenmüdigkeit

› S. 70

BETROFFENE PFLANZEN: vor allem Gemüse, Rosen, Obstbäume
SCHADBILD: Bodenmüdigkeit äußert sich in nachlassenden Erträgen, schlechter Pflanzengesundheit und allgemeiner Schwäche. Extrem ausgeprägt ist sie bei einer Pflanzung von Rose nach Rose an derselben Stelle. Die neue Pflanze kümmert dann stark und kann sogar sterben. Auch beim Nachpflanzen eines Obstbaums kann dieser Effekt eintreten.
URSACHE: Häufig sind Wurzelälchen (Nematoden) beteiligt, die beim Nachbau gleicher oder ähnlicher Arten die Wurzeln schädigen. Weitere Gründe sind einseitiger Entzug von Nährstoffen und eine Ansammlung von Hemmstoffen, die sich bei der Wurzelzersetzung ergeben.
MASSNAHMEN: Vorbeugend sollten Sie einen Fruchtwechsel anstreben. Dies gilt für Gemüse, vor allem aber bei der Neupflanzung eines Obstbaums. Im Gewächshaus ist die Verwendung veredelter Tomaten und Gurken sehr erfolgreich. Eine weitere Möglichkeit ist ein Bodenaustausch.

Bohnenfliege

Phorbia spec.

› S. 71

BETROFFENE PFLANZEN: Hauptsächlich Bohnen und Spargel, aber auch andere Gemüsearten

SCHADBILD: Die weißen, bis zu 5 mm langen Larven zernagen die Keimlinge in der Erde. Die Folgen sind lückiger Aufgang und zerfressene Keimblätter.

LEBENSWEISE: Die Fliegen, die der Stubenfliege ähneln, legen ihre Eier in die Nähe der keimenden Samen. Große Schäden sind vor allem bei sehr frühen Aussaaten zu erwarten. Durch die fehlende Wärme ist hier die Keimung verzögert, und die Larven können über einen langen Zeitraum fressen. Bei der Bohne stehen dann oft nur mehr die Stängel der Keimlinge. Beim Spargel sind die Stangen mit Fraßgängen durchsetzt.

MASSNAHMEN: Säen Sie erst bei wärmeren Temperaturen aus. Dann hat der Keimling die Bodenoberfläche erreicht, bevor die Larve schlüpft. Auflagen von Vlies oder Kulturschutznetz verhindern die Eiablage. Wirksame Insektizide sind nicht vorhanden.

Borkenkäfer

ca. 100 verschiedene Arten

› S. 69

BETROFFENE PFLANZEN: Laubbäume, oft Nadelbäume

SCHADBILD: An den Bäumen sterben einzelne Astpartien, der Wipfel oder der gesamte Baum unter Verbräunung der Nadeln oder Blätter ab. Manchmal sind – gelegentlich unter Astansätzen – kleine Ein- und Ausbohrlöcher der Käfer zu finden. Wenn Sie die Rinde ablösen, werden die Fraßgänge der Larven sichtbar.

LEBENSWEISE: Borkenkäfer sind nur wenige Millimeter groß und dunkelbraun bis schwarz. Sie bohren sich in die Rinde oder in den Holzkörper ein und legen Fraßgänge an, in die sie ihre Eier legen. Die Larven fressen wiederum Gänge in Holz oder Rinde. Diese unterbrechen die Wasserversorgung des Baums, und er stirbt ab. Pro Jahr können bis zu drei Generationen gebildet werden.

Die Borkenkäfer sind Nutznießer der Klimaerwärmung. Seit einigen Jahren sind sie nicht nur im Wald, sondern vor allem auch in den Hausgärten stark im Zunehmen. Durch die Wärme verkürzt sich ihre Entwicklungszeit.

Gleichzeitig sind vor allem Nadelbäume durch Hitze und Trockenheit geschwächt und können so die Käfer nicht abwehren. Ein gesunder Nadelbaum würde eindringende Käfer durch Harzbildung sofort ersticken. Bei den Laubbäumen werden häufig Neupflanzungen Opfer der Borkenkäfer, da auch diese unter Trockenstress leiden. Gerade hier ist die Diagnose nicht leicht. Suchen Sie sorgfältig nach 1–2 mm großen Löchern, von denen oft nur eines pro 50 cm Stammlänge vorhanden ist.

MASSNAHMEN: Eine direkte Bekämpfung ist nicht möglich. Da in erster Linie Bäume besiedelt werden, die unter Trockenstress leiden, sollten Sie eine gute Wasserversorgung sicherstellen. Um die Jungkäfer abzutöten, müssen Sie befallene Bäume fällen und die Rinde entfernen. Andernfalls schließen sie ihre Entwicklung im gefällten und zersägten Baum ab. Aus diesem Grund steigt auch die Borkenkäfergefahr, wenn Brennholz im Garten gelagert wird.

Im Wald müssen käferbefallene Bäume laut Gesetz sofort gefällt und entrindet werden. Im Hausgarten ist dies aber nicht der Fall. Hier können Sie frei entscheiden, wie Sie mit dem kranken Gehölz umgehen wollen. Eine Möglichkeit ist, den kleingeschnittenen Baum in einer Grüngutsammelstelle abzugeben.

Braunfäule

Phytophthora infestans

› S. 55 › S. 87

BETROFFENE PFLANZEN: Tomate, Kartoffel
SCHADBILD: Der Pilz bildet ab Juli ca. 1 cm große, olivfarbene Flecken auf Tomatenblättern aus. Bei hoher Luftfeuchte ist auf der Blattunterseite der Flecken ein grauer Sporenrasen zu finden. Nach wenigen Tagen werden die Flecken braun. Bei anhaltender Feuchtigkeit nimmt die Zahl der Flecken zu. Sie fließen dann ineinander über, bis das ganze Blatt verbräunt ist. Auf den Früchten entstehen ebenfalls bräunliche Stellen, die die gesamte Frucht einnehmen können. Das Fruchtfleisch wird schnell hart und ungenießbar. Bei fortschreitender Krankheit verfärben sich auch Stängel und Blattstiele schwarz, und die Pflanze stirbt ab. Es ist möglich, dass in wenigen Tagen der gesamte Bestand der Krankheit zum Opfer fällt.
Bei der Kartoffel werden ebenfalls Blätter, aber auch die Knollen befallen. Diese bekommen graue Flecken, die später einsinken. Unter der Schale sind die Kartoffeln verbräunt.
LEBENSWEISE: Der Pilz überwintert in befallenen Kartoffelknollen. Von hier aus befällt er die Tomate über Sporen, die der Wind weiterträgt. Je länger die Blätter nass sind, desto höher wird der Krankheitsdruck. Sehr oft geht die Infektion von Kartoffelpflanzen auf Komposthaufen aus. Eine einzige kranke Pflanze kann ein Gebiet von 40 Hektar verseuchen.
VORBEUGENDE MASSNAHMEN: Ein sicherer Schutz besteht darin, die Pflanzen trocken zu halten, z. B. im Gewächshaus oder unter einem Regendach. Das Regendach sollte zur Wetterseite hin noch ein Stück nach unten gezogen werden. Da der Pilz nur auf nassen Blättern gedeihen kann, bleiben die Pflanzen gesund. Beachten Sie aber: Die Pflanzen werden auch durch Taubildung und Guttation benetzt. Damit die Blätter schnell abtrocknen können, sollten nicht mehr als drei Pflanzen pro m^2 stehen. Halten Sie im Gewächs- und im Folienhaus ab Juli auch nachts die Türe offen, damit Tau schnell ab-

trocknet. Automatische Lüftungsmechanismen für die Fenster sind in diesem Zusammenhang ebenfalls sehr hilfreich.
Befallene Pflanzen dürfen kompostiert werden. Die Sporen überleben einen Kompostierungsvorgang nicht, auch wenn keine hohen Komposttemperaturen erreicht werden. An unverrotteten Pflanzenteilen ist aber eine Überdauerung des Pilzes vorstellbar. Wichtig ist deshalb, dass Sie befallenes Material zerkleinern und mit anderem Pflanzenmaterial abdecken.

SORTENWAHL: An braunfäuleresistenten Tomaten wird schon sehr lange, aber eher erfolglos gezüchtet. Zurzeit sind immerhin drei hochtolerante Sorten erhältlich: 'De Berao', 'Phantasia' und die Kirschtomate 'Philovita'. 'DeBerao', manchmal auch als Kochtomate beschrieben, neigt zu Grünkrägen (im oberen Drittel verhärtet das Fruchtfleisch und reift nicht vollständig aus) und bei Regen zum Platzen und dann auch zum Faulen. Das sind beträchtliche Nachteile. 'Phantasia' scheint hier Vorzüge zu haben, sie muss sich in der Praxis allerdings noch bewähren. Diese Sorten sind in einem durchschnittlichen Jahr ausreichend widerstandsfähig, mehrwöchige Regenperioden halten aber auch sie nicht durch.

Eine der gefürchtetsten Krankheiten ist die Braunfäule, da sie die Pflanzen schnell abtötet.

Zuerst erkranken Kartoffeln, später greift die Braunfäule dann auf Tomaten über.

CHEMISCHE BEHANDLUNG: Für den Hausgarten sind Präparate mit den Wirkstoffen Kupfer, Maneb und Azoxystrobin vorhanden. Diese müssen aber ausgebracht werden, bevor die Krankheit ausbricht, d. h. normalerweise ab Mitte Juli. Nach einem kräftigen Regen sind die Wirkstoffe abgewaschen und müssen erneuert werden. Nach den Behandlungen müssen Sie eine Wartezeit von je nach Mittel 7–14 Tagen einhalten, bevor Sie wieder Tomaten ernten können. Die Spritzungen sollten in der Regel bis zum Kulturende durchgeführt werden.

UNWIRKSAME MASSNAHMEN: Wirkungslos sind das Entfernen der unteren Blätter und das Gießen über eingegrabene Blumentöpfe, da die Sporen von der Kartoffel kommen und grundsätzlich mittlere Blattetagen zuerst befallen. Auch das Durchstechen der Triebe mit Kupfernägeln oder das Vergraben von Kupferdrähten um die Wurzeln ist sinnlos. Die Pflanzen nehmen daraus kein Kupfer auf. Als wenig hilfreich haben sich auch Spritzungen mit Milch, Kalkwasser oder Rhabarbertee erwiesen. In Versuchsanordnungen haben alle diese Methoden keine Vorteile gegenüber der unbehandelten Kontrolle gezeigt – sie können deshalb als unwirksam bezeichnet werden.

Dickmaulrüssler

Otiorrhynchus spec.

› S. 61 › S. 96

BETROFFENE PFLANZEN: viele Pflanzenarten, besonders gern hartlaubige wie Eibe und Rhododendron

SCHADBILD: Die nachtaktiven Käfer fressen Blattränder buchtenartig aus und verstecken sich tagsüber. Die Hauptschädigung geht aber von den weißen, bis 1 cm langen Larven aus. Diese fressen an Wurzeln, vor allem in Kübelpflanzen und in humusreichem Substrat. Durch den Wurzelfraß kümmern die Pflanzen und sterben nicht selten ab.

LEBENSWEISE: Die ursprüngliche Heimat der Dickmaulrüssler ist Nordamerika, von dort wurden sie eingeschleppt. Die Käfer sind 1 cm groß, grau-schwarz und flugunfähig, da ihre Flügeldecken verwachsen sind. Die Weibchen legen jeweils bis zu 100 Eier. Daraus schlüpfen die Larven. Pro Jahr können sich mehrere Generationen entwickeln. Bei der Überwinterung von Kübelpflanzen im Haus fallen die Insekten nicht in die Winterruhe, sondern entwickeln sich weiter. Immer wieder krabbeln dann die sehr langsamen Käfer abends oder nachts an den Zimmerwänden umher. Obwohl Dickmaulrüssler nicht fliegen können, verbreiten sie sich sehr effektiv über Topfpflanzen, die in Baumschulen und Zierpflanzengärtnereien gekauft werden.

MASSNAHMEN: Die Käfer sind schlecht zu bekämpfen. Sie können Sie aber einfangen: Ihre Leibspeise sind Eibennadeln. Wenn Sie deshalb mit Eibenzweigen (Vorsicht, vor allem wenn Sie Kinder haben: Eiben sind giftig!) vollgestopfte Blechbüchsen auslegen, laben sich die Käfer nachts daran und bleiben dann gerne in der dunklen Büchse, die ihnen als gutes Versteck erscheint.
Gegen die Larven können nützliche Nematoden zum Einsatz kommen. Die beste Zeit dafür ist im Mai oder im Spätsommer. Die Bodentemperaturen müssen dabei über 12 °C liegen, damit die Nematoden aktiv sind. Die Fadenwürmer dringen in die Larven ein, um sich darin zu vermehren. Dadurch sterben die Käferlarven ab.

Die weißen Larven sind sofort zu finden, wenn Sie die Pflanze aus dem Topf nehmen.

Drahtwurm

Agriotes lineatus

› S. 96

BETROFFENE PFLANZEN: unter anderem Kartoffel, Möhre, Salat; Rasengräser

SCHADBILD: Der Drahtwurm ist die bis zu 3 cm lange Larve des schwarzen, länglichen Saatschnellkäfers. Die Larven fressen Wurzelwerk. Daraufhin welken die Pflanzen. Bei Wurzelgemüse findet auch Lochfraß statt.

LEBENSWEISE: Kommt der Käfer auf dem Rücken zu liegen, schnellt er durch einen Schnappmechanismus im Nacken bis zu 10 cm hoch. So will er Vögel abschrecken, die ihn fressen wollen. Die Larvenentwicklung dauert 3–5 Jahre. Häufig treten Probleme auf, wenn Rasenflächen umgestochen werden, um hier Gemüse anzubauen.

MASSNAHMEN: Legen Sie halbierte Kartoffeln oder Möhren mit der angeschnittenen Seite nach unten im Boden aus. Die Larven bohren sich in die Kartoffeln ein. Bei einer täglichen Kontrolle können Sie die Drahtwürmer aufsammeln. Möglich ist auch ein flächiger Anbau von Salat. Sobald Pflanzen welken, können Sie die Larven im Boden leicht aufspüren und einsammeln.

Echter Mehltau

diverse Arten, u. a. *Erysiphe, Podosphaera*

› S. 54 › S. 76

BETROFFENE PFLANZEN: sehr viele Pflanzenarten, besonders Apfel, Gurke, Tomate, Rose, Weinrebe und Zierpflanzen

SCHADBILD: Der Pilz verursacht weißen, später grauen Belag auf der Blattoberseite. Letztendlich vertrocknen die Blätter.

LEBENSWEISE: Der Echte Mehltau braucht viel Wärme und ist einer der wenigen Pilze, die keinen Wasserfilm auf dem Blatt benötigen. Deshalb ist er ein Problempilz bei Gurken, zunehmend auch bei Tomaten unter Glas, aber auch bei Zierpflanzen im Zimmer. Das Pilzgeflecht auf der Blattoberseite wächst in die Blätter ein und entzieht ihnen so die Nährstoffe. Daraufhin sterben die Blätter ab.

MASSNAHMEN: Die wichtigste Maßnahme ist, **geeignete Sorten** auszuwählen. So ist die Apfelsorte 'Jonathan' hochanfällig, eine Bekämpfung wird im Hausgarten hier nicht gelingen. Ebenso bei der Weinrebe: Einen anfälligen Stock sollten Sie durch einen widerstandsfähigen ersetzen. In den letzten Jahren wurden hervorragende Sorten gezüchtet. Auch bei Gurken oder Zierpflanzen wie Rosen oder Phlox können Sie Echten Mehltau über die richtige Sortenwahl weitgehend verhindern. Gute Beratung bekommen Sie bei Markenbaumschulen, oder Sie nutzen die Beratungsangebote der Gartenakademien, die in jedem Bundesland vorhanden sind (› Adressen Seite 178).

Doch nicht immer ist das Problem über die Sortenwahl lösbar, beispielsweise bei Feldsalat unter Glas. Dann ist **direkte Bekämpfung** nötig, die frühzeitig und mehrfach erfolgen muss. Sehr gut möglich ist die Nutzung der Nebenwirkung eines Mittels auf Rapsölbasis. Mischen Sie pro Liter Spritzbrühe 1 Teelöffel Backpulver dazu, da es die Wirkung steigert. Diese Anwendung ist auch im biologischen Anbau möglich, ebenso wie die Verwendung der Wirkstoffe Lecithin und Schwefel. Fachgeschäfte bieten hier mehrere Handelsprodukte an. Weitere nichtbiologische Wirkstoffe, die gegen den Echten Mehltau wirken, sind Azoxystrobin oder Fenarimol.

Ob Bio- oder Nichtbiowirkstoff, eines ist allen gemeinsam: Um Echten Mehltau erfolgreich zu bekämpfen, müssen Sie Maßnahmen bereits bei den ersten Symptomen einleiten. Wenn der Befall schon fortgeschritten ist, entfernen Sie alle befallenen Blätter, bevor Sie Präparate anwenden; sie können kompostiert werden.

Eckige-Blattflecken-Krankheit

Pseudomonas syringae

› S. 52

BETROFFENE PFLANZEN: Gurke, Kürbisgewächse

SCHADBILD: Die Bakterienkrankheit tritt vor allem im Freiland auf. Typisch sind eckige, von den Adern begrenzte Blattflecken. Sie sind anfangs gelblich und wässrig durchscheinend, vor allem wenn Sie die Blätter gegen eine Lichtquelle halten. Mehrere Flecken können zu größeren, papierartigen Flecken zusammenfließen, die später eintrocknen. Auf der Blattunterseite findet sich bei höherer Luftfeuchte farbloser bis milchiger Bakterienschleim. Auf den Früchten können rundliche, dunkle Flecken erscheinen, von denen rasch Fäulnis ausgeht.

LEBENSWEISE: Hohe Temperaturen bis 28 °C begünstigen den Erreger. Regen, Wind und Kulturarbeiten sorgen für die Verbreitung. Die Krankheit ist häufig, verursacht aber meist keinen großen Schaden.

MASSNAHMEN: Direkte Bekämpfungsmaßnahmen gibt es nicht. Roden Sie befallene Pflanzen, und bauen Sie auf der Befallsfläche drei Jahre lange keine Gurkengewächse an.

Eisenmangel

› S. 53 › S. 71

BETROFFENE PFLANZEN: an allen Pflanzen möglich; häufiger an Surfinie, Azalee und Rhododendron sowie Weinrebe
SCHADBILD: Eisenmangel tritt zuerst an jungen Blättern auf. Sie werden durch Chlorophyllmangel gelb (= Chlorose), Mittelrippe und Blattadern bleiben grün. An Gehölzen sind oft nur einzelne Zweige betroffen.
URSACHE: Eisen ist im Boden normalerweise in ausreichender Menge vorhanden. Schlechte Stoffwechselaktivität und Sauerstoffversorgung der Wurzeln vermindern die Eisenaufnahme jedoch sehr stark:
→ Häufig tritt dies auf schweren und kalkreichen Böden auf (= Kalkchlorose). Bei pH-Werten über 6–7 und hohem Calciumgehalt kommt es zu Stoffwechselstörungen der Wurzeln. Betroffen sind oft Reben und Obstbäume, besonders stark auch Rhododendren, die auf niedrige pH-Werte angewiesen sind.
→ Eingeschränkte Eisenaufnahme durch Sauerstoffmangel entsteht auch bei lang anhaltenden oder ergiebigen Niederschlägen, Bodenverdichtung oder Verschlämmung.
→ Bei Bäumen tritt Eisenmangel oft erst einige Jahre nach der Pflanzung auf, wenn die Wurzeln in tiefere, sauerstoffärmere Bodenschichten einwachsen. Gerade in Hausgärten sind solche verdichteten Schichten häufig in größeren Tiefen vorhanden, verursacht beim Bau des Hauses durch schweren Maschineneinsatz. Die Folgen werden mitunter erst viele Jahre später offensichtlich, eine Abhilfe ist dann kaum mehr möglich.
→ Eine weitere Ursache kann zu hoher Phosphatgehalt sein, wie er in Hausgärten, vor allem in Böden mit hohen pH-Werten, oft vorkommt. Phosphat reagiert mit Eisen zu einer Verbindung, die sich im Bodenwasser nicht löst und somit von den Pflanzen nicht aufgenommen werden kann; oder diese Verbindung entsteht in der Pflanze und kann dann nicht verwertet werden.
→ Vor allem kühles und feuchtes Wetter fördert Eisenmangel zusätzlich, da in einem kalten Boden mit hohem Wassergehalt viel Kohlendioxid gelöst ist. Dies aber stört die Eisendynamik und die Wurzelaktivität.
MASSNAHMEN: Eisenmangel zu beheben ist sehr schwer. Als Sofortmaßnahme eignen sich **Eisendünger**, die Sie entweder als Eisensalz über den Boden verabreichen oder als sogenanntes Eisenchelat direkt auf das Blatt spritzen können. Vorzuziehen ist dabei der Chelatdünger, da er über längere Zeit pflanzenverfügbar bleibt und auch direkt vom Blatt aufgenommen wird. Bei Topf- und Kübelpflanzen sollten Sie zum Gießen nur kalkfreies Regenwasser verwenden.
Wichtiger als die direkte Eisenzufuhr sind jedoch Maßnahmen, die die **Eisenaufnahme der Pflanze** erhöhen. Dafür müssen Sie die Sauerstoffzufuhr an die Wurzeln verbessern, indem Sie z. B. Bodenverdichtungen und Verschlämmungen beseitigen. Möglicherweise ist eine Dränage nötig. Nützlich sind ferner Mulchauflagen oder die Einsaat von Tiefwurzlern wie Luzerne in Obstanlagen. Beides fördert die Bodendurchlüftung.

Eisenmangel ist einfach zu diagnostizieren, da die Blattadern immer grün bleiben.

Viel schwieriger ist es aber, die Ursache für die Mangelerscheinung zu ergründen.

Engerlinge
Scarabaeida

› S. 95

BETROFFENE PFLANZEN: alle Pflanzen, oft Rasengräser
SCHADBILD: Engerlinge sind die Larven von Maikäfer, Junikäfer und Gartenlaubkäfer. Die bis zu 2 cm großen, weißen Larven fressen Wurzeln. Bei Trockenheit zeigen betroffene Pflanzen Welkesymptome, geschädigter Rasen verbräunt. Oft bemerkt man einen Engerlingsbefall daran, dass Vögel die Larven aus dem Rasen hacken, der dann regelrecht zerrupft und zerstört aussieht.
LEBENSWEISE: Die Eiablage erfolgt im Mai direkt in den Boden. Voraussetzung ist ein lückiger Pflanzenbestand. Die Larven entwickeln sich 3–4 Jahre, bevor sie sich verpuppen und im Frühling aus der Erde kommen.
MASSNAHMEN: Direkte Bekämpfung ist nicht möglich, Pflanzenschutzmittel sind nicht verfügbar. Vorbeugend verhindert eine dichte Grasnarbe die Eiablage. **Wichtig:** Wenn Sie Engerlingansammlungen im Kompost finden, sind dies die Larven des Rosenkäfers (› Seite 139), die Sie schonen sollten, denn sie fressen keine Wurzeln.

Erdfloh
Phyllotreta spec.

› S. 61

BETROFFENE PFLANZEN: Kohlarten sowie Nutzpflanzen (Rettich, Radischen u. a.) und Unkräuter aus der Familie der Kreuzblütler
SCHADBILD: Kleine dunkle Käfer bis 3 mm Länge, manchmal mit Längsstreifen. Sprungbeine ermöglichen den Tieren ein flohartiges Emporschnellen. Die Käfer fressen rundliche Löcher in die Blätter. Keimlinge und Jungpflanzen werden in ihrer Entwicklung gehemmt und können absterben. Besonders gefährdet sind Pflanzen bis zur Größe von vier Blättern. Blattsalate wie Rucola werden durch die Fraßlöcher der Erdflöhe so verunstaltet, dass sie unbrauchbar werden.
LEBENSWEISE: Im Mai legen die Käfer ihre Eier auf den Boden. Die Larven fressen Feinwurzeln, verursachen aber keinen Schaden. Die Jungkäfer erscheinen im Juli. Zusammen mit den Altkäfern bilden sie große Populationen und richten bei Kohlarten große Schäden an. Besonders gefährdet ist unter anderem Chinakohl, aber auch alle anderen Kohlsaaten und -jungpflanzen. Die Käfer bevorzugen warme, trockene Witterung.
MASSNAHMEN: Feuchter und lockerer Boden hält die Käfer – entgegen häufig vertretener Meinung – nicht ab. Gesteinsmehl oder Asche, auf die Pflanzen gestreut, soll die Kauwerkzeuge und Gelenke der Käfer beeinträchtigen, was in Versuchen aber nicht bestätigt werden konnte. Pflanzenschutzmittel, um die Käfer abzutöten, sind im Hausgarten derzeit nicht ausgewiesen.
Bei schon kräftigen Jungpflanzen besteht die Möglichkeit, den Boden unter den Pflanzen grobschollig zu hacken. Dann werden die Pflanzen sehr kräftig mit der Kanne überbraust. Die Käfer gelangen mit dem Wasser auf den Boden und werden eingeschwemmt. Eine sichere Verhinderung des Schadens gelingt nur mit der Verwendung eines Erdflohnetzes. Dies ist ein Kunststoffnetz mit einer besonders kleinen Maschenweite, durch die die Schädlinge nicht gelangen. Im Erwerbsanbau ist es bereits Standard, im Hausgarten beginnt es nun, sich durchzusetzen. Das Netz wird sofort nach der Saat oder der Pflanzung aufgelegt. Wichtig ist, die Ränder gut zu befestigen, damit die Schädlinge nicht darunterkriechen können. Es hält auch alle anderen Schädlinge ab, vor allem Schmetterlingsraupen (› Seite 143), Gemüsefliegen (› Seiten 126, 131, 159) und die Kohlmottenschildlaus (› Seite 127).

Falscher Mehltau

Peronospora / Pseudoperonospora / Bremia spec.

› S. 51, S. 52 › S. 85

BETROFFENE PFLANZEN: Gurke, Kürbis, Salat, Spinat, Zwiebel, Rose, Wein, Hopfen, Kohl und viele weitere

SCHADBILD: Der Falsche Mehltau ist ein Blattpilz, der innerhalb des Blattes wächst. Im Gegensatz zum Echten Mehltau erscheinen seine Sporenträger in der Regel auf der Blattunterseite. Frühmorgens oder bei hoher Luftfeuchte ist blattunterseits ein braunvioletter Pilzrasen zu finden. Bei der **Zwiebel** ist dieser auf das ganze Blatt verteilt. Blattoberseits erscheinen gelbliche bis bräunliche Flecken. Bei der **Gurke** sind diese kräftig gelb gefärbt und eckig, da sie von den Blattadern begrenzt sind. Später fließen die Flecken zusammen, und das ganze Blatt verbräunt. Der Zusammenbruch des Laubs erfolgt rasch. Bei der **Weinrebe** vertrocknen die Blätter und fallen ab, nachdem die Krankheit mit öligen Flecken begann. Die Beeren schrumpfen lederartig ein und sind ungenießbar.

LEBENSWEISE: Der Falsche Mehltau ist ein sehr aggressiver Pilz, der regelmäßig große Schäden anrichtet. Meist schreitet der Befall sehr schnell fort und kann einen Pflanzenbestand innerhalb weniger Tage vernichten. Der Pilz braucht Feuchtigkeit auf den Blättern, um keimen zu können. Besonders günstige Bedingungen findet der Schaderreger, wenn nach heißen Tagen kühle Nächte mit viel Taubildung folgen. Da diese Wetterkonstellation im August nicht selten ist, sind hier die Schäden durch den Pilz besonders gravierend. Im Hausgarten werden der Gurken- und der Zwiebelanbau durch den Falschen Mehltau oft sehr eingeschränkt.

VORBEUGENDE MASSNAHMEN: Halten Sie die Kulturen möglichst trocken. Lassen Sie die Gewächshaustüren auch nachts offen, damit die Taufeuchte rasch abtrocknen kann. Freilandgurken können Sie an einem Gitter hochranken lassen, um Durchlüftung und Trocknung zu fördern.

CHEMISCHE BEHANDLUNG: Ist der Erreger einmal eingedrungen, ist eine Bekämpfung kaum mehr möglich.

Für eine chemische Behandlung der **Weinrebe** sind zwar mehrere Wirkstoffe vorhanden. Zugelassen sind für die Weinrebe Kupfermittel und Mittel mit Mancozeb. Diese müssten Sie aber über die ganze Vegetationsperiode hinweg in regelmäßigen Abständen (d. h. wöchentlich) ausbringen. Trotzdem wäre im nächsten Jahr die Krankheit mit Sicherheit wieder präsent. Bei Mehltau ist ein Austausch der Sorten deshalb die beste Möglichkeit: Entfernen Sie die befallenen Reben und ersetzen Sie sie durch eine pilzfeste Sorte.

Für **Gurke** und **Kopfsalat** steht der Wirkstoff Fosetyl zur Verfügung. Der Einsatz muss aber erfolgen, wenn die allerersten Flecken sichtbar sind. Andernfalls zeigt das Präparat keine Wirkung mehr. Auch hier muss jeweils nach einer Woche die Behandlung wiederholt werden.

Bei **Zierpflanzen** wie **Rosen** sind zusätzlich noch die Wirkstoffe Maneb und Metiram erlaubt.

SORTENWAHL: Bevorzugen Sie bei Kopfsalat, Feldsalat und Spinat möglichst resistente Sorten, wie 'Emilia' oder 'Lazio' bei Spinat. Auch bei Rosen sollten Sie möglichst auf resistente Sorten (› Abb. Seite 21) zurückgreifen, bei der Auswahl hilft Ihnen das ADR-Zeichen. Noch wichtiger sind widerstandsfähige Sorten bei der Weinrebe. Bislang sehr sichere und empfehlenswerte Reben sind neben anderen die blaue Sorte 'Muscat bleu', die gelbe Sorte 'Birstaler Muscat' und die grünliche, kernlose 'Lakemond' oder 'New York'.

Feuerbrand

Erwinia amylovora

› S. 66

BETROFFENE PFLANZEN: Quitte, Birne, Apfel, Weißdorn, Cotoneaster

SCHADBILD: Feuerbrand ist eine gefährliche Bakteriose, die einzelne Bäume und sogar ganze Obstanlagen in kürzester Zeit dahinraffen kann. Infizierte Blütenbüschel bleiben am Baum hängen und vertrocknen. Die Vertrocknungen breiten sich dann, je nach Sorte, im Baum schnell aus. Allerdings lässt sich eine Monilia-Spitzendürre (› Seite 132), die in manchen Jahren auch häufiger beim Apfel zu finden ist, nur mit einer Laboruntersuchung vom Feuerbrand unterscheiden. Infizierte Neutriebe, die noch nicht verholzt sind, hängen hakenartig verdorrt am Baum. Frühmorgens sind oft milchige oder bernsteinfarbene Tröpfchen mit Bakterienschleim zu finden (Abb.). Sie sind ein sicheres Erkennungszeichen, ebenso wie verdorrte Zweige mit hängen bleibenden Blättern in der Krone – umso mehr, wenn es zu laufender Zunahme der Absterbeerscheinungen kommt.

LEBENSWEISE: Die Krankheit, ursprünglich heimisch in Nordamerika, hat sich 1957 erstmals in England gezeigt und gelangte einige Jahre später nach Norddeutschland. Inzwischen ist sie in allen deutschen Bundesländern zu finden.

Die Bakterien überwintern in eingesunkenen Rindenpartien, den sogenannten Cancern. Im Frühjahr quillt daraus süßlicher Bakterienschleim, den Insekten und Bienen in Blüten tragen und sie damit infizieren. Von den infizierten Blüten ausgehend, werden durch Bienen immer weitere Blüten infiziert. Dadurch kommt es in kurzer Zeit zu massiven Infektionen, die der Baum meist nicht überlebt. Feuerbrand wird jedoch auch im Sommer weitergetragen. Vor allem durch Insekten, Wind, Werkzeuge oder Kulturmaßnahmen wird der Bakterienschleim, der sich bei feuchter Witterung bildet, leicht weitergegeben. Er benötigt dann allerdings Verletzungen, damit er in die Pflanze eindringen kann. Besonders gravierend sind die Feuerbrandausbrüche deshalb nach Gewitterstürmen, da hier Feuchtigkeit, der Wind als Überträger und feine Blattverletzungen gleichzeitig vorhanden sind.

MASSNAHMEN: Wichtigste Maßnahme ist die Verwendung von **resistenten Obstsorten.** Nach Möglichkeit sollte vermieden werden, Weißdorn in die Gärten und in die Fluren zu pflanzen, da diese hochanfällig sind.

Gerade in der freien Natur wird ein Befall aber meist nicht bemerkt, sodass ein stetiger Infektionsdruck vorhanden ist.

Eine **chemische Bekämpfung** ist nicht möglich. Schwachen Befall können Sie großzügig wegschneiden. Bei einem stärkeren Auftreten oder gar Blütenbefall ist eine Rodung des Gehölzes nötig. Damit sollten Sie aber nicht zu lange warten, denn nur durch Entfernen der kranken Pflanzen können Sie die noch gesunden schützen.

Desinfizieren Sie bei Schnittmaßnahmen an Feuerbrandbäumen während der Vegetationsperiode nach der Arbeit die Werkzeuge mit 70%igem Alkohol, damit die Krankheit nicht über die Werkzeuge übertragen wird.

Entsorgung von erkrankten Pflanzenteilen

Abgeschnittenes Pflanzenmaterial ist immer noch infektiös. Laut Feuerbrandverordnung muss es verbrannt werden. Dies ist problematisch, da innerorts Feuer schon seit langer Zeit nicht mehr erlaubt sind. In der Praxis haben sich deshalb das Kompostieren des gehäckselten Materials oder die Lagerung als Brennholz mit Überdachung gegen Nässe bewährt. Eine weitere Übertragung ist dann sehr unwahrscheinlich.

Feuerwanze

Pyrrhocoris apterus

› S. 92

BETROFFENE PFLANZEN: keine, die Feuerwanze ist kein Pflanzenschädling

SCHADBILD: Die Feuerwanze wird hier vorgestellt, da sie oft zu Unrecht als Schädling verdächtigt wird. Als Wanze ist sie sofort an ihrem dreieckigen Rückenschild erkennbar. Sie ist 10 mm groß, die Flügeldecken sind auffallend rot und schwarz gezeichnet.

LEBENSWEISE: Die Feuerwanze überwintert als erwachsenes Tier und erscheint, wenn sich der Boden im April wieder genügend erwärmt hat. Die Weibchen legen dann je 100 Eier ab, aus denen die roten Jungtiere schlüpfen. Häufig zu finden sind sie am Stammfuß von Linden, Robinien und anderen Laubgehölzen. Hier ernähren sie sich von den herabgefallenen Früchten. Sie verschmähen als Nahrung aber auch lebende und tote Insekten nicht.

MASSNAHMEN: Da Feuerwanzen unschädlich sind, ist keine Bekämpfung nötig. Sie können aber lästig werden, wenn sie ins Haus einwandern. Dies können Sie mit einem Fliegengitter leicht verhindern.

Fichtengallenlaus

ca. 20 Arten

› S. 58

BETROFFENE PFLANZEN: Fichte, Lärche

SCHADBILD: Das gemeinsame Symptom der Fichtengallenläuse sind die ananasförmigen Gallen in unterschiedlicher Größe. Im Frühjahr sind sie grün, später braun vertrocknend. Die Triebspitzen, an denen die Gallen sitzen, sterben nicht ab.

LEBENSWEISE: Die Stamm-Mutter der Läuse überwintert an der Fichtenknospe. Sie und ihre Nachkommen saugen am Trieb. Das veranlasst die Pflanze zu einer Stoffwechselreaktion, bei der die vielkammerigen Gallen entstehen. Die Läuse wandern hinein. Im August öffnen sich die Gallen, und die Läuse schlüpfen heraus. Manche Arten wechseln nun auf die Lärche und entwickeln sich dort als Lärchenwolllaus weiter. Andere bleiben auf der Fichte und überwintern dort.

MASSNAHMEN: Wenn auch die Gallen oft auffällig sind, ist der entstandene Schaden dennoch gering. Ein Abschneiden der Gallen ist zwar möglich, aber nicht nötig, da der Trieb mit der Galle nicht abstirbt, sondern weiterwächst.

Frostspanner

Operophtera brumata

› S. 79

BETROFFENE PFLANZEN: Obstgehölze, auch andere Laubgehölze

SCHADBILD: Die Räupchen fressen zur Blütezeit Löcher in die jungen Blätter. Gefressen werden auch die Blüten und ganz junge Früchte. In manchen Jahren kann der Schädling gebietsweise zu einem völligen Ernteausfall in Obstkulturen führen.

LEBENSWEISE: Der Frostspanner ist ein Kleinschmetterling mit 3 cm Flügelspannweite. Die Weibchen sind flugunfähig und kriechen im Herbst den Stamm hinauf. In der Krone legen sie bis zu 100 orange-rote Eier, aus denen im Frühjahr die Raupen schlüpfen. Diese sind grünlich und bis zu 2 cm groß.

MASSNAHMEN: Im Frühjahr können die Bio-Wirkstoffe *Bacillus thuringiensis* oder Neem zur Anwendung kommen. Bei Kernobst ist auch der Einsatz des Wirkstoffs Methoxyfenozide zugelassen. Leimringe hindern die Weibchen an der Eiablage in der Krone. Sie müssen bis Anfang Oktober angebracht werden und eng am Stamm anliegen.

Fusarium-Welke

Fusarium oxysporum

› S. 69 › S. 93

BETROFFENE PFLANZEN: Gurke, Spargel, Zwiebel, Kartoffel, Strauchbeeren, Astern und viele weitere

SCHADBILD: Der Pilz stört die Wasserzufuhr der Pflanzen. Dadurch kommt es zu Welkeerscheinungen. Sie sind zuerst am Nachmittag oder bei heißer Witterung zu beobachten. Über Nacht erholen sich die Pflanzen, vor allem Gurken, wieder. Nach einer gewissen Zeit sterben sie jedoch ab. Zwiebeln faulen von der Basis her, Spargel bringt Mindererträge.

LEBENSWEISE: Der bodenbürtige Pilz dringt über die Wurzeln in die Pflanze ein und wächst dann in den Leitungsbahnen. Im Boden kann er dank seiner Dauersporen viele Jahre überleben.

MASSNAHMEN: Eine direkte Bekämpfung ist nicht möglich. Gurken kann man auf den resistenten Feigenblattkürbis (*Cucurbita ficifolia*) pfropfen. Halten Sie eine weite Fruchtfolge ein. Werfen Sie befallene Pflanzen nicht auf den Kompost, da die Sporen hier überdauern und dann im Garten verteilt werden.

Gallmilben

Eriophyidae, zahlreiche Arten

› S. 55, S. 58 › S. 78 › S. 86

BETROFFENE PFLANZEN: Johannisbeere, Brombeere, Pflaume, Walnuss, Apfel, Linde (› Abb.) und viele andere

SCHADBILD: Gallmilben sind sehr kleine, mit bloßem Auge nicht sichtbare Spinnentiere. Bei der **Johannisbeergallmilbe** sind die Knospen im Frühling ballonartig vergrößert und treiben nicht mehr aus. **Brombeerfrüchte** reifen unvollständig aus, Teile der Frucht bleiben deshalb rot. Bei der **Pflaumen-Beutelgallmilbe** entstehen auf den Blättern beutelförmige Gallen mit einem Durchmesser von bis zu 3 mm. Auch andere Wucherungen und Veränderungen werden durch den Speichel der Tiere ausgelöst.

LEBENSWEISE: Gallmilben sind häufig, verursachen aber kaum Schaden. Sie überwintern zwischen den Knospenschuppen der Pflanzen.

MASSNAHMEN: Nur bei Johannis- und Brombeere sind Maßnahmen nötig. Ab Austrieb kann man zweimal mit einem Rapsöl-Mittel behandeln. Dann leben die Schädlinge noch nicht versteckt und werden gut erfasst.

Gallwespen

Cynipoidea

› S. 58

BETROFFENE PFLANZEN: sehr viele Gehölze

SCHADBILD: Gallen sind vielgestaltige Gebilde, die an allen Pflanzenorganen wie Wurzeln, Blättern, Blüten, Früchten und Trieben auftreten können. Eine der bekanntesten und größten Gallen ist die ganz haarig aussehende Rosengalle, auch Rosenapfel genannt (› Abb.). Im Inneren der Galle, die sich ausschließlich an Wildrosen findet, befinden sich mehrere Kammern mit Larven.

LEBENSWEISE: Gallwespen sind nur 1 bis 5 mm große Insekten und in der Regel schwarz. Die Larven sondern beim Saugen an der Pflanze ein Sekret ab, das sie an dieser Stelle zu einem starken Wachstum anregt. Daraufhin bildet sich die Galle, in deren Innerem die Larve geschützt ist. In einer Galle können mehrere Larven sitzen. Jede Gallwespe erzeugt ganz spezifische Gallen.

MASSNAHMEN: Obwohl ein massives Auftreten von Gallen recht spektakulär aussehen kann, entsteht dabei kein Schaden. Eine Bekämpfung ist daher nicht notwendig

Gespinstmotten

Yponomeuta plumbella, Y. malinellus und andere Arten

› S. 63

BETROFFENE PFLANZEN: Laubgehölze, besonders Apfel, Traubenkirsche, Pfaffenhütchen und Weißdorn

SCHADBILD: Gespinstmotten sind Kleinschmetterlinge. Die typische Färbung ihrer Flügel ist weiß mit schwarzen Punkten. Die beige-verwaschenen Raupen der Gespinstmotten leben sehr gesellig. Sie spinnen ein dichtes Geflecht an Spinnfäden, unter dem sie vor Vögeln geschützt sind. Nicht selten fressen sie die Gehölze völlig kahl.

LEBENSWEISE: Eiablage und Schlupf erfolgen schon im Herbst. Nach dem Puppenstadium im Juli schlüpft dann die neue Faltergeneration. Diese legt im Herbst wiederum ihre Eier ab. Während des Fraßes im Frühjahr entsteht das Gespinst. Darin verpuppen die Raupen sich auch.

MASSNAHMEN: In der Regel ist eine Bekämpfung nicht nötig, da selbst bei einem Kahlfraß die Pflanzen schnell wieder austreiben. Im Ausnahmefall kann eine frühzeitige Behandlung mit den Wirkstoffen *Bacillus thuringiensis* oder Acetamiprid erfolgen.

Glasflügler

diverse Arten

› S. 67

BETROFFENE PFLANZEN: Johannisbeere, Stachelbeere, Apfel, Birne, Himbeere, Brombeere, Weinrebe

SCHADBILD: Glasflügler sind kleine, 10 mm große Schmetterlinge mit glasig durchscheinenden Flügeln. Die Raupen sind weißlich mit braunem Kopf. Durch den Larvenfraß können krebsartige Wunden an Trieben entstehen, manchmal sterben die Triebspitzen auch ab. Befallene Triebe brechen leicht.

LEBENSWEISE: Die erwachsenen Tiere fliegen von Mai bis August und sind bevorzugt bei kranken Gehölzen zu finden. Dort legen sie auch ihre Eier ab. Sobald die Raupen schlüpfen, bohren sie sich in das Mark der Triebe ein. Dort fressen sie sich vorwärts und sind vor Feinden und dem Wetter geschützt. Nach Überwinterung schlüpfen im Mai die fertigen Schmetterlinge.

MASSNAHMEN: Sichtlich erkrankte Triebe können entfernt und vernichtet werden. Weitere Maßnahmen sind nicht möglich, und da im Allgemeinen nur geringer Schaden entsteht, auch nicht nötig.

Glasigkeit beim Apfel

› S. 83

BETROFFENE PFLANZE: Apfel

SCHADBILD: Im Inneren des Apfels befinden sich durchscheinende, sogenannte glasige Stellen. Sie können um das Kerngehäuse konzentriert oder weiter außen zu finden sein.

URSACHE: Glasigkeit ist Folge einer Stoffwechselstörung. Sie tritt vor allem bei starker Sonneneinstrahlung, Trockenheit oder in einem warmen Herbst auf. Der Apfel bildet dann besonders viel Sorbit, einen stark wasseranziehenden Zucker. Das Wasser lagert sich zwischen den Zellwänden ein und verursacht die Störung. Bei geringem Fruchtbehang können die Äpfel stärker betroffen sein. Glasige Äpfel sind nicht lange haltbar, da sie zu gären beginnen und Fleischbräune (dunkles Fruchtfleisch, das rasch verdirbt) folgt.

MASSNAHMEN: Meiden Sie möglichst anfällige Sorten wie 'Goldparmäne', 'Gloster' oder 'Alkmene'. Ernten Sie Ihre Äpfel frühzeitig. Durch ausgeglichenen Schnitt können Sie einen mittelstarken Fruchtbehang erreichen. Glasige Früchte sind genießbar, Sie sollten sie aber schnell verbrauchen.

Grauschimmel

Botrytis cinerea

› S. 48 › S. 76 › S. 86, 87, 88

BETROFFENE PFLANZEN: sehr viele Pflanzenarten

SCHADBILD: Grauschimmel wird von einem Pilz verursacht. Das Pflanzengewebe ist zuerst hellbraun verfärbt, dann bildet sich der typische mausgraue Sporenrasen auf Früchten, Blättern oder Stängeln. Häufig befallen werden **Erdbeerfrüchte** und **Feldsalat. Kopfsalat** stirbt bei Grauschimmelbefall meist eine Woche nach Pflanzung ab und färbt sich dabei hellbraun. Große Ausfälle entstehen bei den Früchten der **Weinrebe.** Vor allem in dichten Trauben breitet er sich rasch aus. **Zucchinifrüchte** werden oft über die abgehende Blüte infiziert und faulen dann von der Spitze her. Auch **Tomaten** werden befallen, vor allem in Glas- und Folienhäusern. Während sich auf Stängeln und Blättern der Sporenrasen entwickelt, kann der Pilz auf den Früchten mit intakter Schale keine Sporen bilden. Hier entstehen stattdessen sogenannte Geisterflecken, helle Ringe mit einem Durchmesser von bis zu 1 cm (› Abb. Seite 87). Bei der **Rose** erkranken unter feuchten Bedingungen oft die Knospen. Sie verbräunen und öffnen sich nicht mehr. Auch bei **Lagergemüse** wie Möhren, Zwiebeln oder Kohl kann Grauschimmel große Verluste verursachen.

LEBENSWEISE: Der Pilz überwintert als Mycel. Es gibt aber auch sehr langlebige Dauerkörper. Die Sporen sind sehr fein und werden vom Wind weit verfrachtet. Sie sind deshalb überall vorhanden. Grauschimmel hat ein weites Temperaturspektrum: Bereits ab 1 °C kann er wachsen, sein Optimum aber liegt bei 22–25 °C. Grauschimmelinfektionen gehen immer von Wunden aus, greifen dann aber schnell auf gesundes Gewebe über. Der Schaderreger braucht zu seiner Entwicklung Wassertropfen oder einen Wasserfilm.

VORBEUGENDE MASSNAHMEN: Sorgen Sie für gute Belüftung und schnelles Abtrocknen der Pflanzen. So sollten Sie gefährdete Kulturen wie Feld- und Kopfsalat nie abends gießen. Entfernen Sie abgestorbene Pflanzenteile, z. B. abgehende Zucchiniblüten. Salat sollten Sie hoch pflanzen, damit die Blätter anfangs die Erde nicht berühren. Halten Sie Erdbeerfrüchte durch eine Strohunterlage trocken, und beseitigen Sie alle befallenen Früchte und Pflanzenteile sofort, denn ein Sporenrasen verursacht sehr hohen Infektionsdruck. Räumen Sie vor einer Neukultur Ihr Gewächshaus komplett, und lassen Sie keinesfalls schimmlige Pflanzenreste liegen.

SORTENWAHL: Bei Erdbeeren infiziert der Pilz bereits die Blüten, wenn sie längere Zeit nass sind. Bevorzugen Sie deshalb Sorten wie 'Tenira'. Diese blühen über dem Laub und trocknen bei Nässe schneller ab.

CHEMISCHE MASSNAHMEN: Für Zierpflanzen, Kirschen, Pflaumen, Beeren und Weinreben steht der Wirkstoff Fenhexamid zur Verfügung, für Weinreben und Erdbeeren das Wirkstoffgemisch Fludioxonil und Cyprodinil. Bei der Erdbeere erfolgen drei Spritzungen: die erste zu Beginn der Blüte, dann zur Vollblüte und zur abgehenden Blüte.

Über die absterbende Blüte hat der Grauschimmel die Zucchinifrucht infiziert und zerstört.

Botrytis ist oft schwer erkennbar, da er nur bei hoher Luftfeuchte einen Sporenrasen bildet.

Gummifluss

› S. 67

BETROFFENE PFLANZEN: Kirsche, Aprikose
SCHADBILD: An der Rinde treten Tropfen von farblosem bis rotbraunem Gummi mit 1–2 cm Durchmesser aus. Bei *Valsa*, einer Pilzerkrankung, tritt zusätzlich die „Krötenhaut" auf, viele 2 mm große, dunkle, warzenartige Pusteln auf der Rinde. Es sind die Sporenlager des Valsapilzes. Gummifluss kann Äste welken lassen, aber auch das Absterben des ganzen Baums nach sich ziehen.
URSACHEN: Falsche Standortwahl, Staunässe, falscher Schnitt, Valsapilz-Infektionen.
MASSNAHMEN: Vorbeugen können Sie mit der richtigen Standortwahl, vermeiden Sie vor allem Staunässe. Schneiden sollten Sie nur nach der Ernte und keinen Winterschnitt anwenden. Schneiden Sie bei Valsa sofort befallene Äste oder Kronenteile heraus und vernichten Sie sie (nicht kompostieren). Bei Schnitt an der Kirsche ist es hilfreich, den Zapfenschnitt anzuwenden, wie Versuche ergeben haben: Dabei bleibt ein Aststummel von 10 cm stehen. Es ist zwar kein schöner Anblick, kann aber Gummifluss verhindern.

Hallimasch

Armillaria ostoyae

› S. 73

BETROFFENE PFLANZEN: viele Laub- und Nadelgehölze
SCHADBILD: Vom Hallimaschpilz befallene Bäume fallen durch Kümmerwuchs, Welke und Harzaustritt auf. Der Pilz wächst zwischen Rinde und Holz. Hier ist er an hellen, flachen Häuten oder an bindfadendicken dunklen Strängen zu erkennen. Im September und November erscheinen die hellbraunen Fruchtkörper am Stammfuß. Sie treten stets büschelweise auf; oft entspringen dreißig oder mehr aus einer Stelle.
Der Hallimasch wird oft mit dem Sparrigen Schüppling (*Pholiota squarrosa*) verwechselt, der als sein klassischer Doppelgänger gilt. Er verursacht genau die gleichen Schäden; für die Schadensdiagnose ist es also nicht nötig, die beiden Pilze unbedingt zu unterscheiden.
LEBENSWEISE: Der Hallimasch ist im Boden sehr verbreitet. Er lebt von toter organischer Substanz und ernährt sich von abgestorbenen Wurzeln. In den letzten Jahren infizierte er aber immer öfter lebende Bäume, die dann absterben. In der Forstwirtschaft und auch im Gartenbau wird er deshalb als Problem erachtet, das sehr hohe finanzielle Schäden verursacht. Tatsächlich fallen in Wäldern in den letzten Jahren ganze Quartiere auf, die komplett dem Hallimasch zum Opfer fallen. Der Pilz kann auch gezielt Nachbarbäume befallen, indem seine Ausbreitungsorgane auf sie zuwachsen.
Neueste Forschungen belegen, dass der Hallimasch deshalb immer häufiger auftritt, weil die Bäume an einer neuen, sehr gefährlichen *Phytophthora*-Wurzelfäule (› Seite 136) leiden. Sie zerstört das Feinwurzelwerk, ohne dass die Bäume daran sterben. Sie leben aber immer in einer Stress-Situation, da sie nicht genug Wasser und Nährstoffe aufnehmen können. Dazu kommt die Klimaerwärmung, die in Teilen Bayerns bereits den Anbau von Fichten infrage stellt. Auch diese Bäume sind extremem Stress unterworfen. Die Summe aus Stressfaktoren schwächt die Bäume am Ende so stark, dass erst der *Phytophthora*-Pilz und anschließend der Hallimasch nicht mehr abgewehrt werden können.
MASSNAHMEN: Eine Bekämpfung ist nicht möglich. Das größere Problem liegt hier in der ungehemmten Ausbreitung der *Phytophthora*-Verseuchung.

Haselnussbohrer

Curculio nucum

› S. 87

BETROFFENE PFLANZE: Haselnuss
SCHADBILD: Der Haselnussbohrer ist ein Rüsselkäfer. Er ist knapp 1 cm lang und an seinem langen, gebogenen Rüssel sofort zu erkennen. Den eigentlichen Schaden verursachen die Larven, die die Nüsse fressen. Bei einer frühen Ernte sind die bis zu 15 mm langen Larven in der Nuss zu finden, später deutet nur noch das 2 mm große Ausschlupfloch auf den Schädling hin.
LEBENSWEISE: Bereits im Juni frisst der Käfer junge Früchte an und belegt sie dann mit einem Ei. Insgesamt legt jedes Weibchen bis zu 50 Eier. Die Larve ernährt sich von der Haselnuss, die sie bis zum August völlig vertilgt hat. Nun frisst sie sich durch die Schale und lässt sich zu Boden fallen, um sich zu verpuppen und zu überwintern. Im Frühjahr erscheint dann die neue Generation der Käfer. Die erwachsenen Tiere ernähren sich von den Blättern der Haselnuss.
MASSNAHMEN: Eine Bekämpfung ist im Hausgarten nicht möglich.

Hexenring im Rasen

verschiedene Hutpilz-Arten

› S. 57

BETROFFENE PFLANZEN: Rasengräser
SCHADBILD: Es kommen drei Schadbilder vor: ein Ring abgestorbener Gräser, nach innen und außen begrenzt mit sehr dunkelgrünen Gräsern; ein Ring nur aus dunkelgrünen Gräsern; oder ein Ring aus Fruchtkörpern der Pilze. Die Gräser sind dunkelgrün, weil sie pilzliche Stoffwechselausscheidungen als Dünger nutzen.
LEBENSWEISE: Für die Entstehung eines Hexenrings kommen über 50 verschiedene Pilzarten infrage. Von der Infektionsstelle breitet sich das Pilzmycel gleichmäßig aus und formt so einen Ring.
MASSNAHMEN: Lockern Sie die Grasnarbe im Bereich der Ringe intensiv mit der Grabgabel, und gießen Sie sie durchdringend. Dazu können mehrere Wassergaben nötig sein, da ein dichtes Mycel wasserabweisend wirkt. Hexenringe treten vorwiegend in gestresstem, wachstumsgehemmtem Rasen auf. Richtiges Düngen und Bewässern beugt deshalb vor. Pflanzenschutzmittel stehen nicht zur Verfügung.

Himbeerkäfer

Byturus tomentosus

› S. 86

BETROFFENE PFLANZE: Himbeere
SCHADBILD: Der Himbeerkäfer ist 5 mm lang und fein braun behaart. Neben dem Fraß des Käfers, der die Blüten zernagt, werden vor allem die Früchte durch die Larven entwertet. Diese sind 6 mm lang, weiß-gelblich gefärbt und haben 6 Beine.
LEBENSWEISE: Der Käfer erscheint im Mai. Die Weibchen legen je ein Ei an eine Jungfrucht, wobei bis zu 40 Eier abgelegt werden. Nach 10 Tagen schlüpfen die Larven. Pro Jahr tritt nur eine Generation auf. Große Schäden können in Waldnähe oder in schattigen Lagen entstehen.
MASSNAHMEN: Insektizide stehen nicht zur Verfügung. Schütteln Sie zur Blütezeit die Himbeerpflanze, während Sie einen aufgespannten, umgedrehten Regenschirm darunterhalten. Dort fallen die Käfer hinein und können entsorgt werden. Am besten nehmen Sie diese Maßnahme frühmorgens vor, dann sind die Käfer noch klamm und können sich schlecht festhalten. **Sortenwahl:** Herbsthimbeeren bleiben grundsätzlich befallsfrei.

Himbeerruten-krankheit

Didymella applanata

› S. 66

BETROFFENE PFLANZE: Himbeere
SCHADBILD: Erste Symptome der Pilzerkrankung sind bereits im Frühjahr sichtbar. An den Knospen bilden sich violette bis braune Stellen, die sich rasch ausdehnen können. Befallene Rindenstellen sterben ab. Zuweilen stirbt auch die gesamte Rute.
LEBENSWEISE: Neben *Didymella* können noch eine ganze Reihe anderer Pilze am Schadkomplex Rutenkrankheit beteiligt sein. Als Wegbereiter dient nicht selten die Himbeerrutengallmücke, deren Larven in der Rinde leben und so Eintrittspforten für die Pilze schaffen. Ein Befall kann während der gesamten Vegetationszeit stattfinden. Die Verbreitung der Sporen erfolgt durch Wind und Regen. Die Pilze können nur verletzte Ruten infizieren.
MASSNAHMEN: Schneiden sie befallene Ruten sofort nach der Ernte heraus. Zu dichte Bestände und unharmonische Düngung fördern die Krankheit. Pflanzenschutzmittel sind nicht zugelassen.

Johannisbeer-blasenlaus

Cryptomyzus ribis

› S. 51

BETROFFENE PFLANZEN: Schwarze und Rote Johannisbeere; Nebenwirt: Taubnesseln und andere Lippenblütler
SCHADBILD: Neu gebildete Blätter der Johannisbeeren bekommen gelbgrüne oder hellrote, blasige Auftreibungen. Die Triebspitzen sind gestaucht. Die Ertragsminderungen halten sich aber in Grenzen.
LEBENSWEISE: Die Johannisbeerblasenlaus bewirkt durch ihre Speichelausscheidungen diese abnormen Blattwucherungen. Sie ist ausschließlich blattunterseits zu finden und schützt sich in diesen Blasen vor Witterungseinflüssen. Sobald die Blattveränderungen auffällig sind, hat sich die grünliche Laus bereits auf ihre Nebenwirte begeben.
MASSNAHMEN: Normalerweise ist der Schaden so gering, dass er toleriert werden kann. Meist wird er erst dann erkannt, wenn schon keine Läuse mehr vorhanden sind. Zur Bekämpfung zugelassen sind die Bio-Wirkstoffe Kaliseife und Rapsölpräparate. Eine direkte Benetzung der Läuse ist dabei nötig.

Johannisbeer-Blattfallkrankheit

Drepanopeziza ribis

› S. 55

BETROFFENE PFLANZEN: Stachelbeere, Rote und Weiße Johannisbeere
SCHADBILD: Die Krankheit wird von einem Pilz verursacht. Schon vor der Ernte bilden sich braune Flecken auf den Blättern. Diese vergilben dann zusehends, rollen sich ein und fallen alsbald ab. Dadurch wird die Pflanze geschwächt, und im nächsten Jahr ist mit einer Ertragsminderung zu rechnen. Auch reift das Holz nicht vollständig aus, und die Frosthärte der Pflanzen leidet.
LEBENSWEISE: Der Pilz überwintert in abgefallenen Blättern. Im Frühling werden die Sporen freigesetzt und gelangen dann auf das neu gebildete Laub. Bei lang anhaltender feuchter Witterung hat der Pilz beste Bedingungen, und die Infektionen fallen besonders stark aus.
MASSNAHMEN: Sammeln Sie herabgefallenes Laub sorgfältig ein und kompostieren Sie es. Halten Sie die Pflanzen nicht zu dicht, und lichten Sie die Sträucher gut aus. Chemische Präparate können im Hausgarten zurzeit nicht eingesetzt werden.

Johannisbeer-säulenrost

Cronartium ribicola

› S. 50 › S. 72

WEITERER NAME: Kiefernblasenrost
BETROFFENE PFLANZEN: Schwarze Johannisbeere, Jostabeere, Weymouths-Kiefer
SCHADBILD: Auf Johannisbeerblättern bildet sich auf der Blattunterseite ab Juni ein Belag aus 1 mm hohen, rostfarbenen Säulchen. Die Blätter fallen bald ab, was die Pflanze schwächt. Auf 5-nadeligen Kiefern bilden sich am Stamm oder an Zweigen spindelartige Verdickungen, aus denen die Sporenlager erwachsen (› Abb. Seite 72).
LEBENSWEISE: Die Sporen auf den Johannisbeerblättern infizieren im Herbst 5-nadelige Kiefern, vor allem die Weymouths-Kiefer. Hier lebt der Pilz dauerhaft und bildet im Frühjahr Sporen, die wiederum Johannisbeeren infizieren.
MASSNAHMEN: Bauen Sie Johannisbeeren nicht neben 5-nadeligen Kiefern an. Fungizide gegen die Blattfallkrankheit (› Seite 120) erfassen auch den Säulenrost, derzeit ist jedoch keine Zulassung vorhanden. **Sortenwahl:** Wenig empfindliche Sorten der Johannisbeere sind 'Ometa', 'Titania' und 'Bona'.

Kartoffelkäfer

Leptinotarsa decemlineata

› S. 61

BETROFFENE PFLANZEN: Kartoffel, Aubergine; einige Nachtschatten-Arten
SCHADBILD: Die Larve des 1 cm großen, schwarz-gelb gestreiften Käfers ist rot und hat schwarze Punkte. Sie wird leicht mit den Puppen des Marienkäfers verwechselt. Bei schwerem Befall kommt es zum Kahlfraß der Futterpflanzen und zu Ertragseinbußen.
LEBENSWEISE: Die Käfer überwintern in der Erde. Im Frühjahr legt jedes Weibchen ca. 1000 Eier auf die Blattunterseiten. Die Larven entwickeln sich zügig; bei genügend Wärme entsteht eine zweite Generation. Der erwachsene Käfer wird zwei Jahre alt.
MASSNAHMEN: Käfer und Larven lassen sich gut von Hand absammeln. Direkte Bekämpfung ist möglich mit den Wirkstoffen Neem und Pyrethrin. Neem muss frühzeitig ausgebracht werden, wenn Sie mindestens 10 Eigelege pro 50 Pflanzen finden. Bei Pyrethrin ist der Zeitpunkt weniger wichtig. Bei anhaltendem Befallsdruck sind mehrere Anwendungen nötig, Sie dürfen aber beide Mittel nur je zweimal anwenden.

Kastanienminiermotte

Cameraria ohridella

› S. 53

BETROFFENE PFLANZEN: weißblühende Kastanie, seltener Ahorn
SCHADBILD: Die Kastanienminiermotte, ein unscheinbarer Kleinschmetterling, ist aus dem Balkan zu uns eingewandert. Durch die Miniergänge der Larven verbräunt das Blatt. Vor allem wenn drei Generationen ausgebildet werden, ist schon im frühen August die gesamte Blattmasse verbräunt. Bei einer Schädigung über mehrere Jahre hinweg wird die Vitalität des Baums geringer.
LEBENSWEISE: Der Flug der 1. Generation beginnt mit der Kastanienblüte. Das Weibchen legt bis zu 100 Eier auf die Kastanienblätter. Die Larven fressen dann Gänge im Inneren der Blätter. Sie beenden ihre Entwicklung Ende Juli. Bei günstiger Witterung entwickelt sich eine dritte Generation. Die Puppen der letzten Generation überwintern in den abgefallenen Blättern am Boden.
MASSNAHMEN: Entfernen Sie regelmäßig das Falllaub und entsorgen Sie es im Hausmüll. Das reduziert die Puppen und damit die Mottenzahl im nächsten Jahr.

Keimlingskrankheiten

diverse Arten der Pilz-Gattungen *Fusarium, Phoma, Verticillium, Pythium*

› S. 69

BETROFFENE PFLANZEN: alle Arten

SCHADBILD: Keimlingskrankheiten, die von verschiedenen Pilzen verursacht werden, erkennen Sie daran, dass in Saatkisten oder in frisch verpflanzten Beständen nesterweise Fehlstellen auftreten. Die Keimlinge sind verbräunt und umgefallen. Manchmal gehen sie auch gar nicht erst auf und sterben schon im Boden ab. Häufig ist auch der Wurzelhals eingeschnürt. Der Befall breitet sich meist schnell aus und ist nicht aufzuhalten, auch wenn Sie die kranken Pflanzen entfernen. Erkranken etwas ältere Pflanzen, bleibt der Wurzelkörper klein, und der Stängelgrund verkorkt. Auch wenn sie nicht absterben, wachsen sie nur noch kümmerlich.

LEBENSWEISE: Die Pilze sind bodenbürtige Schwächeparasiten und befallen die Pflanzen bei Stress und Wachstumsstörungen. Der Befall geht entweder von sehr langlebigen Dauersporen aus oder von einem Pilzmycel, das auf Pflanzenresten überdauert. Dauersporen befinden sich häufig in anhaftenden Erdresten in den Kulturgefäßen. Sehr förderlich für die Schaderreger ist außerdem Sauerstoffarmut. Sie entsteht durch übermäßige Nässe oder durch oberflächliche Bodenverschlämmung bei Verwendung falscher Erde.

MASSNAHMEN: Anzuchtgefäße, in denen einmal Probleme mit Keimlingskrankheiten auftraten, sollten Sie sofort wegwerfen. Teure Gefäße können Sie aber auch **desinifizieren,** entweder mit 70 °C heißem Wasser oder mit 70%igem Spiritus. So stellen Sie sicher, dass der Saatschale bei der nächsten Verwendung keine schädlichen Sporen anhaften. Voraussetzung für eine Desinfektion ist aber, dass sich auch keinerlei Erdreste mehr am Pflanzgefäß befinden.

Verwenden Sie zur Anzucht keine eigene Erde, vor allem keine Gartenerde, sondern sterile, spezielle **Aussaaterde** aus dem Sack (im Fachhandel erhältlich). Sie kann sehr viel Wasser speichern und hat dennoch eine gute Durchlüftung, was entscheidend ist für eine optimale Sauerstoffversorgung der Wurzeln. Diese Erde kann außerdem nicht so leicht vernässen und damit Pilze fördern. Zudem ist sie keimfrei und enthält garantiert keine schädlichen Pilzsporen.

Wichtig für die jungen Keimlinge ist ein hoher **Lichtgenuss.** Optimal ist ein Gewächshaus. Wenn Sie keines haben, müssen Sie das Aussaatgefäß möglichst nah an ein besonntes Fenster stellen. Schon wenige Zentimeter Entfernung von der Fensterscheibe bringen einen erheblichen Lichtverlust mit sich!

Sorgen Sie für **optimale Keimtemperaturen,** vor allem bei den wärmeliebenden Arten. Stellen Sie notfalls Gurken und Tomaten auf die Heizung. Dabei muss jedoch sichergestellt sein, dass die Temperaturen nicht zu hoch sind. So manche steinerne Fensterbank bedeutete den Niedergang der Anzucht. Hilfreich ist hier eine Unterlage aus Styropor. An ungeheizten und eher kühlen Standorten hat sich dagegen als Unterlage ein flaches, wasserdichtes Heizkissen bewährt. Mit 30–60 Watt verbraucht es kaum Strom, bringt aber genug Wärme für die Kultur.

So fühlen sich Keimlinge rundum wohl

Vermeiden Sie Stress für Ihre Pflanzen, indem Sie ihnen optimale Wachstumsbedingungen und damit die besten Chancen bieten, gesund zu bleiben:

- Käufliche Aussaaterde verwenden.
- Aussaatgefäße nötigenfalls desinfizieren.
- Für optimalen Lichtgenuss sorgen.
- Ebenso wichtig ist ein warmer Fuß.
- Gießen Sie moderat, und vermeiden Sie auf jeden Fall zu viel Nässe.

Kernhausfäule

diverse Pilze, u.a. der Gattungen *Mucor, Penicillium, Alternaria, Botrytis*

› S. 83

BETROFFENE PFLANZE: Apfel

SCHADBILD: Kernhausfäulen werden durch unterschiedliche Pilze verursacht und sind äußerlich nicht erkennbar. Erst nach dem Aufschneiden ist weißlicher bis grünlicher Schimmel im Kernhaus sichtbar. Er kann auch in das Fruchtfleisch einwandern und dieses nach und nach bis zur Schale verbräunen. Der Verbräunung folgt dann rasch eine Fäulnis.

LEBENSWEISE: Die Infektion erfolgt meist während der Vegetationsperiode, wobei die Pilze schon kurz nach der Blüte durch den Griffel ins Fruchtinnere wachsen. Das Problem liegt darin, dass einige Pilzarten, wie *Penicillium*, sehr gefährliche Gifte ausscheiden. Diese Giftstoffe bleiben nicht am unmittelbar betroffenen Bereich, sondern sie verbreiten sich auch im augenscheinlich noch gesunden Fruchtfleisch. Von diesen Stoffen ist bekannt, dass sie diverse ernsthafte Krankheiten beim Menschen verursachen können. Früchte mit Kernhausfäule sind deshalb nicht mehr zum Verzehr geeignet. Da diese Stoffe hitzefest sind, werden sie auch beim Backen oder Kochen nicht zerstört. Auch reicht es nicht, die befallenen Stellen großzügig auszuschneiden, da ja nicht sichtbar ist, wie weit sich die schädlichen Substanzen schon in der Frucht ausgebreitet haben.

MASSNAHMEN: Im Erwerbsanbau werden diese Pilze durch die regelmäßigen Behandlungen miterfasst, die sich gegen Schorfpilze (› Seite 146) richten. Eine direkte Bekämpfung im Hausgarten ist dagegen nicht möglich. Schneiden Sie die Bäume auf alle Fälle gut aus, damit sie schneller abtrocknen. Je länger Feuchtigkeit auf die Früchte einwirkt, desto bessere Wachstumsmöglichkeiten haben diese Pilze. In feuchten Jahren ist deshalb vermehrt mit Schimmelbildung in Kernhäusern zu rechnen. Das Auslichten wirkt sich auch günstig auf eine ganze Reihe anderer Pilzerkrankungen aus. Den Befall mindern können Sie zudem, wenn Sie die Fruchtmumien auf und unter den Bäumen sammeln und im Kompost vergraben, da auf den eingetrockneten Früchten die Sporen der Krankheitserreger bis ins nächste Jahr überdauern. Sammeln Sie auch faulendes Fallobst ein und kompostieren Sie es, oder entfernen Sie es ganz aus dem Garten. Besonders anfällig ist die Sorte 'Boskoop'.

Kiefernschütte

Lophodermium seditiosum

› S. 56

BETROFFENE PFLANZEN: junge Kiefern

SCHADBILD: Auffälligstes Zeichen der Pilzkrankheit ist das sogenannte Frühjahrsschütten. Dabei fallen die vorjährig gebildeten Nadeln der Kiefern zu Boden.

LEBENSWEISE: Die Krankheit tritt meist nur einjährig auf. Im Herbst infizieren die Sporen die Nadeln. Darauf entstehen gelbliche Flecken, die allmählich größer werden. Bis Ende Mai sterben die Nadeln ab und fallen zu Boden. Auf diesen Nadeln entwickeln sich die Fruchtkörper des Pilzes, die im Herbst ihre Sporen ausschleudern. Wenn diese wieder auf Kiefernnadeln gelangen, ist der Kreislauf geschlossen.

MASSNAHMEN: Vermeiden Sie sehr feuchte Standorte. Entfernen und kompostieren Sie herabgefallene Nadeln. Mit dem Alter werden die Kiefern unempfindlicher, ab dem 10. Lebensjahr droht keine Gefahr mehr. Maßnahmen mit den Wirkstoffen Myclobuctanil oder Azoxystrobin sind vor allem dann zu empfehlen, wenn mehrere nasse Sommer hintereinander die Epidemie verstärkt haben.

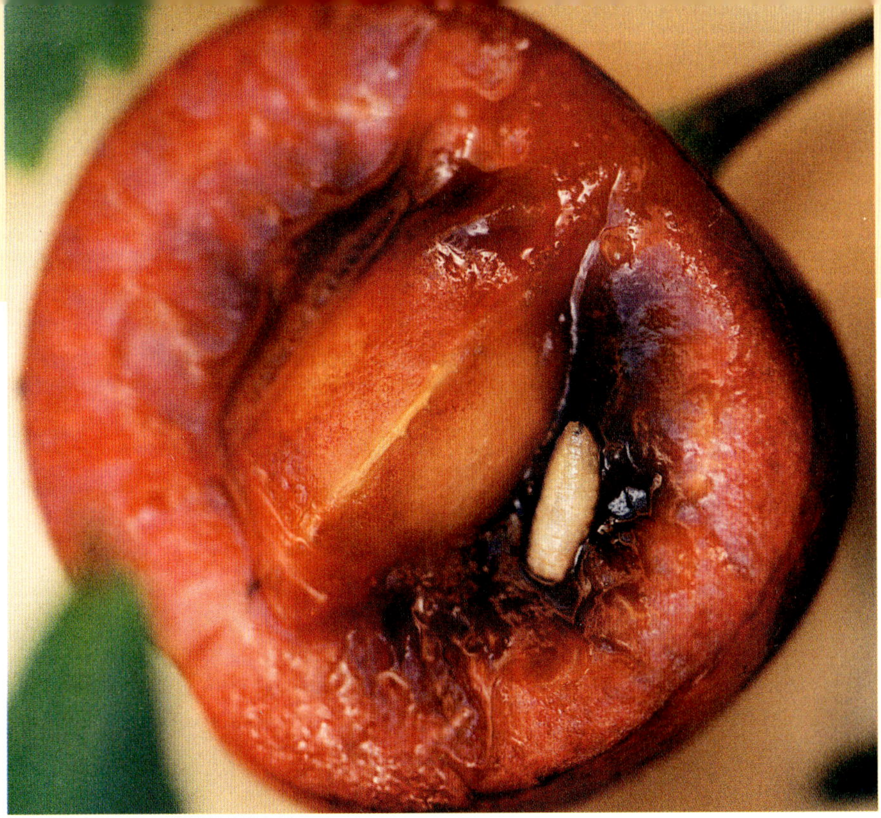

Kirschfruchtfliege

Rhagoletis cerasi

› S. 84

BETROFFENE PFLANZEN: mittelspäte und späte Süßkirschen und Vogelkirschen; seltener Sauerkirsche, Heckenkirsche, Schneebeere, Traubenkirsche, Kornelkirsche

SCHADBILD: Die Kirschfruchtfliege ist etwas kleiner als eine Stubenfliege und hat einen gelben Fleck auf dem Rücken. Sie entwickelte sich zum Problemschädling, da viele Kirschbäume nicht mehr vollständig beerntet werden. Dadurch hat sie hervorragende Entwicklungsbedingungen. Schädlich ist die Larve, die im Inneren der Kirsche lebt. Äußerlich scheint die Frucht gesund.

LEBENSWEISE: Die Tiere überwintern als Puppen im Boden. Etwa Mitte Mai bis Ende Juni – je nach Bodentemperatur – schlüpfen die Fliegen. Kühle Temperaturen und hohe Niederschläge zur Flugzeit dezimieren die Schädlinge. Die Eiablage in die Frucht findet bei Temperaturen über 16 °C statt und erst, sobald die Kirschen sich ins Gelbliche färben. Ein Weibchen legt etwa 100–200 Eier und verhindert doppelte Eiablage, indem es jede belegte Frucht mit einem Duftstoff markiert. Die nach 6–8 Tagen schlüpfende Made frisst sich in die Frucht und zerstört das Fruchtfleisch um den Stein. Nach etwa 3 Wochen verlassen die Maden die Frucht, wandern in den Boden (näherer Baumumkreis) und überwintern in etwa 3 cm Tiefe als Tönnchenpuppe. Oft schlüpfen die Puppen auch erst nach zwei oder drei Jahren. Pro Jahr tritt nur eine Generation auf.

MASSNAHMEN: Pflanzenschutzmittel sind derzeit nicht zugelassen. Das noch vor wenigen Jahren gebräuchliche Lebaycid ist verboten. Der Handel bietet beleimte Gelbtafeln an, die man in der Krone aufhängt. Die angelockten Fliegen kleben dann fest. Dies reicht in der Regel aber nicht aus, um den Befall spürbar zu verringern. Ansonsten können Sie lediglich folgende Maßnahmen ergreifen:

➜ Andere Wirtspflanzen sollten nicht im näheren Umfeld stehen.

➜ Lesen Sie vorzeitig herabgefallene Früchte auf und vernichten Sie sie.

→ Pflücken Sie die Bäume frühzeitig und restlos leer.

→ Wenn Sie die Möglichkeit haben, Hühner zu halten, picken sie Larven aus dem Fallobst und scharren die Puppen aus dem Boden.

→ Mulchen der Baumscheibe bewirkt im Frühjahr langsamere Bodenerwärmung und damit verzögerten Schlupf der Tiere.

→ Durch Auslegen engmaschiger Netze oder Vliese im näheren Baumbereich noch vor dem Schlupf der Fliegen können Sie die Paarung und damit die Eiablage unterbinden.

In der Praxis hat sich jedoch gezeigt, dass alle diese Maßnahmen mehr oder weniger wirkungslos sind, wenn die Schädlinge von benachbarten, auch weiter entfernten Kirschbäumen zufliegen können.

→ Um die Fliegen von der Eiablage abzuhalten, sind auch Spritzungen zum Flugzeitpunkt mit Wermuttee oder Knoblauchpräparaten möglich. Doch dies hilft nur, wenn Ausweichpflanzen in der Nähe sind, die noch nicht von der Fliege befallen sind. Ansonsten ist das Bedürfnis, Eier abzulegen, so stark, dass sich die Tiere nicht fernhalten lassen.

SORTENWAHL: Die derzeit einzige Möglichkeit, im Hausgarten madenfreie Kirschen zu erzeugen, ist die Wahl einer Frühsorte. Die Favoritin in Größe, Geschmack und Robustheit ist 'Burlat'. Diese ansprechende Herzkirsche reift in der zweiten Kirschwoche Ende Mai bis Anfang Juni. Sie bleibt befallsfrei, weil die Früchte für die Madenentwicklung nicht mehr lange genug am Baum bleiben.

KLEINKRONIGER BAUM: Frühe Sorten haben aber den Nachteil, dass sie verstärkt von Vögeln gefressen werden. Nicht selten kommt es so zum Totalausfall. Um dies zu verhindern, brauchen Sie ein Netz zur Vogelabwehr. Damit Sie es gut anwenden können, müssen Sie den Baum kleinkronig erziehen. Die Kirsche muss auf eine schwachwachsende Unterlage wie 'Gisela 5' veredelt sein. Um einen kleinkronigen Baum zu erhalten, dürfen die Äste nur waagerecht vom Stamm abgehen. Äste, die sich neu bilden, müssen spätestens bei einer Länge von 10 cm zu waagerechtem Wuchs gebracht werden. Dazu eignen sich kleine Gewichte, die Sie mit zunehmendem Längenwachstum immer weiter nach vorne hängen; oder Sie binden die Äste einfach herunter.

Begrenzen Sie das Höhenwachstum jährlich auf 50 cm durch Einkürzen des Triebs. Eine einzige Knospe bleibt an der Spitze des Haupttriebs stehen, die drei darunter werden ausgebrochen. So verläuft die Astentwicklung gleichmäßiger. Wenn Sie den Baum auf diese Weise fünf Jahre lang erziehen, ist er als kleinkroniges Exemplar fertig ausgebildet.

Die Kirschfruchtfliege hat einen gelben Punkt auf dem Rücken und gebänderte Flügel.

Sie überwintert als Tönnchenpuppe im Boden und schlüpft im nächsten oder übernächsten Jahr.

Mit Gelbtafeln ist dem Problem nicht beizukommen. Sie dienen nur der Überwachung.

Knospensterben am Rhododendron

Pycnostisanus azaleae

› S. 78

BETROFFENE PFLANZE: Rhododendron
SCHADBILD: Ein Pilz verursacht während des Winters das Absterben und Grauwerden der Blütenknospe. Mit der Zeit bilden sich auf der Knospenoberfläche die Sporenträger, sodass sie ganz rau aussieht.
LEBENSWEISE: Der Pilz wirkt sich nur dann schädlich aus, wenn im Sommer zuvor die ca. 1 cm große, grün-orange-rot gestreifte Rhododendronzikade (› Abb.) anwesend war. Sie verursacht bei der Eiablage Wunden, durch die der Pilz eindringt.
MASSNAHMEN: Durch das Entfernen der befallenen Knospen wird der Infektionsdruck gemindert. Kühle, schattige Standorte kommen dem Rhododendron zugute, hemmen aber zugleiche die Zikade, denn als Insekt ist sie auf Wärme angewiesen. Ein dauerhafter Erfolg stellt sich jedoch nur mit der sommerlichen Bekämpfung der Rhododendronzikade ein. Zugelassen sind Präparate mit den beiden Bio-Wirkstoffen Neem und Pyrethrin oder dem sehr lange wirkenden Imidacloprid.

Kohlfliege

Phorbia brassicae

› S. 97

BETROFFENE PFLANZEN: Alle Kohlarten, Radieschen, Rettich; Unkräuter aus der Familie der Kreuzblütler
SCHADBILD: Die Kohlfliege ähnelt in Größe und Aussehen der Stubenfliege. Sie erscheint zur Hauptblüte von Löwenzahn und Kastanie. Schädlich sind ihre Larven. Sie fressen in drei Generationen an den Wurzeln der Kohlgewächse vom Frühling bis zum Herbst. Die Blätter werden gelb- bis bleigrau, die Pflanzen können absterben.
Ab August fressen die Larven auch oberirdisch. So sind sie in den Blattrippen von Kopfkohl zu finden, aber auch in den Röschen des Rosenkohls. Besonderen Schaden richten sie in der Basis von Chinakohlblättern an, da diese nachfolgend oft von Bakterienfäulen befallen werden. Ganzjährig sorgen Kohlfliegen für eine Vermadung von Radieschen und Rettich.
LEBENSWEISE: Die Eiablage erfolgt direkt auf den Boden, meist in unmittelbarer Nähe des Kohlstrunks. Im Sommer werden Eier auch an oberirdischen Teilen der Pflanze abgelegt. Ein Weibchen kann bis zu 100 Eier absetzen. Die Maden sind schlank, weiß und bis zu 8 mm lang. Die braunen, knapp 1 cm langen Tönnchenpuppen überwintern im allgemeinen im Boden. Bei günstiger Witterung treten drei Generationen im Jahr auf, die sich zeitlich überschneiden.
MASSNAHMEN: Setzen Sie Kohlpflanzen erst Ende Mai, dann ist der Flug der ersten Generation vorüber. Gefährdet sind vor allem Jungpflanzen. Bereits halbwüchsige Pflanzen werden von den Larven kaum noch geschädigt. Frühe Pflanzungen können Sie mit Vlies schützen, spätere mit einem Kulturschutznetz. Eine Vermadung der Rettiche und Radieschen verhindert nur ein Kulturschutznetz, das von der Aussaat bis zur Ernte über den Kulturen liegt. Mit einer Maschenweite von 0,8 mm hält es zusätzlich Erdflöhe (› Seite 111) ab.
Im Hausgarten ist der Wirkstoff Chlorpyriphos gegen die Kohlfliege bei Kohlgemüse zugelassen. Er darf allerdings nur bei der Pflanzung oder der Aussaat ausgebracht werden und schützt deshalb ausschließlich die Jungpflanzen. Eine Vermadung von Rettich und Radieschen kann dieser Wirkstoff nicht verhindern.

Kohlhernie

Plasmodiophora brassicae

› S. 94

BETROFFENE PFLANZEN: Kreuzblütler wie Radieschen, Kohlarten
SCHADBILD: Der Pilz verursacht Wucherungen an der Wurzel, die bis zu faustgroß sein können. Dadurch sterben viele Feinwurzeln ab. Die Pflanzen welken daher bei Trockenheit, und ihr Wachstum ist eingeschränkt. Die Erträge sinken sehr stark.
LEBENSWEISE: Die Sporen des Kohlherniepilzes vermehren sich in den Wurzelwucherungen. Wenn diese verrotten, werden die Sporen freigesetzt. Sie sind extrem langlebig und können 15 Jahre im Boden überdauern.
MASSNAHMEN: Eine direkte Bekämpfung ist nicht möglich. Kohlhernie kommt vor allem auf sauren Böden (also Böden mit niedrigem pH-Wert) vor. Hier hilft es, den Boden aufzukalken. Wichtig ist ein Fruchtwechsel, der Kreuzblütler nur alle vier Jahre vorsieht. Die Sporen werden im Kompost nicht abgetötet, sondern im gesamten Garten verbreitet. Entfernen Sie deshalb befallene Pflanzen aus dem Garten. Werfen Sie betroffene Pflanzen in den Hausmüll.

Kohlmottenschildlaus

Aleurodes proletella

› S. 63

WEITERER NAME: Weiße Kohlfliege
BETROFFENE PFLANZEN: Kohlarten, vor allem Rosenkohl, Blumenkohl, Brokkoli, Wirsing, Grünkohl; Erdbeere
SCHADBILD: Die weißen, ca. 3 mm langen Insekten leben auf den Blattunterseiten und fliegen bei Störung auf. Ihr Name rührt daher, dass ihre Larven wie Schildläuse (› Seite 142) ebenfalls auf den Blattunterseiten unbeweglich anhaften. Sie entziehen den Pflanzen Saft und scheiden viel klebrigen Honigtau aus. Darauf siedeln sich Schwärzepilze (= Rußtaupilze, › Seite 142) an.
LEBENSWEISE: In den letzten Jahren ist die Kohlmottenschildlaus durch Massenauftreten zum Problemschädling geworden: Ein Weibchen legt bis zu 100 Eier, und pro Jahr schlüpfen mehrere Generationen.
MASSNAHMEN: Möglich ist die Behandlung der Eier und Larven auf den Blattunterseiten mit einem Pflanzenschutzmittel auf Rapsölbasis. Wenn Sie es frühmorgens ausbringen, sind die Alttiere noch klamm und werden miterfasst. Zugelassen ist auch Kaliseife.

Kragenfäule

Phytophthora cactorum

› S. 68

BETROFFENE PFLANZE: vor allem Apfel
SCHADBILD: Am Apfelbaum verursacht dieser Pilz am Stammgrund eine Rindenfäule, die den Stamm meist völlig umgürtet. Der Wuchs der Triebe ist reduziert, das Laub oft rötlich verfärbt.
LEBENSWEISE: *Phytophthora*-Pilze sind bodenbürtig und sehr langlebig und werden gefördert durch schweren Boden und Staunässe. Sie dringen über Verletzungen in ihren Wirt ein. Hier zerstören sie das Bastgewebe unter der Rinde und damit wichtige Leitungsbahnen, in denen Nährstofftransport stattfindet. Dies führt im Allgemeinen zum Tod der befallenen Pflanze.
MASSNAHMEN: Direkte Gegenmaßnahmen gibt es nicht. Hilfreich ist es, den Boden unter dem Stamm offen zu halten. So kann sich kein Bewuchs bilden, der schnelles Abtrocknen des Stammgrunds verhindert. Ein trockener Wurzelansatz und Stamm wirken dem Befall entgegen. Da sich der Erreger oft in Falläpfeln vermehrt, entfernen Sie diese und vergraben Sie sie im Kompost.

Kräuselkrankheit

Taphrina deformans

› S. 58

BETROFFENE PFLANZEN: vorwiegend Pfirsich, seltener Aprikose und Nektarine
SCHADBILD: Nach dem Austrieb kräuseln sich die Blätter, werden blasig aufgetrieben und verfärben sich weißlich bis rötlich. Alsbald verbräunen sie und fallen ab. Der Baum bildet nun neue, gesunde Blätter aus. Der Ertrag ist jedoch gering, da dies den Baum auf Dauer erheblich schwächt.
LEBENSWEISE: Der Pilz überwintert auf den Trieben und in Knospen. Er infiziert schon im ausgehenden Winter die Blätter in den Knospen, sodass sie vollständig vom Pilz durchwachsen sind, wenn sie sich entfalten. Da für den Baum stark befallene Blätter nutzlos sind, stößt er sie ab, und es wachsen neue nach. Geschieht das mehrere Jahre hintereinander, schwächt es den Baum derart, dass er keine Früchte mehr trägt und teilweise absterben kann. Bei anfälligen Sorten ist jedes Jahr mit einem Auftreten dieser Krankheit zu rechnen.
MASSNAHMEN: Käufliche resistente Sorten gibt es nicht, allenfalls etwas weniger anfällige wie 'Kernechter vom Vorgebirge'. Pflanzenbauliche Maßnahmen stehen auch nicht zur Verfügung. Entfernen Sie umgehend befallene Blätter, damit sich keine Sporen bilden, die sich auf den Zweigen festsetzen. Eine direkte Bekämpfung wäre mit einer dreimaligen Kupferspritzung ab dem Knospenschwellen möglich, das beginnt, sobald im Februar die Temperaturen erstmals plus 10 °C erreichen.
Allerdings sind Kupfermittel, die derzeit für den Hausgarten zugelassen sind, nicht für den Einsatz gegen die Kräuselkrankheit erlaubt. Bevor Sie eine Behandlung in Erwägung ziehen, müssen Sie sich deshalb über die aktuelle rechtliche Lage informieren.

Resistente Pflanzen aufspüren

Nicht selten sind in Hausgärten Pfirsichbäume aufzufinden, die kaum oder gar nicht von der Kräuselkrankheit befallen werden. In den allermeisten Fällen sind diese Pfirsiche samenecht. Sie brauchen also einen solchen Kern nur in die Erde zu legen, dann wächst ganz ohne Veredeln ein Pfirsichbaum mit den gleichen Eigenschaften heran wie der, von dem der Samen stammt. Sie sollten aber im Herbst säen, da erst die Winterkälte die Samenruhe bricht.

Lagerfäulen

diverse Pilze wie *Monilia, Penicillium und Gleosporium*

› S. 83

BETROFFENE PFLANZEN: Kernobst, z. B. Apfel, Birne
SCHADBILD: Die Pilze bilden bräunliche bis gelbliche Flecken auf der Schale, das Gewebe wird weich. Später breitet sich dunkler oder grüner Sporenrasen aus. *Monilia* (› auch Seite 132) verursacht in einem dunklen Lager die sogenannte Lederfäule. Dabei färben sich die Äpfel schwarz, und die Schale wird ledrig, ohne dass Sporenlager erscheinen.
LEBENSWEISE: Die pilzlichen Erreger dringen über Verletzungen in die Frucht ein, die dann verfault.
MASSNAHMEN: Lagern Sie nur unverletztes Obst ein, und überprüfen Sie nach der ersten Lagerwoche alle Früchte nochmals auf Faulstellen. Denn in einem warmen Herbst legt der Apfelwickler (› Seite 155) noch Eier. Die Larven bohren sich dann im Lager in die Früchte. Diese Bohrstellen sind bevorzugte Eintrittsstellen der Pilzsporen. So befallene Früchte faulen besonders schnell und infizieren dann die daneben liegenden.

Lauchmotte

Acrolepiopsis assectella

› S. 61

BETROFFENE PFLANZEN: Lauch, Schnittlauch, Zwiebel

SCHADBILD: Der Kleinschmetterling ist unscheinbar grau und 8 mm lang. Schädlich sind die Larven. Sie fressen zuerst oberflächlich, später minieren sie in Richtung Pflanzenherz. Die befallenen Blattspitzen verdrehen sich und trocknen ein. In der Folge kann Fäulnis auftreten. Befallene Jungpflanzen sterben oft ab.

LEBENSWEISE: Die erste Generation erscheint im Mai, die zweite im Juli oder August. Diese richtet bedeutend größeren Schaden an. Ein Weibchen legt bis zu 100 Eier, aus denen sich die 12 mm langen, gelblich grünen Larven entwickeln. Die Verpuppung findet außen am Blatt statt. Die erwachsenen Weibchen überwintern.

MASSNAHMEN: Im Hausgarten ist die einzig mögliche Bekämpfung die Verwendung eines Kulturschutznetzes. Legen Sie es sofort nach der Pflanzung auf und lassen Sie es bis zur Ernte auf der Kultur. Es wehrt auch andere Lauchschädlinge (› Seiten 131, 159) ab.

Lilienhähnchen

Lilioceris lilii

› S. 62

BETROFFENE PFLANZEN: Lilien-Arten, Kaiserkrone

SCHADBILD: Das Lilienhähnchen ist ein 6 mm langer Käfer. Durch seine leuchtend rote Farbe fällt er sofort auf. Sowohl die Käfer als auch die Larven fressen die Blätter der Lilien. Bei starkem Befall kann dies bis zum Kahlfraß führen.

LEBENSWEISE: Die Käfer erscheinen Anfang April und beginnen die Blätter zu benagen. Die Eier werden auf der Blattunterseite abgelegt, die Larven erscheinen im Mai. Sie sind dicklich und mit schleimigem Kot bedeckt. Damit werden sie für Fraßfeinde unattraktiv. Drei Wochen nach der Verpuppung schlüpfen die Käfer der zweiten Generation, in manchen Jahren folgt noch eine dritte.

MASSNAHMEN: Käfer und Larven können abgesammelt werden. Da sich die Käfer bei Gefahr schnell vom Blatt fallen lassen, halten Sie am besten ein Gefäß darunter, um sie aufzufangen. Zugelassen sind auch Pflanzenschutzmittel mit dem Wirkstoff Acetamiprid.

Maisbeulenbrand

Ustilago maydis

› S. 89

BETROFFENE PFLANZEN: Mais, Zuckermais

SCHADBILD: Der Pilz bildet an Stängel oder Kolben der Maispflanzen große Geschwülste. Dabei werden die Kolben zerstört. Es entstehen auch Pilzgifte.

LEBENSWEISE: Der Pilz wird vom Wind über weite Strecken verbreitet. Er dringt über Wunden in das Gewebe ein. Daraufhin bilden sich Beulen mit einem Durchmesser von bis zu 20 cm. Anfangs glänzen sie silbrig, später werden sie braun. Die Beulen enthalten große Mengen an schwarzbraunen Sporen. Sie werden vom Wind weitergetragen, sie können auch am Samen (den Maiskörnern) haften oder auf den Boden fallen. Die Sporen bleiben jahrelang lebensfähig.

MASSNAHMEN: Da der Pilz über Wunden eindringt, dürfen bei Arbeiten im Bestand die Pflanzen nicht verletzt werden. Den Maiszünsler (› Seite 130) zu bekämpfen, kann hilfreich sein, da er die Pflanzen stark benagt. Entfernen Sie vorsichtig die Beulen und entsorgen Sie sie im Hausmüll.

Maiszünsler

Ostrinia nubilalis

› S. 89

BETROFFENE PFLANZEN: Mais, Zuckermais; selten Apfel, Paprika
SCHADBILD: Der Maiszünsler ist ein graubrauner, 30 mm großer Falter. Schädlich sind die Larven. Löcher mit Kot und Bohrmehl am Stängel sind ein untrügliches Zeichen. Stängelknoten werden nicht durchbohrt, deshalb fressen sich die Raupen über diesen aus und darunter wieder ein. Hier brechen die Pflanzen oft ab. Es kommt zu Fraßschäden am Kolben und den weichen Körnern.
LEBENSWEISE: Der Zünsler erscheint Mitte Mai und fliegt bis August. Seine Eier legt er in Paketen auf Maisblättern ab. Daraus schlüpfen die Raupen, die sich in den Stängel einbohren. Dann fressen sie sich nach unten bis zum Wurzelkopf, wo sie überwintern. Die grünlich braunen Raupen sind 2,5 cm lang.
MASSNAHMEN: Zerschlagen Sie den Wurzelkopf von befallenen Pflanzen vor der Kompostierung, um die Raupe zu töten. Im Zuckermais findet sich die Raupe sehr oft bei der Ernte im Kolben und kann dann zerdrückt werden.

Maulwurfsgrille

Gryllotalpa gryllotalpa

› S. 96

WEITERER NAME: Werre
BETROFFENE PFLANZEN: alle Pflanzen
SCHADBILD: Die Maulwurfsgrille ist ein Insekt, das in unterirdischen Gängen lebt. Sie ist bis zu 5 cm groß, die vorderen Beinpaare sind zu Grabwerkzeugen umgewandelt. Durch Wurzelfraß welken die Pflanzen. Jungpflanzen können auch ganz absterben.
LEBENSWEISE: Werren ernähren sich von Wurzeln und von anderen Insekten. Die Tiere überwintern tief im Boden. Ein Weibchen legt bis zu 300 Eier. Die Entwicklung bis zur Geschlechtsreife dauert zwei Jahre.
MASSNAHMEN: Da die Werren nachts auf der Bodenoberfläche herumlaufen, können Sie leere Dosen ebenerdig eingraben. Die Tiere fallen hinein und sind gefangen. Eine effektive Bekämpfung ist mit dem Einsatz käuflicher Nematoden bei Bodentemperaturen ab 12 °C möglich. Die speziellen Fadenwürmer befallen ausschließlich Werren, die dadurch sterben. Eine Ausrottung wird aber nicht möglich sein, da immer neue Werren nachwandern.

Mehlige Kohlblattlaus

Brevicoryne brassicae

› S. 55

BETROFFENE PFLANZEN: Kohlarten, Radieschen und viele andere Kreuzblütler
SCHADBILD: Durch das Saugen verkrümmen sich die Blätter und färben sich gelblich violett. Die Pflanzen wachsen nicht mehr weiter; sobald die Herzblätter besiedelt werden, sterben sie ab. Die Mehlige Kohlblattlaus ist einer der gefährlichsten Kohlschädlinge.
LEBENSWEISE: Die Läuse sind grau und weiß bepudert und bilden anfänglich kleine Kolonien auf den Blattunterseiten. Diese Kolonien wachsen rasch an, und es entstehen geflügelte Läuse, die andere Kohlpflanzen besiedeln. Bei warmer, trockener Witterung kommt es zur Massenvermehrung. Pro Jahr können bis zu 20 Generationen entstehen. Die Tiere überwintern als Ei am Kohlstrunk.
MASSNAHMEN: Sobald Sie erste Kolonien feststellen, können Sie diese mit Pflanzenschutzmitteln mit den Wirkstoffen Kaliseife oder Rapsöl gezielt bespritzen. Kontrollieren Sie nach einer Woche, ob die Kolonien auch alle beseitigt wurden, und behandeln Sie, falls nötig, nochmals.

Minierfliegen
Agromyzidae

› S. 49

BETROFFENE PFLANZEN: sehr breiter Wirtspflanzenkreis; vor allem Zierpflanzen, Lauch, Schnittlauch
SCHADBILD: Minierfliegen sind 1–5 mm groß. Die Larven verursachen schlangenförmige Miniergänge in den Blättern. Diese können sich zu großen Platzminen – große, durchscheinende Flecken – vergrößern. Im Gegenlicht sind oft Kot und die Larve zu erkennen. In Lauch und Zwiebeln breiten sich neuerdings **Lauchminierfliegen** aus, die im Mai und Spätsommer auftreten. Diese sind auf Seite 159 bei den Zwiebelfliegen ausführlich beschrieben.
LEBENSWEISE: Die Weibchen der Minierfliegen legen mit ihrem Legebohrer Grübchen auf der Blattoberseite an. Diese dienen zur Aufnahme von Nahrung und auch zur Ablage der Eier, die immer einzeln in ein solches Grübchen gelegt werden. Die Entwicklung der Insekten ist stark temperaturabhängig. Bei 25 °C dauert es nur 17 Tage vom Ei bis zur fertigen Fliege. Dadurch entstehen viele Generationen im Jahr, sehr schnell kommt es zur Massenvermehrung. Die Larve entwickelt sich im Blattinneren und ernährt sich von Blattgewebe. Die Fraßgänge werden als Blattminen bezeichnet. Nur im Ausnahmefall sind sie so zahlreich, dass die Pflanze geschädigt wird. Die Tiere überwintern als Puppe, meist im Blatt.
Miniermotten wie die Kastanienminiermotte (› Seite 121) verursachen ein ähnliches Schadbild.
MASSNAHMEN: Ein leichter Befall lässt sich meist tolerieren. Einzelne Blätter von Zierpflanzen können Sie abpflücken. Bei einem Massenbefall in Zierpflanzen können Sie frühzeitig den Wirkstoff Neem einsetzen.

Die Ilexminierfliege verursacht Platzminen, andere Minierfliegen hinterlassen Gangminen.

Bei Blättern, die nicht dem menschlichen Verzehr dienen, ist der Schaden meist erträglich.

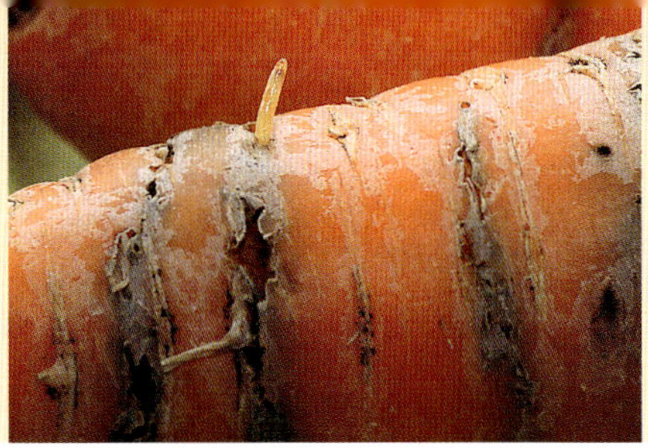

Möhrenfliege
Psila rosae

› S. 97

BETROFFENE PFLANZEN: Möhre; seltener Sellerie, Petersilie, Dill
SCHADBILD: Der Möhrenkörper ist im unteren Teil mit rostfarbenen Fraßgängen durchsetzt. Ein Befall kann zum Totalausfall der Kultur führen.
LEBENSWEISE: Die Möhrenfliege überwintert als Puppe und schlüpft im Mai. Im Juni erscheinen die Larven und bohren sich in den Möhrenkörper ein. Nach Verpuppung und Schlupf folgt im August die zweite Generation. Diese richtet den Hauptschaden in den nun erntefähigen Möhren an.
MASSNAHMEN: Der Wirkstoff Chlorpyriphos ist im Hausgarten zugelassen, allerdings nur bei der Saat. Eine Mischkultur aus Möhren und Zwiebeln ist zur Schädlingsvorbeugung völlig sinnlos. Dies wurde in vielen Versuchen bestätigt. Eine sichere Möglichkeit ist der Anbau unter einem Kulturschutznetz.
Sortenwahl: Die eleganteste Möglichkeit, das Problem zu umgehen, ist die Verwendung der Sorten 'Flyaway' F1 und 'Ingot' F1. Sie sind resistent gegen die Möhrenfliege.

Monilia-Fruchtfäule

Monilinia fructigena, M. laxa

› S. 66 › S. 77 › S. 83

WEITERER NAME: Monilia-Spitzendürre
BETROFFENE PFLANZEN: Kernobst, Steinobst, Ziermandel, Forsythie
SCHADBILD: *Monilia* ist eine der bekanntesten Frucht- und Triebkrankheiten. An Früchten beginnt sie mit einem braun gefärbten Fäulnisherd, der immer von einer Verletzung ausgeht, wie z. B. Schorfrisse (= Schalenrisse, die nach Schorfpilz-Befall entstehen), Einbohrlöcher des Apfelwicklers (› Seite 155), Fraßstellen durch Wespen oder durch Feuchte geplatzte Steinfrüchte. Nach einiger Zeit bilden sich die typischen konzentrischen, graugelben Sporenringe (› Abb. Seite 83). *Monilia* kann aber auch Blüten infizieren und Triebspitzen zum Absterben bringen. Dieser Krankheitskomplex wird als Spitzendürre bezeichnet. In den letzten Jahren war auch immer häufiger ein Befall der Süßkirsche zu verzeichnen. Nach massivem Blütenbefall stirbt der Baum nicht selten schlagartig ab. Regelmäßig befallen wird die Ziermandel. Aufgrund dieser Krankheit ist es kaum möglich, eine ansprechende Krone aufzubauen.

LEBENSWEISE: Der Pilz überwintert auf Fruchtmumien und in spitzendürren Ästen. Von hier aus werden im Frühling bei feuchtkühler Witterung die Blüten infiziert. Der Erreger wächst dabei über den Griffel in den Fruchtknoten und dann weiter in den Zweig. Hier verstopft er die Leitungsbahnen, sodass der Trieb oberhalb der Infektionsstelle abstirbt. Bei den Früchten erhöht sich die Ansteckungsgefahr mit zunehmender Reife.
Die Infektion erfolgt hier über Wunden oder durch Berührung kranker und gesunder Früchte (› Abb. unten). Am Baum befallene Früchte trocknen oft ein und werden zu sogenannten Fruchtmumien (› Abb. oben). Bei Lageräpfeln unterbleibt bei Dunkelheit die Sporenbildung, und die Früchte bekommen eine schwarze, lederartige Haut.
Die Spitzendürre, ausgehend von Blüteninfektionen, ist in erster Linie an der Sauerkirschsorte 'Schattenmorelle' zu finden. In sehr feuchten Blüteperioden tritt sie aber auch am Apfel auf. Besonders gefährdet sind hier die Sorten 'Berlepsch', 'Cox Orange' und 'James Grieve'.
MASSNAHMEN: In erster Linie ist hier das Sammeln und Kompostieren erkrankter Früchte zu nennen. Fruchtmumien dürfen nicht auf den Bäumen verbleiben. Schneiden Sie erkrankte Triebe möglichst bald 30 cm ins gesunde Holz zurück, denn der Pilz befindet sich schon im Triebstück, das noch nicht vertrocknet ist.
Befallene Früchte sollten Sie möglichst rasch vom Baum entfernen. Süß- und Sauerkirschen können gegen Spitzendürre während der Blüte mit dem Wirkstoff Myclobutanil behandelt werden. Der Wirkstoff Fenhexamid hingegen ist bei Kirschen und Zwetschgen während der Blüte gegen Spitzendürre und an den reifenden Früchten gegen Fruchtfäulen im Hausgarten zugelassen. Die Behandlungen erfolgen zum sogenannten „Ballonstadium“ kurz vor dem Aufblühen, zur Vollblüte und bei der abgehenden Blüte. Eine besondere Bedeutung kommt der **Sortenwahl** zu. So bekommen schorfresistente Äpfel keine Risse und werden deshalb bedeutend weniger von der Fruchtfäule befallen. Bei der Sauerkirsche ist die Sorte 'Morina' hervorzuheben, die weitaus weniger anfällig ist als die hochanfällige 'Schattenmorelle'.

Bei der Berührung von kranken und gesunden Früchten erfolgt sofort eine Ansteckung.

Narren- und Taschenkrankheit

Taphrina pruni

› S. 84

BETROFFENE PFLANZEN: Zwetschge, Pflaume, Aprikose und Traubenkirsche; seltener Mirabelle
SCHADBILD: Der Verursacher ist ein Pilz. Befallene Früchte bleiben flach und sind hohl. Schnell erreichen sie die doppelte Größe unbefallener Zwetschgen. Ihre Farbe variiert von rötlich bis blassgelb.
LEBENSWEISE: Der Erreger infiziert die Blüten und wächst dann in die sich bildende Frucht ein. Dadurch kommt es zu den Missbildungen. Kühle und feuchte Witterung begünstigen den Pilz. Er überdauert auf Fruchtmumien, auf Früchten, die unter dem Baum liegen bleiben, und auf Zweigen, ohne darauf einen Schaden anzurichten.
MASSNAHMEN: Pflanzenschutzmittel für den Hausgarten sind nicht zugelassen. Pflücken Sie befallene Früchte bald ab und vergraben Sie sie im Kompost, um den Infektionsdruck niedrig zu halten. Ein gut ausgelichteter Baum trocknet schnell ab. Dadurch finden Pilzkrankheiten weniger gute Entwicklungsmöglichkeiten vor.

Nassfäule

Erwinia carotovora

› S. 70 › S. 94

WEITERER NAME: Bakterienweichfäule
BETROFFENE PFLANZEN: viele Gemüsearten; häufig an Kohlarten, Möhre, Lauch und Sellerie
SCHADBILD: Die Krankheit wird von Bakterien verursacht. Befallenes Pflanzengewebe wird weich und zerfließt. Häufig fallen die Pflanzen dabei um. *Erwinia* ist eindeutig an ihrem durchdringenden Geruch zu erkennen, den Sie oft schon am Beetrand wahrnehmen können. Häufig sind Kohlarten betroffen, nicht selten werden ganze Beete von Kopf- oder Chinakohl sehr schnell dahingerafft. Ein Krankheitsauftreten ist gerade bei gelagerten Kohlarten, vor allem Chinakohl, nicht selten.
LEBENSWEISE: Die Bakterien benötigen Wassertropfen oder einen Wasserfilm und dringen über Wunden in die Pflanzen ein. Das Temperaturoptimum liegt bei 20–25 °C. Die Bakterien können sich aber auch noch bei 2–3 °C vermehren, sodass Schäden auch im Kühllager möglich sind. Die Krankheit breitet sich sehr schnell von Pflanze zu Pflanze aus, oft fällt ihr der gesamte Bestand zum Opfer. Häufig dringen die Bakterien über die Fraßstellen der Gemüsefliegenlarven (› Seiten 131 und 159) ein. Aber auch über Werkzeuge, die mit infiziertem Material in Berührung kamen, wird diese Bakteriose verbreitet.
MASSNAHMEN: Kranke Pflanzen sollten Sie sofort mit dem Hausmüll entsorgen. Kontrollieren Sie bei Erstbefall täglich die verbleibenden Pflanzen. Ein Anbau unter einem Kulturschutznetz verhindert Gemüsefliegen – Chinakohl und Lauch ist oft nur auf diese Weise vor einer Infektion zu schützen. Bauen Sie außerdem nicht auf Flächen an, auf denen sich noch verrottende Reste der Vorkultur befinden.

Nassfäule im Lager vermeiden

Um zu vermeiden, dass sich das eingelagerte Gemüse in einen stinkenden Brei verwandelt, desinfinzieren Sie das Erntemesser, wenn es mit einer nassfaulen Pflanze in Berührung kam. Andernfalls werden die Bakterien durch das Messer auf viele weitere Pflanzen übertragen. Zur Desinfektion eignet sich Spiritus, der mit 30 % Wasser verdünnt wurde. Achten Sie schon bei der Ernte auf nassfaules Gemüse, und entsorgen Sie es sofort im Müll.

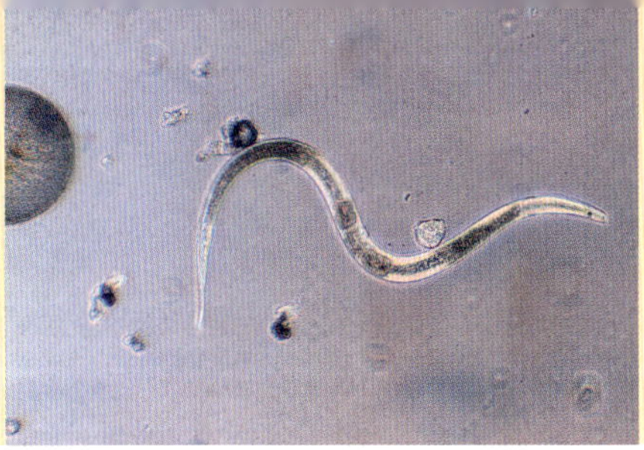

Nematoden

Pratylenchus, Ditylenchus, Meloidogyne

› S. 59 › S. 71 › S. 94

WEITERE NAMEN: Fadenwürmer, Älchen
BETROFFENE PFLANZEN: sehr viele krautige Pflanzen; vor allem Gemüsearten, aber auch Stauden
SCHADBILD: Nematoden sind Fadenwürmer, wegen ihrer schlängelnden Bewegung auch Älchen genannt. Pflanzenschädigende Nematoden sind 1 mm lang. Sie verursachen Verkrüppelungen, Verdrehungen, gestauchten und verminderten Wuchs, Mindererträge bei Gemüse, Wurzelmissbildung und Wurzelbärte (= übermäßige Feinwurzelbildung). Bei Blattälchen kommt es oft zu schwarzen Flecken auf den Blättern. Älchenbefall zu erkennen ist nicht leicht, da die Tiere mit bloßem Auge nicht zu sehen sind und die Symptome auch andere Ursachen haben können.
LEBENSWEISE: Bodenälchen leben vor allem in leichten Böden mit großen Poren, da sie sich hier gut weiterbewegen können. Wurzelgallenälchen verursachen Missbildungen an Wurzeln, wandernde Wurzelnematoden leben im Inneren der Wurzel. Es gibt aber auch Stengelälchen, die durch Spaltöffnungen in Sprossteile eindringen. Gewächshäuser bieten Nematoden besonders gute Lebensbedingungen. Oft sind diese deshalb besonders belastet. Der Ertragsrückgang geschieht langsam und oft unmerklich.
MASSNAHMEN: Direkte Mittel stehen nicht zur Verfügung. Halten Sie vorbeugend eine weite Fruchtfolge ein, eventuell auch eine Anbaupause von mehreren Jahren. Gegen Wurzelnematoden können Sie als Feindpflanze Tagetes anbauen, allerdings wirkt diese nur gegen *Pratylenchus*, nicht aber gegen die vielen anderen Nematodenarten. Möglich ist ein Aushungern der Nematoden durch Schwarzbrache, bei der ein Jahr lang keine Pflanzen, auch keine Unkräuter auf der Fläche stehen. Dabei ist aber eine konsequente Unkrautbekämpfung notwendig.
Bei Nematodenbefall im Gewächshaus haben sich veredelte Tomaten, Auberginen und Paprika bestens bewährt. Dabei wird die Kultursorte auf eine robuste und nematodenresistente Unterlage gepfropft. Die Folgen sind besseres Wachstum und deutlich höhere Erträge. Solchermaßen veredelte Pflanzen sind im Fachhandel erhältlich. Sie können aber auch selbst veredeln. Samen dieser Unterlagen mit Anleitung bietet der Fachhandel.

Obstbaumkrebs

Nectria galligena

› S. 72

BETROFFENE PFLANZEN: viele Laubbäume, häufig an Apfel
SCHADBILD: Der Obstbaumkrebs wird durch einen Pilz verursacht, der durch sein Wachstum die Rinde zerstört und abtötet. Es entstehen große Rindenwunden mit erhöhten Randwülsten. Diese Wucherungen sind namengebend für den Pilz. Kleinere Zweige sterben durch eine Infektion ab, größere können noch jahrelang weiterleben.
LEBENSWEISE: Der Pilz infiziert Zweige oder Stamm über Wunden und Verletzungen wie Frostrisse. Häufig geschieht eine Infektion auch im Herbst über frische Narben, die beim Laubfall zurückbleiben. Im Sommer bildet der Pilz gelblich weiße Sporenlager, im Herbst hingegen sehr kleine dunkelrote.
MASSNAHMEN: Die Sorten 'Cox Orange', 'Klarapfel', 'Gloster' und 'Berlepsch' sind hochanfällig. Schneiden Sie Krebsstellen und kranke Äste heraus. Im Herbst, wenn nach Frost oder Sturm besonders viele Blätter heruntergefallen sind, ist eine Spritzung mit Kupferhydroxid möglich.

Ohrwurm

Forficula auricularia

› S. 84

BETROFFENE PFLANZEN: Obstgehölze, krautige Pflanzen
SCHADBILD: Obwohl der Ohrwurm Blattläuse und andere Insekten vertilgt, wird er zunehmend als Schädling eingestuft. Dass er an jungen Blättern und Blüten frisst, ist tolerierbar. Im Sommer jedoch leben die Tiere in großer Zahl in den Stielgruben der Früchte. Während trockener Perioden benagen sie die Früchte, um ihren Feuchtebedarf zu decken. Dadurch verdirbt die Frucht. Im Aprikosen- und Pfirsichanbau werden dem Ohrwurm 75 % der fauligen Früchte zugeschrieben.
LEBENSWEISE: Der Ohrwurm ist hauptsächlich nachtaktiv. Die Eiablage erfolgt in Erdhöhlen, wo er lange Zeit Brutpflege betreibt. Die Zangen dienen übrigens der Fortpflanzung. Weder zwickt er damit, noch kriecht er in Ohren.
MASSNAHMEN: Direkte Bekämpfung ist nicht notwendig, aber auch eine Förderung mit Ohrwurmbehausungen empfiehlt sich nicht. Im Erwerbsanbau werden Ohrwürmer mit Leimringen von Bäumen abgehalten.

Oleanderkrebs

Pseudomonas tonelliana

› S. 73

BETROFFENE PFLANZE: Oleander
SCHADBILD: Der Oleanderkrebs wird von Bakterien verursacht. An den Zweigen bilden sich krebsartige Wucherungen. Oberhalb der Wucherungen stirbt der Trieb meist ab. Auf den Blättern zeigen sich schwarze Flecken, die anfangs von einem hellen Rand umgeben sind. Später wölben sich die Flecken höckerartig hervor. Manchmal stirbt auch die Triebspitze mit der Blütenanlage ab.
LEBENSWEISE: Die Bakterien brauchen zu ihrer Vermehrung und zur Ausbreitung Wassertropfen oder einen Wasserfilm. Oft werden sie auch durch verseuchte Schnittwerkzeuge von Pflanze zu Pflanze übertragen.
MASSNAHMEN: Eine direkte Bekämpfung ist nicht möglich. Schneiden Sie befallene Stellen heraus und desinfizieren Sie die Werkzeuge mit 70%igem Spiritus. Ein überdachter oder möglichst trockener Standort vermindert die Befallsgefahr für den Oleander. Dadurch wird er bei Regen nicht nass, und die Krankheit kann sich nicht entfalten.

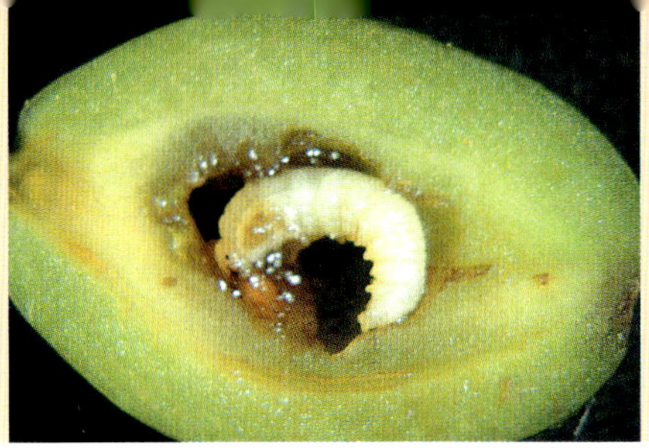

Pflaumensägewespe

Hoplocampa minuta, H. flava

› S. 85

BETROFFENE PFLANZEN: Pflaume, Zwetschge; seltener Aprikose, Kirsche
SCHADBILD: Die Schwarze und die Gelbe Pflaumensägewespe sind ca. 5 mm lang. Die jungen Früchte fallen ab. Deutlich sind ein Loch und der herausgefressene Kern zu sehen. In manchen Früchten am Baum findet sich auch noch die schmutzig weiße Larve.
LEBENSWEISE: Im Frühling legen die Weibchen ihre Eier in die Blüten. Daraus schlüpfen die Larven, die sich in die noch jungen Früchte einbohren. Sobald sie den Kern gefressen haben, wandern sie zur nächsten Frucht, um so bis zu 5 Jungfrüchte auszuhöhlen. Nach 30 Tagen verpuppen sie sich im Boden.
MASSNAHMEN: Pflanzenschutzmittel für den Hausgarten sind nicht ausgewiesen. Im Bio-Anbau wird der Schädling mit einer Brühe aus gekochtem Quassia-Holz (Apotheke, Versandhandel) reguliert. Die Spritzung erfolgt, wenn die Blütenblätter abfallen. Im Normalfall ist eine Fruchtausdünnung durch die Wespe aber eher erwünscht.

Phytophthora-Wurzelfäule

Phytophthora spec.

› S. 56 › S. 69

BETROFFENE PFLANZEN: viele Nadel- und Laubholzarten

SCHADBILD: Das häufigste Schadbild, das dieser Bodenpilz verursacht, sind absterbende Heckenpflanzen. Oft geschieht das wenige Monate bis Jahre nach der Pflanzung, es kann allerdings auch ältere Hecken treffen. Meist sterben die Pflanzen schnell und vollständig ab. Normalerweise ist die Krankheit gut zu diagnostizieren, wenn man die Rinde am Wurzelhals entfernt. Das Kambium darunter ist verbräunt, das Bastgewebe des Stamms ist aber noch hell. In anderen Fällen – oft bei großen Bäumen – ist das Feinwurzelwerk befallen. Es ist verbräunt und zeigt wenige weiße Wurzelspitzen. Diese Bäume siechen meist jahrelang dahin, bevor sie endgültig absterben.

Viele Pilze der Gattung *Phytophthora* sind bodenbürtig und infizieren die Wurzeln oder den Wurzelhals. Sie zerstören das Pflanzengewebe mehr oder weniger schnell, sodass die Pflanze entweder sofort abstirbt oder jahrelang dahinsiecht. Die Krankheit ist auch deshalb sehr beunruhigend, weil immer neue Arten auftauchen, die äußerst aggressiv reagieren. Seit wenigen Jahren ist eine Art bekannt, die Erlen sehr schnell abtötet. So ist in Bayern bereits ein großes Erlensterben zu beobachten. Neueste Forschungsergebnisse zeigen auf, dass die „neuartigen Waldschäden" (= Waldsterben) zum Großteil auf diese Pilze zurückzuführen sind.

LEBENSWEISE: *Phytophthora*-Pilze sind im Boden durch Dauerkörper viele Jahre lang lebensfähig. Sie können sich im Bodenwasser aktiv zu den Wurzeln hinbewegen und diese infizieren. Besonders leicht gelingt dies bei wassergesättigtem Boden und bei großem Pflanzenstress. Die Pilze wachsen bei hohen Temperaturen ausnehmend gut. Seit dem heißen Jahr 2003 sind die Schäden deshalb besonders groß. Auch der Sommer 2006 förderte die Krankheit stark.

MASSNAHMEN: Eine direkte Bekämpfung ist nicht möglich. Der Wirkstoff Fosethyl ist zwar im Hausgarten gegen diese Krankheit ausgewiesen, aber er kann nur gesunde Pflanzen schützen. Die Krankheit in befallenen Pflanzen auszumerzen, gelingt damit nicht. Wenn Heckenpflanzen erkranken, entfernen Sie diese möglichst schnell, damit sich möglichst wenig Dauersporen bilden. Diese stellen über 10 Jahre lang ein Infektionspotential dar. Ein Erdaustausch im Pflanzloch wäre vorteilhaft; bedenken Sie dabei aber, dass ein großzügiger Austausch die Wurzeln der Nachbarpflanzen beschädigen kann und damit anfälliger macht. Bevorzugen Sie zum Nachpflanzen Containerpflanzen, da diese im Gegensatz zu Ballenware keine Wurzelverletzungen haben. Ein Schutz der neu gepflanzten Sträucher und der Nachbarpflanzen ist mit dem Wirkstoff Fosethyl (s. oben) möglich, wenn der Befallsdruck nicht zu groß ist. Sorgen Sie zudem dafür, dass die Pflanzen durch angemessene Düngung und Bewässerung stressfrei gedeihen. Nicht immer ist der Kampf gegen diese relativ neue Krankheit zu gewinnen.

Schnell handeln

Bei *Phytophthora*-Befall ist es wichtig, befallene Pflanzen aus dem Garten zu entfernen, noch bevor sie völlig abgestorben sind. Wenn Sie zu lange warten, sind die Hecke und alle Nachpflanzungen oftmals verloren. Die Diagnose erstellen Sie über die Sichtung des Kambiums am Wurzelhals (Bild oben rechts). Dazu kann es nötig sein, die Pflanze teilweise auszugraben, um die Rinde direkt am Wurzelansatz zu prüfen. Reinigen Sie danach gründlich den Spaten.

Rapsglanzkäfer

Meligethes aeneus

› S. 79

BETROFFENE PFLANZEN: Raps; seit Neuestem in Norddeutschland Blumenkohl, Kohlarten

SCHADBILD: Rapsglanzkäfer sind kleine, metallisch glänzende Käfer. Sie fressen an den Blütenknospen, vor allem an Raps. Das kann zu Ertragseinbußen führen. Gelegentlich fressen Käfer auch einmal an Kohlpflanzen. Im Hausgarten richtet dies bislang aber keinen Schaden an.

LEBENSWEISE: Die Käfer legen ihre Eier in die Blüten, die schlüpfenden Larven ernähren sich von Pollen. Dies schadet den Blüten aber nicht. Die Käfer erscheinen im April, die zweite Generation im Juni. Sie verpuppen sich im Boden und überwintern dort als Käfer. Da sie von der Farbe Gelb stark angelockt werden, findet man sie oft zu Hunderten auf gelber Kleidung oder in den gelben Blüten von Zucchini und anderen Pflanzen.

MASSNAHMEN: Eine Bekämpfung ist nicht nötig. Wenn Ihnen die Tiere – in Phasen hoher Flugaktivität – lästig sind, vermeiden Sie es, gelbe Kleidung zu tragen.

Regenfleckenkrankheit

Gloeodes pomigena

› S. 82

BETROFFENE PFLANZEN: Apfel (Früchte); verschiedene Laubholzarten (Blätter)

SCHADBILD: Verursacher ist ein Pilz. Zur Fruchtreife werden auf der Schale dunkelolive Verfärbungen sichtbar, manchmal in Streifen vom Stiel herunterlaufend. Die Verfärbung ist nicht in die Schale eingewachsen und abwaschbar. Nicht selten wird der Belag fälschlicherweise mit äußeren Einflüssen wie Rußablagerungen verwechselt.

LEBENSWEISE: Die Regenfleckenpilze benötigen für ihr Wachstum eine Luftfeuchte von 95 %. Die Infektion und Ausbreitung findet in den Sommermonaten statt, lange bevor die Symptome sichtbar werden.

MASSNAHMEN: Wichtig ist, die Luftfeuchte innerhalb der Krone zu senken, um den Pilzen die Lebensgrundlage zu entziehen. Ein Ausschneiden der Äste und möglicherweise ein Ausdünnen von Früchten, wenn mehrere in Büscheln zusammenwachsen, ist ausreichend. Die Verfärbungen sind ungiftig und können ohne Bedenken verzehrt werden.

Rettichschwärze

Aphanomyces raphani

› S. 92

BETROFFENE PFLANZEN: Rettich und andere Kreuzblüter

SCHADBILD: Die Krankheit wird von einem Bodenpilz verursacht. Am Rettichkörper färben sich die ring- oder bandförmigen Befallsstellen schwarz. In der Schale bilden sich Risse, der Rettich wächst ungleichmäßig. Die Laubentwicklung ist vermindert. Große Schäden gibt es oft im Gewächshaus.

LEBENSWEISE: Der Pilz kann sich aktiv ausbreiten und dringt dann über Seitenwurzeln oder feine Risse in den Rettich ein. Das Gewebe vermorscht und reißt auf. Der Pilz bevorzugt Temperaturen von deutlich über 20 °C und eine hohe, lang anhaltende Bodenfeuchtigkeit. Die Sporen des Pilzes können im Boden viele Jahre überleben.

MASSNAHMEN: Bauen Sie auf Befallsflächen drei Jahre lang keine Kreuzblütler (Rettich, Radieschen, Kohlarten) an. Vermeiden Sie Staunässe. Gepflanzte Rettiche sind weniger anfällig als gesäte. Werfen Sie kranke Rettiche nicht auf den Kompost. **Sortenwahl:** Die Sorte 'Neptun' ist widerstandsfähig.

Rindenbrand

Pseudomonas spec.

› S. 50 › S. 67 › S. 77

WEITERER NAME: Bakterieller Schlagfluss; auch Blüten- oder Bakterienbrand werden durch *Pseudomonas*-Arten verursacht.
BETROFFENE PFLANZEN: Obstgehölze
SCHADBILD: Ursache sind Bakterien. Bei sehr jungen Bäumen sind im Frühsommer bei naher Betrachtung am Stamm oft eingesunkene, verfärbte Rindenpartien zu sehen. Das Bastgewebe darunter ist verbräunt, was Sie durch einen kleinen Schnitt diagnostizieren können. Je nach Ausmaß der Kambiumzerstörung stirbt das Gehölz nach Wochen, Monaten oder Jahren ab. Warnhinweise sind Minderwachstum, gelbliche und rötliche Laubfärbung schon im Sommer, Nichtabwerfen des Laubs im Winter und Ertragslosigkeit. Der Rindenbrand ist seit einigen Jahren eine bedeutende Krankheit im Haus- und Erwerbsgartenbau. Eine Diagnose ist nur bei gezielter Suche möglich.
LEBENSWEISE: *Pseudomonas*-Bakterien leben neben anderen Bakterien auf Baumrinden. Wenn sie im Sommer über Rindenwunden auf das Kambium gelangen, kann der Baum sie problemlos unschädlich machen. In der Vegetationsruhe ruhen aber auch die Abwehrkräfte des Baums. Die Bakterien vermehren sich auch noch bei +1 °C und zerstören das Bastgewebe.
MASSNAHMEN: Die Infektion ist nicht heilbar. Wichtig ist daher, Verletzungen der Rinde im Herbst und Winter vorbeugend zu vermeiden. Setzen Sie Neupflanzungen deshalb besser im Frühjahr. Nehmen Sie keine Schnittmaßnahmen im Stammbereich vor dem Austrieb vor. Um Frostrisse in der Rinde zu verhindern, empfehle ich eine Weißfärbung der Stämme im Herbst. Geeignet sind Hydratweißkalk oder Branntkalk (Fachhandel). Möglich ist auch weiße Dispersionsfarbe (Wandfarbe für Innenräume), da sie gut hält, nicht pflanzengiftig und nicht ätzend ist. Im Fachhandel werden auch Spezialprodukte angeboten. Von kranken Pflanzen geht keine Ansteckungsgefahr aus, da die Bakterien sowieso vorhanden sind.

Rindenbrand ist oft schwer erkennbar. Die Verbräunung sieht man erst nach einem Rindenschnitt.

Rosenblattrollwespe

Blennocampa pusilla

› S. 59

BETROFFENE PFLANZE: Rose
SCHADBILD: Die erwachsene Blattrollwespe ist 5 mm lang. Ihre Larven verursachen eingerollte Rosenblätter. Mit der Zeit vergilben die befallenen Blätter und fallen ab.
LEBENSWEISE: Die Wespe erscheint in der ersten Generation Ende Mai bis Anfang Juni und legt ihre Eier in die Ränder der Rosenblätter. Daraus entwickeln sich die Larven, die sich vom Blattgewebe ernähren. Eine zweite Generation kann Anfang August erscheinen. Als Reaktion auf die Eiablage rollen sich die Blätter ein. So sind die 5 mm großen Larven in der Blattrolle geschützt. Anfangs sind sie weißlich, später hellgrün.
MASSNAHMEN: Der Befall ist eher eine kosmetische Angelegenheit als ein Problem für die Rose. Die einfachste Möglichkeit im Hausgarten besteht darin, die Blattwickel zu entfernen und in die Mülltonne zu werfen. So kann sich keine zweite Generation aufbauen, und das Blattrollen hört mit der Zeit auf. Insektizide sind hier wirkungslos, da die Larven in den Blättern gut geschützt sind.

Rosenkäfer
Cetonia aurata

› S. 79

BETROFFENE PFLANZEN: Blütenpflanzen
SCHADBILD: Der Goldglänzende Rosenkäfer, wie er richtig heißt, ist mit seiner Größe und seiner goldgrünen, glänzenden Färbung einer der auffallendsten Vertreter einheimischer Insekten. Er verursacht keinerlei Schaden, wird hier aber aufgeführt, weil vor allem seine Larven als Schädlinge verdächtigt werden. Die Käfer können gut fliegen, sind aber ansonsten recht träge und lassen sich gut beobachten. Erwachsene Tiere ernähren sich von Pollen und sind deshalb oft in Blüten von Rosen, Holunder, Weißdorn und auf Doldenblütlern wie Giersch zu finden.
LEBENSWEISE: Die Larven entwickeln sich 2–3 Jahre lang im Mulm verrotender Baumstümpfe oder im Kompost. Sie fressen keine Wurzeln und sind nicht schädlich. Von den Engerlingen des Maikäfers (› Seite 111) unterscheiden sie sich durch den vergrößerten, dunklen Enddarm. Er enthält Bakterien, die den Tieren bei der Holzverdauung helfen.
MASSNAHMEN: Sind nicht nötig, da die Tiere nicht schädlich sind.

Rosentriebbohrer
Ardis spec., Blennocampa spec.

› S. 68

BETROFFENE PFLANZE: Rose
SCHADBILD: Sowohl der Absteigende (*Ardis*) als auch der Aufsteigende Rosentriebbohrer (*Blennocampa*) sind Blattwespen. Die Larven fressen im Inneren der Rosentriebe und bringen sie zum Welken.
LEBENSWEISE: Aus den Eiern dieser Insekten entwickeln sich die bis zu 12 mm langen Larven oder „Röhrenwürmer". Beim Absteigenden Rosentriebbohrer, der das Mark auf einer Länge von ca. vier Zentimetern herausfrisst, verwelken die Triebe oberhalb des Ganges und sterben ab. Am Ende des Ganges fressen die Larven ein Loch in den Trieb, um ihn zu verlassen.
Den Aufsteigenden Rosentriebbohrer erkennen Sie am Einbohrloch. Bohrmehl und Kot liegen auf darunter wachsenden Blättern. Hier fehlt die Triebwelke.
MASSNAHMEN: Entfernen und vernichten Sie die Triebe, sobald Sie den Befall bemerken. Wenn die Larven die Triebe verlassen haben, ist eine Bekämpfung nicht mehr möglich.

Rosenzikade
Typhlocyba rosae

› S. 56

BETROFFENE PFLANZE: Rose
SCHADBILD: Rosenzikaden sind 3 mm lange, gelbgrüne, breitköpfige Insekten. Durch die Saugtätigkeit entstehen auf der Blattoberseite gelblich weiße Sprenkel. Bei starkem Befall ist das ganze Blatt aufgehellt. Der Pflanze schadet das aber kaum.
LEBENSWEISE: Die Tiere leben blattunterseits und saugen Pflanzensäfte. Ihre schmalen Flügel tragen sie dachförmig gefaltet über dem Hinterleib. Neben den erwachsenen Tieren leben auch die flügellosen, etwas kleineren Larven. Mit ihren Sprungbeinen können sie bei Gefahr aufspringen. Die Rosenzikade bildet zwei Generationen im Jahr aus, die zweite legt zur Überwinterung im Herbst Eier in die Rinde der Wirtspflanze.
MASSNAHMEN: Zur Bekämpfung, die hier eigentlich nicht nötig wäre, stehen im Hausgarten unter anderem die Wirkstoffe Dimethoat, Imidacloprid, Kaliseife, Rapsöl oder Pyrethrine zur Verfügung. Prüfen Sie aber vor einer Behandlung, ob blattunterseits noch Tiere vorhanden sind.

Rostpilze

Urediniomycetes

› S. 48

BETROFFENE PFLANZEN: Gemüse, Obst, Zierpflanzen

SCHADBILD: Rostpilze sind leicht zu erkennen, da sie pustelförmige Sporenlager ausbilden, die im Allgemeinen rostbraun gefärbt sind. Daher rührt auch die Bezeichnung dieser Pilzgruppe. Auffällig sind die orangefarbenen Sporenlager, die sich im Herbst meist dunkler färben. Bei starkem Befall vergilben die Blätter und fallen ab. Daraus ergeben sich erhebliche Ertragsminderungen. Gemüse wie Porree oder Schnittlauch wird völlig unbrauchbar.

LEBENSWEISE: Zu verschiedenen Jahreszeiten kann die Färbung der Sporen unterschiedlich sein, weil verschiedene Sporenformen einander in einer bestimmten Reihenfolge ablösen. So überdauert der **Rosenrost** mit dickwandigen Wintersporen auf abgefallenen Rosenblättern. Von dort aus besiedeln im Frühling neue kleine Sporen die jungen Rosenblätter. Nun erscheinen auf den Unterseiten der Blätter im Frühjahr orangefarbene, im Sommer braune Sporen. Danach sichern die schwarzen Wintersporen die Überwinterung des Pilzes.

Rostpilze sind meist streng spezialisiert auf ihre jeweilige Wirtspflanze. Viele Rostarten sind aber auch wirtswechselnd, das heißt, sie verbringen einen Teil ihres Lebenskreislaufes auf einer anderen Pflanze. Beispiele sind der **Birnengitterrost** (› Seite 101), der neben dem Birnbaum den Wacholder benötigt, oder der **Glockenblumenrost**, der auf Kiefernnadeln wechselt.

MASSNAHMEN: An erster Stelle steht die Wahl einer widerstandsfähigen Sorte. So wird bei Schnittlauch die Sorte 'Buster' kaum befallen. Bei Rosen sollten Sie immer auf die gesunden ADR-Sorten zurückgreifen. Entfernen und kompostieren Sie bei Befall die kranken Blätter und das Falllaub, um den Infektionskreislauf zu unterbrechen. Diese Maßnahme wird aber nicht immer einen durchschlagenden Erfolg bringen. Zierpflanzen können mit den gängigen Rosenspritzmitteln behandelt werden, möglichst bevor sich die ersten Pusteln bilden.

Ein sonniger, luftiger Standort sorgt für schnelles Abtrocknen der Pflanzen. Da Rostpilze auf Feuchtigkeit angewiesen sind, beugt dies starken Infektionen vor. Im Übrigen ist Rostbefall bei Obstgehölzen wie Zwetschge oder Himbeere im Allgemeinen tolerierbar.

Rot- und Weißfleckenkrankheit der Erdbeere

Mycosphaerella fragariae, Diplocarpon earliana

› S. 50

BETROFFENE PFLANZE: Erdbeere

SCHADBILD: Beide Krankheiten werden durch Pilze verursacht. Bei der **Weißfleckenkrankheit** bilden sich viele runde, braune bis karminrote Flecken mit hellem Zentrum. Starker Befall kann ein Absterben der Blätter bewirken. Bei der **Rotfleckenkrankheit** entstehen bräunliche bis rötliche Flecken ohne weiße Mitte. Auch Blatt- und Fruchtstiele können befallen sein. Nicht selten kommen beide Krankheiten gleichzeitig auf den Erdbeerpflanzen vor.

LEBENSWEISE: Die Weißfleckenkrankheit stellt die größere Gefahr dar, aber auch nur in besonders feuchten Jahren. Die Verbreitung erfolgt über Regenwasser von Blatt zu Blatt. Stärkerer Blattbefall ist in der Regel nach der Ernte zu erwarten.

MASSNAHMEN: Der Einsatz von Kupferpräparaten ist für Erdbeeren zugelassen. Normalerweise reicht es jedoch aus, nach der Ernte alle Blätter abzuschneiden. Dann wachsen gesunde junge Blätter nach.

Rote Spinne
Tetranychus urticae

› S. 54

WEITERER NAME: Spinnmilbe
BETROFFENE PFLANZEN: Gurke, Bohne, Hopfen, Brennnessel; Zierpflanzen, Zimmerpflanzen, Kübelpflanzen und viele mehr
SCHADBILD: Spinnmilben sind im Herbst rötlich, sonst gelbgrün und mit 0,5 mm gerade noch sichtbar. Blätter werden durch ihr Saugen gelblich oder weißlich gesprenkelt. Später werden sie braun, die Pflanze stirbt ab.
LEBENSWEISE: Die Tiere leben meist auf der Blattunterseite und erzeugen bei Massenbefall ein feines Gespinst. Sie bevorzugen möglichst warme, trockene Luft. An Zierpflanzen in der Wohnung und bei Gewächshausgurken sind sie Problemschädlinge, die besonders schwer zu bekämpfen sind.
MASSNAHMEN: Bei Zierpflanzen stehen viele Wirkstoffe als Spray oder Stäbchen zur Verfügung. Bevorzugen Sie systemische Präparate. Bei einem Anfangsbefall, vor allem bei der Gewächshausgurke, haben sich käufliche Raubmilben bewährt. Ihr Einsatz ist aber nur vor dem Sichtbarwerden der Gespinste und bei hoher Luftfeuchte möglich.

Rotpustelkrankheit
Nectria cinnabarina

› S. 66

BETROFFENE PFLANZEN: Laubgehölze; oft Ahorn und Johannisbeere
SCHADBILD: Namengebend für die Pilzkrankheit sind die roten, 1–2 mm großen Pusteln, die sich im Herbst entwickeln. Darin befinden sich die Sporen des Pilzes. Häufig sitzen sie an der Basis von Johannibeersträuchern.
LEBENSWEISE: Der Erreger der Rotpustelkrankheit ist ein Schwächeparasit, der bevorzugt totes Holz oder durch Frost, Trockenheit oder Staunässe geschädigte Pflanzen befällt. Oft ist der Pilz an Aststummeln zu finden, die bei Schnittmaßnahmen entstanden sind. Von dort aus kann er dann in das gesunde Holz eindringen und es zum Absterben bringen. Bevorzugte Infektionszeiten sind Herbst und Frühjahr.
MASSNAHMEN: Entfernen Sie abgestorbene Zweige mit Pusteln vollständig und verbrennen oder entsorgen Sie sie. Sorgen Sie darüber hinaus durch gezieltes Wässern und Düngen für verbesserte Wachstumsbedingungen des Gehölzes.

Rotspitzigkeit
Corticium fuciforme

› S. 57

BETROFFENE PFLANZEN: Rasengräser
SCHADBILD: Bei dieser Pilzkrankheit entstehen unregelmäßig geformte Flecken, in denen der Rasen teilweise abstirbt. Bei hoher Luftfeuchte erscheint ein rosafarbenes Pilzgeflecht. Auf den Blättern entwickelt sich ein Pilzgewebe. Dabei verkleben die Blätter mit einer roten, gallertartigen Masse. Eine nachhaltige Schädigung tritt nicht ein, aber im Herbst ist die Grasnarbe nicht vollständig regeneriert.
LEBENSWEISE: Der Pilz tritt von Juni bis Oktober auf, da er zu seiner Entwicklung recht viel Wärme braucht. Er erscheint vor allem in Perioden mit viel Feuchtigkeit, bei Trockenheit verschwindet er wieder. Anfällig sind Gräser bei Nährstoffunterversorgung, besonders bei Stickstoffmangel.
MASSNAHMEN: Pflanzenschutzmittel stehen nicht zur Verfügung. Ausreichende Düngung mit einem geeigneten Langzeitdünger sowie nicht zu tiefes Mähen (nicht unter 2 cm) verhindern die Krankheit.

Rußtaupilze
diverse Arten

› S. 54

ANDERER NAME: Schwärzepilze
BETROFFENE PFLANZEN: alle Pflanzen
SCHADBILD: Die Blätter verfärben sich allmählich schwarz. Bei Tomatenpflanzen sind auch die Früchte mit einem klebrigen dunklen Belag überzogen. Auch Autos oder Parkbänke unter Bäumen können betroffen sein. Die Pilze schädigen nicht direkt, aber die Photosynthese der betroffenen Pflanzen wird eingeschränkt, weil der Belag das Licht wegnimmt. Dies kann zu Wuchsminderungen führen. Früchte werden durch das unappetitliche Äußere wertlos.
LEBENSWEISE: Rußtaupilze sind verschiedene Pilze, die sich sehr gut von zuckerhaltigen Substanzen ernähren können. Diese werden von Blattsaugern wie Weißen Fliegen (› Seite 154), Schildläusen (› rechts) oder Fichtengallenläusen (› Seite 114) als sogenannter Honigtau ausgeschieden.
MASSNAHMEN: Eine Verminderung der Schwärzepilze ist nur durch Bekämpfung der jeweiligen Blattsauger möglich. Schwarze Blätter können Sie auch abwaschen.

Samtfleckenkrankheit
Cladosporium fulvum

› S. 52

BETROFFENE PFLANZE: Tomate
SCHADBILD: Blattoberseits entwickelt diese Pilzerkrankung undeutliche, gelbliche Flecken. Blattunterseits entsteht ein samtartiger, braunschwarzer Belag, der Sporenrasen. Der Befall verbreitet sich schnell im gesamten Bestand und tritt ausschließlich in Gewächshäusern auf. Bei frühem Krankheitsbeginn drohen Blattfall und Ertragseinbußen. Die Früchte bleiben befallsfrei.
LEBENSWEISE: Die Sporen des Pilzes überdauern bis zu ein Jahr im Boden oder im Gewächshaus. Mit dem Wind gelangen sie auf die Blätter und keimen dort aus.
MASSNAHMEN: Wichtigste Maßnahme ist die Verwendung resistenter Sorten wie 'Culina' oder 'Maranello'. Wenn Sie dies versäumt haben, halten Sie die Blätter Ihrer Tomatenpflanzen möglichst trocken. Bei einer Luftfeuchte von unter 75 % kommt die Fleckenbildung zum Stillstand. Entfernen Sie nach der Ernte sämtliche Pflanzenreste aus dem Gewächshaus. Am Beginn der Krankheit ist der Wirkstoff Azoxystrobin anwendbar.

Schildläuse
Coccoidea

› S. 62

BETROFFENE PFLANZEN: Zimmer- und Kübelpflanzen, Gartengehölze
SCHADBILD: Schildläuse erkennen Sie an den wenige mm großen Höckern, den „Schilden", unter denen sie sich verstecken. Durch die bräunliche Farbe sind sie gut getarnt. Ein Früherkennungszeichen sind ihre klebrigen Ausscheidungen (= Honigtau), die Sie auf und unter den Pflanzen finden. Starker Befall verursacht Wachstumsstockungen.
LEBENSWEISE: Schildläuse sitzen fast immer an Trieben, in Blattachseln oder auf der Blattunterseite. Sie sind unter ihrem unbeweglichen Schild vor Feinden und dem Wetter weitgehend geschützt. Im Frühjahr legen die Weibchen darunter Eier und sterben dann ab. Die Larven sind anfangs beweglich und können neue Pflanzen besiedeln.
MASSNAHMEN: Bei Zierpflanzen sind systemische Wirkstoffe wie Imidacloprid oder Dimethoat möglich. Bei hartlaubigen Pflanzen kann auch ein Rapsölpräparat zum Einsatz kommen. Wiederholen Sie die Anwendungen mehrmals für einen sicheren Erfolg.

Schmetterlingsraupen

Lepidoptera

› S. 60 › S. 95

BETROFFENE PFLANZEN: Obst, Gemüse, besonders Kohlgewächse, Tomate, Paprika; Zierpflanzen

SCHADBILD: Raupen verursachen Fraß an Blättern und Früchten. An Gemüse ist dies oft mit erheblicher Verschmutzung durch Kot verbunden. Die Raupen sind meist sehr gut getarnt und schwer zu entdecken.

LEBENSWEISE: Raupen sind die Larven von Schmetterlingen. Mit den Stadien Ei – Raupe – Puppe – Schmetterling vollziehen sie eine vollständige Umwandlung (Metamorphose). Die meisten Schadschmetterlinge sind in Obst- und Gemüsekulturen zu finden. Eine der schönsten Arten ist der **Schwalbenschwanz**, dessen auffällige Raupe (› Abb.) sich auf Möhrenblättern entwickelt. Bekannt ist auch der **Kohlweißling**.
Auf Obstbäumen kommt es in manchen Jahren zu einem Massenauftreten von Raupen, ebenso bei Ziergehölzen, die von **Prozessionsspinnern** oder dem **Frostspanner** (› Seite 114) manchmal völlig kahlgefressen werden. Da diese Raupen alle offen auf den Blättern sitzen, werden sie als **freifressende Raupen** bezeichnet.
Diesen gegenüber stehen die **nicht freifressenden**, im Fachjargon auch Eulen-Arten genannt. **Eulen** bilden eine Gruppe von Nachtfaltern, die mit 3 cm Länge nicht zu übersehen sind. Ihr Kennzeichen ist die dachartige Faltung der graubraunen Flügel. Eulenraupen haben die Eigenschaft, sich sehr schnell in ihren Wirtspflanzen zu verstecken. Dabei bohren sie sich tief in den Kohlkopf ein oder fressen Löcher in die Paprikafrucht oder Tomate und sind so für Pflanzenschutzmaßnahmen nicht mehr zu erreichen. Ihr Wirtspflanzenspektrum umfasst sehr viele Unkräuter, Gemüse- und Zierpflanzenarten.
Eine dritte Gruppe von Raupen sind die **Erdraupen**. Auch sie sind Nachkommen von Eulen. Die Tage verbringen sie im Boden, nachts kommen sie aber an die Bodenoberfläche und benagen Blätter und Stiele. Eulen gehören zu den Zugschmetterlingen. Diese ziehen im Herbst über die Alpen in wärmere Gebiete und wandern im zeitigen Frühjahr wieder zurück.

MASSNAHMEN: Freifressende Raupen können mit *Bacillus-thuringiensis*-Präparaten bekämpft werden. Bei Eulenraupen funktioniert dies nur im ersten Larvenstadium, solange sie noch nicht versteckt leben. Zu diesem Zeitpunkt werden sie aber normalerweise übersehen.
Für gefährdete Kulturen wie Kopfkohl, Chinakohl, Blumenkohl, Brokkoli oder Lauch hat sich deshalb der Einsatz eines Kulturschutznetzes bewährt. Dies verhindert zuverlässig die Eiablage. Legen Sie die Netze nach der Pflanzung auf und lassen Sie sie bis zur Ernte auf dem Beet. Selbstverständlich können Sie im Hausgarten die Raupen absammeln oder zerdrücken. Entscheidend ist dabei, dass Sie die Pflanzen wöchentlich auf Schädlingsbefall kontrollieren. An Zierpflanzen unter Glas und im Freiland ist der Wirkstoff Acetamiprid zulässig.

Freifressende Raupen können sehr gut mit biologischen Präparaten bekämpft werden.

Die Eigelege befinden sich grundsätzlich auf der Blattunterseite, vor Regen geschützt.

Schnecken

Gastropoda

› S. 60

BETROFFENE PFLANZEN: Erdbeere, Gemüse, Zierpflanzen
SCHADBILD: Zerfressene Pflanzen mit typischen Schleimspuren. Problematisch sind die 2 cm große **Ackerschnecke** und die vor vier Jahrzehnten eingeschleppte, 10 cm große **Spanische Wegschnecke.** Gehäuseschnecken schaden den Pflanzen in der Regel nicht.

LEBENSWEISE: Schnecken überwintern als Eier und als fertige Tiere. Im Gegensatz zu Letzteren überstehen Eier auch tiefste Temperaturen unbeschadet. Begünstigend für eine Schneckenplage ist ein feuchtes Frühjahr. Je trockener dies ist, desto langsamer und schlechter entwickeln sich die Jungschnecken, da sie bei Weitem nicht so robust sind wie größere Exemplare. Trockenzeiten im Sommer überstehen sie aber problemlos.
MASSNAHMEN: Bei der Schneckenbekämpfung ist es wichtig, zeitig im Jahr zu beginnen. Bei Wegschnecken müssen Sie ihre Tagesverstecke in die Bekämpfung einbeziehen. Es ist sinnlos, sie im Salat zu fangen, wenn Sie sie nebenan im Kompost ignorieren.
Präparate: Zur Bekämpfung mit Schneckenkorn sind drei unterschiedliche Wirkstoffe im Handel. *Methiocarb* darf eingesetzt werden bei Zierpflanzen, Kohlgemüse, Salat-Arten, Spinat und Erdbeeren. Es wirkt schädlich auf Regenwürmer und Laufkäfer. Nach seiner Anwendung müssen Sie bis zur Ernte eine Wartezeit von 14 Tagen einhalten.
Der Wirkstoff *Metaldehyd* ist in den weitaus meisten Schneckenmitteln enthalten. Nur bei diesem Wirkstoff schleimen die Schnecken ab, d. h. sie produzieren große Schleimmengen. Metaldehyd ist nicht giftig für Igel, Regenwürmer und andere Tiere. Hunde werden beeinträchtigt, wenn sie größere Mengen fressen. Mit Feuchtigkeit quillt Metaldehyd auf und wird nach einigen Tagen vollständig abgebaut. Es darf bei Salat-Arten, Erdbeeren, Kohlgemüse und Zierpflanzen gestreut werden und erfordert keine Wartezeit.
Der dritte Wirkstoff ist *Eisen-III-Phosphat.* Eisen und Phosphat kommen in Böden na-

türlicherweise vor. Ein Präparat mit diesem Wirkstoff darf ohne Wartezeit völlig frei bei Gemüse, Obst und Zierpflanzen ausgebracht werden, muss aber mit 5 g pro m² recht hoch dosiert werden. Sobald es aufgefressen ist, müssen Sie nachlegen, sonst wirkt es nicht optimal. Der Wirkstoff ist auch auf biologisch bewirtschafteten Flächen einsetzbar.

Mechanische und andere Maßnahmen:

→ In einem kleinen Garten können Sie Säcke oder Bretter auslegen und die Tiere, die darunter Zuflucht suchen, absammeln.

→ Ein Schneckenzaun hält durch sein Profil Schnecken dauerhaft ab. Er wird aus Stein, Kunststoff und Metall angeboten und funktioniert gut bei zuwandernden Wegschnecken. Bereits vorhandene Ackerschnecken hält er jedoch nicht ab, da sie nur senkrecht in der Erde auf- und abwandern. Ein Schneckenzaun ist ideal, um Beete in einem Gebiet mit hohem Schneckenbesatz abzugrenzen.

→ Bierfallen locken Schnecken von weit her an. Es ertrinkt jedoch nur ein kleiner Teil, sodass die Schneckendichte im Umkreis deutlich zunimmt. Sinnvoll ist eine Bierfalle nur innerhalb eines Schneckenzauns, um die bereits im Beet vorhandenen Tiere zu fangen.

→ Für größere Gärten können Laufenten eine Alternative sein. Sinnvoll sind allerdings nur junge Enten mit einem hohen Eiweißbedarf. Schon zweijährige Tiere laben sich eher am Salat als an den Schnecken. Darüber hinaus müssen Sie die Enten jeden Abend in einen Stall sperren, um sie vor Raubfeinden wie Marder oder Fuchs zu schützen.

→ Eine weitere Möglichkeit ist das Zerschneiden der Kriechtiere. Die Befürchtung, dass dabei Schneckeneier freigesetzt würden, die zu neuen Schnecken reifen, entbehrt jeder Grundlage.

Unwirksame Maßnahmen:

→ Zuweilen berichten Veröffentlichungen, eine Abtötung der Schnecken wäre mit einer 1%igen Koffeinlösung möglich bzw. solle die Schnecken zuverlässig fernhalten. Versuche, die dies bestätigen sollten, ergaben aber immer wieder die absolute Wirkungslosigkeit dieser Maßnahmen.

→ Auch Moospräparate wurden schon eingesetzt. Moose enthalten Inhaltsstoffe, die sie für Schnecken uninteressant machen. Eine Behandlung mit Moosextrakt soll deshalb die Kulturpflanzen schützen. Ein entsprechendes Produkt ist sogar als Pflanzenstärkungsmittel beim Bundesamt für Verbraucherschutz und Lebensmittelsicherheit gelistet. Das Resultat von Versuchen dazu war jedoch ernüchternd: Die Tiere fraßen regelmäßig die unbehandelten Kontrollgruppen zusammen mit den behandelten.

Schnecken verstecken sich unter ausgelegten Brettern und können dann abgesammelt werden.

Einen sehr guten und lang anhaltenden Schutz vor Wegschnecken bieten Schneckenzäune.

Schneeballblattkäfer

Pyrrhalta viburni

› S. 62

BETROFFENE PFLANZEN: Schneeball-Arten, vor allem Gemeiner bzw. Gefüllter Schneeball (Sorten von *Viburnum opulus*)
SCHADBILD: Der Käfer ist ca. 6 mm lang und braun. Ab Mai fressen seine Larven die Blätter (Skelettierfraß), nicht selten kommt es zum Kahlfraß. Starker Befall schwächt die Wuchskraft der Pflanzen. Eine nachhaltige Schädigung tritt jedoch nicht auf.
LEBENSWEISE: Aus den Eiern der Käfer schlüpfen im Frühling die grün-gelblichen Larven. Nach vier Wochen verpuppen sie sich im Boden, um nach einigen Wochen als fertige Käfer zu schlüpfen. Im Herbst fressen sie Eimulden in die einjährigen Triebe, belegen diese und verschließen sie mit einem Deckel aus Rindenmehl und Speichel.
MASSNAHMEN: Hier können Sie einen Wirkstoff gegen beißende Insekten an Zierpflanzen im Freiland verwenden; zugelassen ist Acetamiprid. Ein Rückschnitt der einjährigen Triebe im Herbst oder zeitigen Frühjahr entfernt die Eier und reduziert den nächstjährigen Befall deutlich.

Schneeschimmel

Fusarium nivale

› S. 57

BETROFFENE PFLANZEN: Rasengräser
SCHADBILD: Der Pilz verursacht graubräunliche, bis zu 50 cm große Flecken im Rasen. Die Gräser fühlen sich im nassen Zustand schleimig an und sterben ab. Bei hoher Luftfeuchte ist an den Fleckenrändern ein leicht rosafarbenes Pilzgeflecht sichtbar.
LEBENSWEISE: Schneeschimmel ist nicht notwendigerweise an Schnee gebunden. Voraussetzung sind lediglich hohe Luftfeuchtigkeit und Temperaturen zwischen 0 und 8 °C. Infektionen können deshalb ganzjährig vorkommen; unter einer Laub-, Schnee- oder Eisschicht treten sie aber gehäuft auf.
MASSNAHMEN: Herbstdüngung mit Stickstoff fördert die Krankheit, Kalium wirkt ihr entgegen. Mähen Sie nicht extrem tief, und entfernen Sie Falllaub aus dem Rasen. Da der Pilz alkalisches (= kalkreiches) Milieu bevorzugt, vermeiden Sie Kalkgaben im Herbst. Bauen Sie Rasenfilz durch Vertikutieren ab. Auch nach einer Infektion sollten Sie im darauf folgenden Frühling vertikutieren, um befallenes Pflanzenmaterial zu entfernen.

Schorf

Venturia inaequalis

› S. 82

BETROFFENE PFLANZEN: Apfel, Birne
SCHADBILD: Schorf ist eine Pilzerkrankung. Bei frühen Fruchtinfektionen verkorkt die Schale und reißt auf, bei späteren entstehen nur braune Verschorfungen. Auf den Blättern bilden sich olivfarbene Flecken. Blätter können verbräunen und vorzeitig abfallen.
LEBENSWEISE: Der Schorfpilz überwintert auf Falllaub. Im Frühjahr werden die Sporen ausgeschleudert und keimen bei Nässe auf den frisch gebildeten Blättern. Hier erzeugt der Schorf Sommersporen, die bis zum Herbst Blätter und Früchte befallen.
MASSNAHMEN: Sicheren Schutz gewähren schorfresistente Apfelsorten wie 'Topaz' und solche, deren Namen mit „Re-“ beginnen. Durch restloses Einsammeln und Kompostieren von Falllaub können Sie die Erstinfektionen vermindern. Die Wirkstoffe Schwefel und Myclobutanil sind im Hausgarten erlaubt. Sie müssen aber genau vor den Infektionsterminen ausgebracht werden. Da diese für den Privatgärtner nicht zu erkennen sind, sind Spritzungen nicht sehr effektiv.

Schrotschuss-krankheit

Clasterosporium carpophilum

› S. 49

BETROFFENE PFLANZEN: Kirsche; seltener Pflaume, Pfirsich, Aprikose

SCHADBILD: Verursacher ist ein Pilz. Auf den Blättern entstehen mehrere Millimeter große Flecken. Das Gewebe verbräunt und fällt heraus, so entstehen die „Schrotschusslöcher". Bei der Kirsche werden auch die Früchte befallen. Sie bekommen schwarze Flecken und schmecken bitter. Befallene Triebe können absterben.

LEBENSWEISE: Der Pilz infiziert die austreibenden Blätter. Regen wäscht die gebildeten Sporen nach unten, sodass die Bäume im unteren Kronenbereich stets stärker befallen sind. Eine Infektion erfolgt nur an jungen Blättern. Der Pilz überwintert an infizierten Trieben, im Falllaub und in Fruchtmumien (› Abb. Seite 132). Feuchteperioden im April und Mai begünstigen ihn stark.

MASSNAHMEN: Entfernen Sie befallene Triebe, Fruchtmumien und Falllaub. Lichten Sie die Bäume gut aus, damit sie nach Regen rasch abtrocknen. Chemische Mittel sind für den Hausgarten derzeit nicht ausgewiesen.

Schwarze Kirschblattwespe

Eriocampoides limacina

› S. 60

BETROFFENE PFLANZEN: Kirsche, Pfirsich, Aprikose; seltener Pflaume, Apfel, Birne

SCHADBILD: Die Raupen fressen an Blättern und skelettieren sie dabei von der Oberseite her. Es bleiben nur die Blattadern und die durchsichtige Blattunterhaut übrig. Bei einem Massenbefall kann es zum Kahlfraß kommen. Dies führt über verminderte Photosynthese (durch die fehlende Blattfläche) auch zu Ertragsminderungen.

LEBENSWEISE: Im Mai oder Juni legen die 5 mm großen, schwarzglänzenden Wespen ihre Eier an die Blätter. Daraus schlüpfen kleine, schwarzglänzende Raupen, die an Nacktschnecken erinnern. Sie sind bis zu 10 mm groß und haben 20 Füße. Im Sommer kann eine zweite Generation erscheinen.

MASSNAHMEN: Eine Bekämpfung ist normalerweise nicht nötig, auch ein Massenauftreten wird dem Baum nicht längerfristig schaden. Pflanzenschutzmittel für, wie hier, beißende Insekten bei Steinobst sind für den Hausgarten zudem zurzeit nicht zugelassen.

Schwarzflecken-krankheit

Alternaria spec. und andere Pilze

› S. 51

WEITERER NAME: Dürrfleckenkrankheit

BETROFFENE PFLANZEN: Kohlarten, Kartoffel, Tomate, Möhre und weitere

SCHADBILD: Meist werden nur Blätter befallen. Dabei entstehen graubraune, bis 2 cm große, später zusammenfließende Flecken. Kennzeichen von *Alternaria* ist die konzentrische Zonierung dieser Flecken. Bei lang anhaltender Nässe kommt es auch zu Fruchtbefall bei Tomaten. Bei Möhren wird das Laub schwarz und stirbt ab.

LEBENSWEISE: Die Pilzsporen werden im Sommer etwa ab Juni durch den Wind verbreitet. Zur Keimung ist Blattnässe nötig.

MASSNAHMEN: An Tomate und Kartoffel sind Kupfermittel zur Bekämpfung zugelassen. Die Krankheit verursacht aber nur im Ausnahmefall Schaden. Schneiden Sie befallenes Möhrenlaub ab, gesundes wächst dann nach. Halten Sie Tomaten durch eine Überdachung trocken. Lüften Sie das Gewächshaus im Sommer auch nachts, damit der Tau schnell wieder abtrocknet.

Sclerotinia-Fäule

Sclerotinia sclerotiorum

› S. 70 › S. 93

BETROFFENE PFLANZEN: Gemüse, Zierpflanzen, Unkräuter

SCHADBILD: Durch den Pilz werden Blätter oder Wurzeln oft schleimig-faul, Salat welkt und fault. Bei Stängelbefall, oft an Gurken und Tomaten, stirbt der darüber liegende Pflanzenteil ab. Nicht selten tritt *Sclerotinia* bei Lagergemüse auf. Aus dem weißen, watteartigen Pilzgeflecht entstehen bald auffällige schwarze Dauerkörper von 1 cm Größe.

LEBENSWEISE: Die Dauerkörper (= Sclerotien) des Pilzes keimen aus. Sie infizieren Wurzeln direkt oder bilden Fruchtkörper aus, die infektiöse Sporen ausschleudern. Diese keimen auf Pflanzengewebe und bilden ein watteartiges Pilzgeflecht. Darin entstehen neue Dauerkörper, die im Boden jahrelang überdauern können und ein ständiges Infektionsrisiko darstellen.

MASSNAHMEN: Fördern Sie die Bodenrotte durch Bodenbearbeitung. Entsorgen Sie befallene Pflanzen möglichst rasch, und achten Sie darauf, dass keine Sclerotien auf den Boden fallen und dort verbleiben.

Septoria-Blattfleckenkrankheit

Septoria spec.

› S. 51

BETROFFENE PFLANZEN: Sellerie, Petersilie und weitere Pflanzen

SCHADBILD: Der Pilz verursacht auf den Blättern kleine braune Flecken mit gelblichem Rand. Darauf entwickeln sich schwarze, pünktchenartige Sporenbehälter. Bei starkem Befall fließen die Flecken zusammen, und das Blatt stirbt ab.

LEBENSWEISE: Der Pilz überwintert an Samen und an Pflanzenresten im Boden. Sobald die Pflanzen viel Blattmasse gebildet haben, bleiben sie länger feucht, und die Krankheit entwickelt sich rasch. Vor allem im August, wenn es nachts häufiger zur Taubildung kommt, greift *Septoria* um sich und sorgt für Ertragseinbußen.

MASSNAHMEN: Wichtigste Maßnahme ist eine weitgestellte Fruchtfolge. Dabei dürfen mindestens drei Jahre lang keine Wirtspflanzen auf der Fläche stehen. Setzen Sie die Pflanzen mit großen Abständen, damit sie schneller abtrocknen. Knollensellerie kann mit einem Kupfermittel behandelt werden.

Sitkafichtenröhrenlaus

Liosomaphis abietinum

› S. 56

BETROFFENE PFLANZE: Fichte, vor allem Blau-, Sitka- und Omorikafichte

SCHADBILD: Die Sitkalaus ist 1,5 mm groß und grün mit roten Augen. Von ihr besaugte Nadeln bekommen gelbliche Flecken, verbräunen schließlich und fallen ab. Der Baum verkahlt dabei von innen nach außen und von unten nach oben.

LEBENSWEISE: Die Läuse vermehren sich bei hohen Frühlingstemperaturen sehr schnell. Einen Befall können Sie durch mehrmaliges Astklopfen feststellen. Halten Sie dabei unter den Ast ein Blatt weißes Papier. Die Läuse fallen darauf und sind gut zu erkennen. Mit besonders starkem Befall müssen Sie nach milden Wintern rechnen.

MASSNAHMEN: Eine Bekämpfung ist nur nötig, wenn Sie bei der Klopfprobe regelmäßig mehr als 5 Läuse auf einem DIN-A4-Blatt zählen. Zugelassen im Hausgarten sind Mittel mit den Wirkstoffen Mineralöl, Rapsöl, Neem und Kaliseife. Spritzen Sie den Baum dabei tropfnass, denn nur Läuse, die direkt getroffen werden, sterben.

Sonnenbrand

› S. 48

BETROFFENE PFLANZEN: Kübelpflanzen, Fruchtgemüse, Obst
SCHADBILD: Im Sommer bekommen Früchte oder Blätter Verbräunungen mit unscharfem Rand. Es kommt zu schlechtem Wachstum und Ertragsminderungen bei Gemüse.
URSACHE: Überhitzung des Gewebes.
MASSNAHMEN: Gegen zu starke Sonneneinwirkung im Sommer ist im Freiland kaum eine Abhilfe möglich, da sich der Schaden nicht über einen längeren Zeitraum aufbaut, sondern in wenigen Stunden entsteht. In Kleingewächshäusern entsteht die Schädigung über einen längeren Zeitraum hinweg, vor allem in großen Hitzeperioden. Hier können Sie ein Gartenvlies über das Gewächshaus werfen oder mit anderen Mitteln schattieren. Häufig ist Sonnenbrand auch an den Blättern von Kübelpflanzen, die überwintert wurden. Diese müssen Sie sehr langsam an die Sonne gewöhnen. Lassen Sie die Pflanzen also einige Tage im Halbschatten stehen, bevor sie in die Sonne dürfen.

Sprühfleckenkrankheit der Kirsche

Blumeriella jaapii

› S. 50

BETROFFENE PFLANZEN: Süß- und Sauerkirsche
SCHADBILD: Der Pilz bildet auf der Blattoberseite eine Vielzahl kleiner, rot begrenzter Flecken. Blattunterseits zeigt ein weißer Belag die Bildung von Sommersporen an, die den Neuzuwachs infizieren. Stark befallene Blätter vergilben bald und fallen dann ab. Dies schwächt den Baum sehr und mindert den Ertrag deutlich.
LEBENSWEISE: Der Pilz überwintert an Falllaub und an den Blattnarben der Zweige. Im Frühling während des Austriebs infizieren die neu gebildeten Sporen den Neuaustrieb. In Regenperioden kann sich der Befall stark ausweiten.
MASSNAHMEN: Pflanzenschutzmittel sind derzeit nicht verfügbar. Befallene Blätter dürfen nicht unter dem Baum verbleiben; Sie können sie kompostieren. Damit die Krone schnell abtrocknet, sollten Sie sie gut ausschneiden. **Sortenwahl:** Die Sauerkirschensorte 'Schattenmorelle' ist recht anfällig, die Sorte 'Morina' dagegen kaum.

Staunässe

› S. 93

BETROFFENE PFLANZEN: alle Pflanzen, vor allem Gehölze, Zimmerpflanzen
SCHADBILD: Sauerstoffmangel schädigt das Wurzelwerk: Die Pflanzen leiden dann an Eisenmangel, die Blätter sind klein und vergilbt. Es kommt zu Kümmerwuchs, nicht selten zum Absterben durch Pilzbefall der Wurzeln. Die Topferde bzw. der geöffnete Boden kann faulig riechen. Freilandgehölze wachsen oft jahrelang befriedigend, bis die Wurzeln die stauende Schicht im Boden erreichen.
URSACHE: Staunässe tritt auf, wenn Regenwasser durch Bodenverdichtungen gestaut wird. Schwerer, toniger Boden ist dabei besonders gefährdet. Bei Zimmerpflanzen verursacht stehendes Wasser in Töpfen sehr schnell die Schadsymptome.
MASSNAHMEN: Flächige Abhilfe ist im Freien nicht möglich. Lediglich punktuell können Sie durch die verdichtete Schicht ein Loch graben und es mit durchlässigem Material wie Kies, Sand oder Steinen verfüllen. Tonige Materialien oder Kompost sind ungeeignet. Letzterer würde faulen.

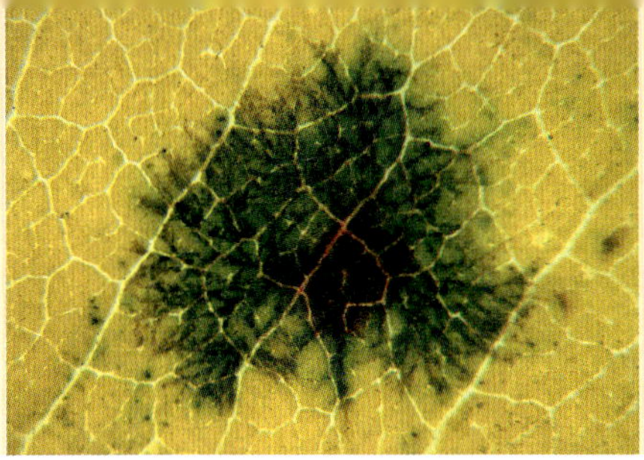

Sternrußtau der Rose

Marssonina rosae

› S. 53

BETROFFENE PFLANZE: Rose
SCHADBILD: Auf den Blättern bildet dieser Pilz gelbe Flecken. Darin zeigen sich schwarze, zerfließende, oft sternförmige Farbstrukturen, die namengebend für den Pilz sind. In der Folge vergilben die Blätter vollends und fallen ab. Die Blühleistung geht dadurch stark zurück, im Extremfall stirbt die Pflanze nach einigen Jahren ab.
LEBENSWEISE: Der Sternrußtau macht anfälligen Rosen sehr zu schaffen. Er überwintert auf dem Falllaub. Seine Sporen werden jedoch auch vom Wind über weite Entfernungen verweht. Nasskalte Witterung fördert ihn, sodass die Rose schon im Juli ohne Laub dastehen kann.
MASSNAHMEN: Das Einsammeln und Vernichten des herabgefallenen Laubs ist nicht ausreichend. Anfällige Sorten müssen vom Austrieb an regelmäßig und vorbeugend mit einem der zahlreichen zugelassenen Rosenspritzmitteln behandelt werden. Besser ist, bei Neupflanzungen Rosen mit dem ADR-Gütesiegel zu verwenden.

Stickstoffmangel

› S. 53 › S. 71

BETROFFENE PFLANZEN: Stauden, Gemüse, Topfpflanzen
SCHADBILD: Die Pflanzen bilden zu kleine, gelbe Blättchen aus und wachsen schlecht, Gemüseerträge sinken. Die ganze Pflanzenentwicklung ist unbefriedigend. Das Schadbild ähnelt dem der Staunässe (› Seite 149), da diese die Stickstoffaufnahme behindert.
URSACHE: Stickstoff ist der wichtigste Pflanzennährstoff. Durch die Winterfeuchte wird er – im Gegensatz zu anderen Nährstoffen – ausgewaschen. Mist und Kompost enthalten zu wenig verfügbaren Stickstoff. Dadurch kommt es in Hausgärten nicht selten zu schwerer Unterversorgung.
MASSNAHMEN: Stickstoffdüngung können Sie im Bio-Garten über Beimischung von Hornspänen bei der Pflanzung vornehmen. Im konventionellen Garten wird Blaukorn verwendet, sehr geeignet ist ein Langzeit-Volldünger. Reine Stickstoffdünger wie Kalkammonsalpeter oder Ammoniumsulfat sind in Kleinpackungen für den Hausgarten leider so gut wie nicht verfügbar.

Stippe

› S. 82

BETROFFENE PFLANZE: Apfel
SCHADBILD: Dicht unter der Schale sind bis zu 10 mm große, dunkle, verkorkte Flecken zu sehen, die bitter schmecken. Stippesymptome nehmen beim Lagern der Äpfel zu.
URSACHE: Stippe ist eine physiologische Störung und wird durch Calciummangel in der Frucht verursacht. Die Folge sind Transport- und Stoffwechselstörungen in der Pflanze. Vor allem große Früchte sind betroffen. Im Boden ist normalerweise genügend Calcium vorhanden, es gelangt nur nicht ausreichend in die Frucht.
MASSNAHMEN: Gegenmaßnahmen sind nicht immer erfolgreich. Pflanzen Sie keine anfälligen Sorten wie 'Blenheim', 'Cox Orange', 'Goldparmäne' oder 'James Grieve'. Wässern Sie die Apfelbäume bei Trockenheit, da Calcium nur über das Wasser aufgenommen wird. Verhindern Sie durch Schnitt zu starkes Triebwachstum, die Trieblänge sollte 50 cm nicht überschreiten. Notfalls müssen Sie den Baum entfernen und durch eine moderne Sorte wie 'Topaz' oder 'Pilot' ersetzen.

Thrips
Thrips spec.

› S. 54 › S. 76 › S. 88

WEITERER NAME: Blasenfuß
BETROFFENE PFLANZEN: Zimmerpflanzen, krautige Pflanzen; Gladiole; Gemüse, vor allem Lauch, Zwiebel, Erbsenfrüchte
SCHADBILD: Die 2 mm großen, stäbchenförmigen Insekten saugen Pflanzensaft. Auf Blättern kommt es zu silbriger Aufhellung oder feiner Sprenkelung, da sich die leeren Zellen mit Luft füllen. Befallene Blüten verbräunen, die Schale von Früchten verkorkt.
LEBENSWEISE: Schädigend sind Alttiere wie Larven vor allem in Innenräumen und Gewächshäusern. In Hitzeperioden sind auch im Freiland größere Schäden möglich. Aufgrund der kurzen Generationenfolge bilden sich schnell riesige Mengen von Thripsen.
MASSNAHMEN: Im Regelfall werden Thripse nur in Innenräumen bekämpft. Dazu eignen sich vor allem systemische Wirkstoffe wie Imidacloprid oder Dimethoat. Wirksam ist auch Pyrethrin; bei Freilandgemüse kann Kaliseife zum Einsatz kommen. Wenn Schäden an Lauch und Erbse auffallen, ist es für eine Bekämpfung aber meist viel zu spät.

Trauermücke
Sciaridae spec.

› S. 92

BETROFFENE PFLANZEN: Topfpflanzen
SCHADBILD: Die kleinen dunklen Mücken von 2 mm Länge werden im Zimmer lästig, da sie in großer Zahl erscheinen können und dann Tausende die Zimmer und Fenster bevölkern. Schaden verursachen sie aber nicht (lediglich manchmnal an Stecklingen).
LEBENSWEISE: Die Larven haben in feuchten Böden mit hohem Torfanteil optimale Lebensbedingungen. Deshalb lieben sie die Erde in Blumentöpfen. Da die Weibchen bis zu 100 Eier legen und der Generationswechsel schnell erfolgt, kommt es häufig zu Massenvermehrung auf der Fensterbank.
MASSNAHMEN: Wassergaben über den Untertopf halten die Bodenoberfläche trocken, sodass die Mücken keine Eier mehr ablegen. Auch mit einer dünnen Schicht Sand auf der Substratschicht können Sie die Eiablage verhindern. Am besten wirkt aber eine kleine Gelbtafel im Blumentopf. Die schlüpfenden und auffliegenden Mücken kleben daran fest, und die nächste Eiablage unterbleibt. Die Mücken sind bald restlos verschwunden.

Triebsterben
Kabatina thujae

› S. 68

WEITERER NAME: Thujenzweigsterben
BETROFFENE PFLANZEN: Thuja, Scheinzypresse, Wacholder
SCHADBILD: Die Zweigspitzen werden gelbbraun und sterben ab. Eine sichere Diagnose ermöglichen die kleinen, dunklen, pustelförmigen Sporenlager auf abgestorbenen Trieben und Schuppen. Oft beginnt die Krankheit an der Basis einjähriger Triebe. Kleinere Pflanzen können völlig verkahlen. Nur selten sterben die Pflanzen aber ganz ab.
LEBENSWEISE: Der Pilz findet ideale Lebensbedingungen, wenn die Pflanze häufig und vor allem abends benetzt wird. Die Sporen dringen über Wunden in den Zweig ein. Nicht selten lässt sich der Befall daher auch nach dem Schnitt als verkahlende Stelle lokalisieren. Das kranke Rindengewebe ist dabei scharf vom gesunden abgegrenzt. Achtung: Frosteinwirkung oder Lichtmangel ergeben manchmal die gleichen Schadbilder.
MASSNAHMEN: Schneiden Sie erkrankte Triebe ab, um die Infektionsquelle zu entfernen; sie können kompostiert werden.

Verrieseln

› S. 78

BETROFFENE PFLANZEN: Johannisbeere, Stachelbeere, Weinrebe
SCHADBILD: Einzelblütchen oder die kleinen Beeren fallen in den ersten Wochen nach der Befruchtung ab. Bei Beerensträuchern kann der Ertrag stark leiden. Beim Wein sind lockerbeerige Trauben aber weniger anfällig gegen Grauschimmel, und die Einzelbeeren werden größer; hier ist der Schaden gering.
URSACHE: Die Ursachen können vielfältig sein, z. B. ungünstiges, feuchtes Blühwetter, Nachtfröste, mangelnde Bestäubung. Ernährungsstörungen und Überdüngung spielen eine weitere Rolle. Auch zu starkes Wachstum begünstigt die Störung, da die Triebe Nährstoffkonkurrenten zur Blüte sind.
MASSNAHMEN: Gegen die Witterung und mangelnde Bestäubung können Sie nichts unternehmen. Sinnvoll ist es jedoch, die Lebensbedingungen der Pflanze zu optimieren, Bodenverdichtung und Staunässe zu vermeiden und ausgeglichen zu düngen. Anfällig ist die Johannisbeere 'Jonkher van Tets'. 'Rolan' oder 'Rolanda' sind weniger anfällig.

Verticillium-Welkekrankheit

Verticillium spec.

› S. 70

BETROFFENE PFLANZEN: viele Gehölze; viele krautige Pflanzen wie Erdbeere, Kartoffel, Tomate, Gurke, Rettich und andere; häufig auch Sommerastern
SCHADBILD: Bei diesem Pilz kommt es zum plötzlichen Welken, oft nur auf einen Teil der Pflanze beschränkt. Der Erreger wächst in den Leitungsbahnen. Durch Unterbrechung der Wasserversorgung und durch Giftstoffe kommt es auch zu Blattvergilbungen. Die Symptome zeigen sich verstärkt bei warmem, trockenem Wetter, oft erholen sich die Pflanzen über Nacht. Vor allem bei älteren Gehölzen welken häufig nur einzelne Äste und sterben dann ab. Ein Querschnitt durch die Triebe zeigt verbräuntes Splintholz (direkt unter der Rinde). Bei krautigen Pflanzen ist das Innere der Stängel oft verbräunt. Beim Rettich zeigt ein Querschnitt des Wurzelkörpers radiale Schwarzfärbungen, das Gewebe wird weich und schwammig. *Verticillium*-Pilze können auch für Keimlingskrankheiten (› Seite 122) verantwortlich sein. Die Keimlinge sterben dann schnell ab.
LEBENSWEISE: Der *Verticillium*- oder Wirtelpilz ist bodenbürtig und mit seinen Dauerorganen viele Jahre überlebensfähig. Er dringt über Wurzelverletzungen oder über die Wurzelspitzen in die Pflanze ein und verstopft die Leitungsbahnen. Der Erreger wird vor allem bei niedrigen Bodentemperaturen schädlich. Bei über 20 °C ist die Gefahr gering. Eine Schädigung tritt besonders stark bei schlechter Bodenstruktur auf. Bei einer lockeren, gut durchlüfteten Erde sind weniger oder keine Schäden zu erwarten.
MASSNAHMEN: Direkte Bekämpfung ist nicht möglich. Zur Nachpflanzung von Gehölzen sollten Sie den Boden so gut wie möglich austauschen. Vermeiden Sie unbedingt Staunässe. Schneiden Sie bei Gehölzen befallene Zweige heraus, und roden Sie sehr kranke Exemplare. Das Holz muss entsorgt oder verbrannt werden, befallenes Material darf keinesfalls auf den Kompost. Räumen Sie auch kranke Gemüsepflanzen schnell und sauber ab, und entfernen Sie dabei vor allem Wurzeln und die umgebende Erde mit. Teilweise sind widerstandsfähige Sorten erhältlich, wie die Sommeraster 'Nekita'. Auberginen können auf resistente Tomaten gepfropft werden. Halten Sie möglichst einen sehr weiten Fruchtwechsel ein.

Viruserkrankungen

diverse Typen und Stämme

› S. 49, 59 › S. 88

BETROFFENE PFLANZEN: alle Pflanzen

SCHADBILD: Ein Virusbefall ist dann wahrscheinlich, wenn mindestens zwei der folgenden Symptome zutreffen:

- Verzwergung und Kümmerwuchs oder Wuchsstopp,
- extrem verringerte Blattspreite (Blattfläche, › Abb. oben rechts),
- blasige Auftreibungen der Blätter und
- Farbänderungen an Blatt und Blüte.

Die Farbänderungen äußern sich in gelblichen Marmorierungen (**Mosaikviren**), Ringflecken (**Ringfleckenviren**) und Streifenbildung. Die Früchte sind oft verkrüppelt. Mit 200 Wirtspflanzen ist das **Gurkenmosaikvirus** weit verbreitet. Es bewirkt Wachstumsstockungen und eine Gelbscheckung sowie blasige Auftreibungen der Blätter. An Zucchini war in den letzten Jahren häufig das **Wassermelonenvirus** zu beobachten. Dabei wird die Blattspreite sehr schmal, und die Pflanzen bilden keine Früchte mehr. Das **Himbeerringfleckenvirus** verursacht helle Ringe auf Himbeerblättern. Der Ertrag geht um 50 % zurück. Eine bekannte Zwetschgenvirose ist **Scharka**. Bei dieser Krankheit fallen die missgestalteten Früchte schon vor der Reife vom Baum. Die Blätter zeigen Marmorierungen und Ringstrukturen. Bei Blumenzwiebeln kommt das **Gelbstreifen-Virus** vor. Dabei sind die Blätter gelb gestreift, hängen schlaff herunter und sind verdreht. Im Lager fault die Zwiebel leicht. Allein bei der Kartoffel sind in Europa 26 Viruskrankheiten bekannt. Ihre Symptome sind Einrollen der Triebspitzen, Stauche, Nekrosen, Verfärbungen und deutliche Ernteeinbußen.

LEBENSWEISE: Ein Virus ist ein extrem kleiner Krankheitserreger. Es besteht nur aus der Erbinformation und einer Eiweißhülle. Das Virus dringt in die Pflanzenzelle ein und bringt sie dazu, nur noch Viruserbinformation herzustellen, sodass sie für dessen Vermehrung sorgt. Wenn viele Pflanzenzellen nicht mehr ihre eigentliche Arbeit tun, erkrankt die Pflanze. Die Übertragung von Virosen erfolgt häufig über Pflanzensauger wie Blattläuse. Manche Viren werden über die Samen an die nächste Generation weitergegeben oder überdauern an Pflanzenresten. Auch eine Verbreitung durch Arbeitsgeräte oder Kleidung ist häufig.

MASSNAHMEN: Eine direkte Bekämpfung ist nicht möglich. Gegen viele Virosen sind bereits resistente Sorten erhältlich. Achten Sie beim Einkauf von Obst- und Beerensträuchern darauf, dass es sich um virusfreie Pflanzen handelt. Dies ist auf dem Etikett vermerkt. Verkäufer in Markenbaumschulen wissen im Normalfall auch, ob die Pflanzen virusgetestet sind.

Ist eine Pflanze an einem Virus erkrankt, muss sie sofort und konsequent entfernt werden, um eine Ansteckung weiterer Pflanzen zu verhindern. Besonders wichtig ist dies in einem Gemüsebeet. Wenn Sie hier zu lange warten, erkranken die Nachbarn innerhalb weniger Tage, und das Beet oder das ganze Gewächshaus ist verloren.

Blattscheckungen und Marmorierungen deuten immer auf eine Viruserkrankung hin.

Die Scharka-Krankheit verursacht Missbildungen und Farbänderungen der Früchte.

Wanzen

Heteroptera

› S. 78 › S. 88

BETROFFENE PFLANZEN: Gemüse, Früchte, Zierpflanzen
SCHADBILD: Beim Besaugen der Pflanze geben die Insekten ein giftiges Speichelsekret ab. An dieser Stelle wächst die Pflanze nicht weiter. Die Folge sind Nekrosen und Verkrüppelungen. Triebspitzen können absterben, Früchte bekommen tiefe Einbuchtungen, Gurken krümmen sich. Blätter reißen an den Einstichstellen auf, da das Gewebe punktuell abstirbt.
LEBENSWEISE: Wanzen sind eindeutig an ihrem dreieckigen Rückenschild erkennbar. Von den in Deutschland heimischen 800 Arten saugen viele Pflanzensaft und sind deshalb schädlich. Es gibt jedoch auch unschädliche Arten und sogar Nützlinge, die andere Insekten fressen.
MASSNAHMEN: Bei Zierpflanzen wären pyrethrinhaltige Mittel zugelassen, im Allgemeinen sind die Tiere aber längst nicht mehr da, wenn man den Schaden bemerkt. Außerdem sind Schadwanzen sehr scheu und verstecken sich bei Annäherung sofort.

Weichhautmilbe

Tarsonemus spec.

› S. 59 › S. 79

WEITERER NAME: Kräuselmilbe
BETROFFENE PFLANZEN: diverse Pflanzen; oft Erdbeere, Alpenveilchen, Paprika
SCHADBILD: Die 0,2 mm großen Spinnentiere sind mit bloßem Auge nicht zu sehen. Bei Befall sind die jüngeren Blätter verdreht, verkrümmt und verkümmert. Die Pflanze ist gestaucht und wächst kümmerlich. Junge, empfindliche Pflanzenteile können verbräunen, manchmal entstehen Verkorkungen auf den Blättern.
LEBENSWEISE: Die Tiere lieben feuchtwarme Luft und saugen vornehmlich an jungen und zarten Blättern. Pro Jahr können sieben Generationen entstehen.
MASSNAHMEN: Wirksam sind Präparate aus Kaliseife oder Rapsöl. Besprühen Sie auch die Blattunterseite gründlich mit und wiederholen Sie die Anwendungen ein- bis zweimal. Bei Topfpflanzen sollten Sie befallene Teile abschneiden und kompostieren, um das Problem schneller zu lösen. Eine Entsorgung kann aber sinnvoll sein, damit die Nachbarpflanzen nicht angesteckt werden.

Weiße Fliege

Trialeurodes vaporariorum

› S. 63

BETROFFENE PFLANZEN: zahlreiche Zierpflanzen; Gurken, Tomaten
SCHADBILD: Die 2 mm großen Weißen Fliegen kommen hauptsächlich im Zimmer und im Gewächshaus vor. Sie schädigen die Pflanzen durch Saftentzug und durch Ausscheiden großer Mengen zuckerhaltigen Kotes, auch Honigtau genannt. Dieser verklebt Blätter und Früchte. Die Rußtau- oder Schwärzepilze (› Seite 142), die folgen, entwerten die Früchte weiter und behindern die Photosynthese der Blätter, weil sie das Licht nicht durchlassen.
LEBENSWEISE: Die Tiere vermehren sich sehr schnell und bringen bis fünf Generationen im Jahr hervor. Ihre Larven sitzen auf der Blattunterseite und sind unbeweglich.
MASSNAHMEN: Beleimte Gelbtafeln können einen Anfangsbefall eindämmen. Im Gewächshaus können Sie beim Auftreten der ersten Weißen Fliegen Schlupfwespen einsetzen. Im Haus- und Kleingartenbereich sind auch eine Reihe von Wirkstoffen wie Rapsöl, Kaliseife oder Neem anwendbar.

Wickler

Cydia spec.

› S. 84, 86, 89

BETROFFENE PFLANZEN: Apfel, Birne, Zwetschge, Pflaume, Mirabelle
SCHADBILD: Die Früchte sind angebohrt, im Inneren sind Fraßgänge zu sehen.
LEBENSWEISE: Der **Apfelwickler** ist ein aschgrauer Falter von 1 cm Länge. Seine Flugzeit ist von Mai bis September. Die Weibchen legen bis zu je 100 Eier einzeln an Blättern und Früchten ab. Die Räupchen bohren sich in die Frucht ein. Sie verlassen den Apfel nach 3–5 Wochen, suchen sich Verstecke am Baum und verpuppen sich. Pro Jahr bilden sie zwei Generationen aus. Der Schaden der zweiten Generation ist größer, da die angebohrten reifenden Äpfel schnell faulen. Die Biologie der **Pflaumenwickler** ist vergleichbar. Diese können im Hausgarten aber nicht bekämpft werden.
MASSNAHMEN: Die Zahl der Falter verzehnfacht sich von der ersten zur zweiten Generation. Bekämpfungsmaßnahmen sind deshalb in der ersten Generation sinnvoll.
→ Selbst gemachte **Wellpappegürtel** bieten den Räupchen ein Versteck. Legen Sie einen 20 cm breiten Gürtel Anfang Juni um den Stamm, und erneuern Sie ihn alle zwei Wochen, wobei Sie den alten Gürtel mit den Räupchen vernichten. Der Bekämpfungserfolg dieser Methode ist jedoch gering.
→ Mit **Lockstoff-Fallen** (Abb. oben) werden die männlichen Falter mittels Sexuallockstoffen der Weibchen angelockt. In den Fallen befindet sich außerdem ein Leimboden. Auf der Suche nach Weibchen fliegen die Männchen in die Fallen und kleben fest. Ohne Männchen findet dann natürlich keine Befruchtung der Weibchen statt. Diese Methode bringt jedoch kaum Erfolg, die Fallen dienen lediglich zur Flugkontrolle. Bei der Methode **„Attract & Kill“** werden die Männchen mit den Sexualstoffen angelockt und durch beigemischte Insektizide getötet. Im Hausgarten werden nur fünf Duftpunkte in einen Baum gesetzt. Der Bekämpfungserfolg ist gering, da immer neue Falter zufliegen.
→ Das **Apfelwicklergranulosevirus** ist ein Bio-Wirkstoff und wirkt ausschließlich gegen Apfelwickler. Die Larven müssen das Virus fressen. Da nur frisch geschlüpfte Räupchen außerhalb des Apfels fressen, ist der Zeitpunkt der Spritzungen besonders wichtig. Die erste Behandlung muss drei Wochen nach Flugbeginn oder unmittelbar nach den ersten Einbohrungen erfolgen. Mit Fallen lässt sich die Flugtätigkeit überwachen. Nach einer Woche muss die Spritzung wiederholt werden. Solange der Apfelwickler fliegt, sollten Sie im 7- bis 10-tägigen Abstand Behandlungen durchführen.
→ Für den Hausgarten ist ein chemischer Wirkstoff zugelassen, das **Methoxifenozid.** Drei Anwendungen im Abstand von 14 Tagen sind erlaubt. Es wirkt auch auf die Eier.
→ **Schütteln Sie die Bäume** im Juni, und entfernen Sie die herabgefallenen, vermadeten Früchte aus dem Garten. So wird die erste Generation dezimiert. **Fördern Sie Nützlinge** (Vögel) durch Nisthilfen in Ihrem Garten. Im Winter verzehren sie viele Raupen.

Werden solche Früchte konsequent entfernt, reduziert sich der Befall im Sommer.

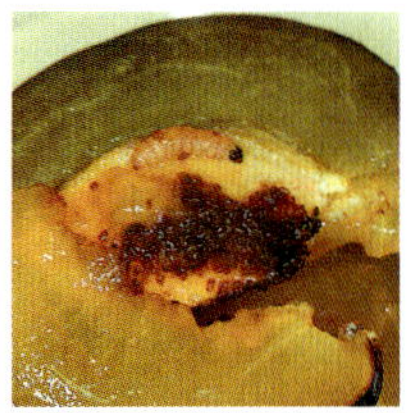

Der Pflaumenwickler sorgt oft für einen gewünschten Ausdünneffekt.

Wiesenschnake

Tipula spec.

› S. 96

BETROFFENE PFLANZEN: Rasengräser
SCHADBILD: Die Wiesenschnake ist ein 5 cm großes Insekt. Ihre Larven fressen Graswurzeln. Wenn sehr viele Larven vorhanden sind, kann die Grasnarbe absterben. Der Schaden wird oft noch verstärkt, wenn Krähen und andere Vögel die oberflächennahen Larven aus dem Boden holen. Dann liegen ausgerissene Grasbüschel herum.
LEBENSWEISE: Jedes Weibchen legt Ende August bis zu 1300 Eier auf Rasenflächen ab. Daraus entwickeln sich graue, beinlose, walzenförmige Larven von bis zu 4 cm Länge.
MASSNAHMEN: Eine Bekämpfung ist möglich mit dem Einsatz von *Steinernema*-Nematoden. Allerdings sollten diese ausgebracht werden, wenn die Larven noch klein sind. Meist fallen sie aber erst auf, wenn sie ihre Entwicklung schon weitgehend beendet haben. Eine Bekämpfung ist dann nicht mehr möglich. Bei Grasflächen, die viel genutzt werden, unterbleibt die Eiablage, da die Insekten dazu viel Ruhe brauchen.

Woll- und Schmierläuse

diverse Arten

› S. 63

BETROFFENE PFLANZEN: Gehölze; häufig an Zimmerpflanzen, Kübelpflanzen
SCHADBILD: Die Tiere scheiden Wachsfäden aus, um sich vor Feuchtigkeit zu schützen. Wenn sich die Wachsfäden der einzelnen Tiere berühren, sieht dieses Gebilde wie ein kleiner Wattebausch aus. Daran sind sie leicht erkennbar. Die Pflanzen leiden unter Saftentzug. Noch lästiger ist aber die große Abgabe von klebrigem Honigtau. Darauf siedeln sich Schwärze- oder Rußtaupilze (› Seite 142) an, die die Photosynthese behindern.
LEBENSWEISE: Die Läuse befallen geschwächte Pflanzen, deshalb kommen sie in der lichtarmen Zeit häufig an Zimmerpflanzen vor.
MASSNAHMEN: Da eine Benetzung wegen der Wachswolle nicht leicht ist, müssen Sie bei hartlaubigen Pflanzen (d. h. Pflanzen mit festen, ledrigen Blättern) ein Rapsölmittel verwenden, das in das Wachs eindringen kann. Alternativ können systemische Wirkstoffe wie Imidacloprid oder Dimethoat zum Einsatz kommen.

Wühlmaus

Arvicola terrestris

› S. 73 › S. 95

BETROFFENE PFLANZEN: alle Pflanzen
SCHADBILD: Wurzelgemüse ist im Boden angefressen, Blumenzwiebeln sind verschwunden, Fraßspuren an Gehölzen sind zu sehen. Geschädigte Gehölze treiben im Frühjahr nur spärlich oder gar nicht mehr aus. Junge Bäume fallen manchmal um, wenn alle Wurzeln fehlen. Feldmäuse können ein ähnliches Schadbild erzeugen.
LEBENSWEISE: Das 12–22 cm lange Tier lebt unterirdisch in einem Gangsystem. Im Gegensatz zum Maulwurf (**Achtung: dieser ist geschützt ist und darf lediglich vergrämt werden**) schließt sie geöffnete Gänge innerhalb von drei Stunden.
MASSNAHMEN: Pflanzen Sie Obstbäume in einem Drahtkorb mit der Maschenweite 16 mm. Achten Sie bei Fallen darauf, sie in ein gerades Gangstück einzusetzen. Ölen Sie die Fallen nicht – die Mäuse meiden sie sonst –, und decken Sie die Gänge danach lichtdicht ab. Köder mit dem Wirkstoff Warfarin oder Zinkphosphid sind nur im Winter sinnvoll. Zugelassen sind auch Begasungsmittel.

Wurzelfäule der Erdbeere

Phytophthora fragariae

› S. 85 › S. 93

WEITERE NAMEN: Rhizomfäule, Lederbeerenfäule

BETROFFENE PFLANZE: Erdbeere

SCHADBILD: Die Krankheit wird durch *Phytophthora*-Pilze verursacht. Die Symptome sind nicht einheitlich. Die Pflanzen können schnell welken oder absterben. Rhizome zeigen im Inneren dunkle Befallsstellen, die Wurzeln verbräunen zuletzt. Je nach Erreger können die Wurzeln aber auch am Krankheitsbeginn zerstört werden. Die Pflanzen siechen meist lange dahin, ohne ganz abzusterben. Der Ertrag ist sehr gering. Bei Fruchtbefall verbräunen die grünen Früchte und werden hart und ledrig. Fast reife Früchte verfärben sich weißlich, lila oder blauviolett.

LEBENSWEISE: *Phytophthora*-Pilze sind sehr schädliche Bodenpilze. Durch Dauerkörper verseuchen sie die Beete über lange Zeit, sie können bis zu 15 Jahre lang lebensfähig bleiben. Sie bevorzugen staunasse Böden und Temperaturen von deutlich über 20 °C. Bei Nässe, schweren Böden und vor allem bei Temperaturen über 25 °C infiziert der Pilz bodennahe Früchte und das Erdbeerrhizom. An Wurzelfäulen können auch noch weitere Pilze oder Nematoden beteiligt sein. Dies spielt jedoch für die Diagnose und die Maßnahmen, die zu ergreifen sind, keine Rolle. Wurzelfäulen an Erdbeeren kommen in Hausgärten sehr häufig vor, werden aber oft nicht erkannt, weil die Pflanzen nicht ganz absterben. Durch eigene Ausläufer wird die Krankheit immer weiter vermehrt und an andere Gartenfreunde weitergegeben.

VORBEUGENDE MASSNAHMEN: Bauen Sie nur gesunde Jungpflanzen an, verwenden Sie nie Pflanzen aus Hausgärten. Halten Sie konsequent einen weiten Fruchtwechsel ein, d. h. mindestens vier Jahre zu warten, bis wieder Erdbeeren auf das Beet kommen (Gemüse können Sie anbauen). Pflanzen Sie nie Erdbeeren auf staunasse oder kalte Böden. Mulch schützt die Früchte zum Boden hin (› Abb.). Bei schweren Böden empfiehlt sich eine Kultur auf Erddämmen: Eine Doppelreihe Erdbeerpflanzen wird auf einem 50 cm breiten und 20 cm hohen Damm gepflanzt. Im Damm kann das Wasser gut ablaufen, und die Gefahr einer Erkrankung ist viel geringer. Achten Sie darauf, die Pflanzen nicht mit Stickstoff zu überdüngen. Dies sind aber alles vorbeugende Maßnahmen, die bei Befall nicht mehr greifen.

SORTENWAHL: Verzichten Sie auf anfällige Sorten wie 'Senga Sengana' oder 'Elsanta'. Sehr robust sind dagegen 'Spadeka' oder 'Florika'. Deren Ausläufer werden nicht abgeschnitten: So entsteht eine dichte Erdbeerwiese. Sie ist sehr pflegeleicht und kann bis zu 10 Jahre auf dem gleichen Beet bleiben.

CHEMISCHE MASSNAHMEN: Vorbeugende Tauchbehandlung von Jungpflanzen mit dem Wirkstoff Fosethyl ist im Hausgarten zulässig. Die Maßnahme ist aber erfolglos, wenn bereits Dauersporen im Boden vorhanden sind. Befallenes Material dürfen Sie keinesfalls auf den Kompost geben, da die Dauersporen hier nicht absterben und dann im gesamten Garten verteilt werden.

Was tun bei Wurzelfäule?

Bis die Wurzelfäule erkannt wird, vergehen oft Monate bis Jahre. In dieser Zeit wurden die langlebigen Dauersporen über den Kompost und Arbeitsgeräte im Garten verteilt. Meist erkranken dann die Erdbeeren an einem neuen Platz ebenfalls schnell. Wenn Sie auf Erdbeeren nicht verzichten wollen, sollten Sie ein völlig neues Beet auf jungfräulichem Boden anlegen. Sie sollten aber zusätzlich ausschließlich widerstandsfähige Sorten verwenden.

Wurzelbohrer

Hepialus humuli

› S. 97

WEITERER NAME: Hopfenwurzelbohrer
BETROFFENE PFLANZEN: Gemüse, Unkraut; Hopfen
SCHADBILD: Möhren oder Sellerie haben Fraßlöcher. Bisweilen sterben ganze Pflanzen ab. Meist wird man auf den Wurzelbohrer aufmerksam, wenn nacheinander mehrere Salatköpfe welken. In der ausgefressenen Wurzel kommt dann die sich kräftig windende, grau gefärbte Raupe zum Vorschein.
LEBENSWEISE: Wurzelbohrer sind 5 cm große, nachtaktive Schmetterlinge. Die erwachsenen Falter haben verkümmerte Mundwerkzeuge und nehmen keine Nahrung mehr auf. Sie legen ihre Eier an die Wurzeln von Pflanzen. Die 3 cm lange Larve bohrt sich in die Wurzeln ein und frisst in der Höhlung. Die Raupen werden oft mit dem Drahtwurm (› Seite 108) verwechselt, aus dem jedoch ein Käfer entsteht.
MASSNAHMEN: Als einzige Möglichkeit bleibt das Fangen der Raupen, sobald ein Salat welkt.

Wurzelkropf

Rhizobium radiobacter

› S. 94

WEITERER NAME: Bakterienkrebs
BETROFFENE PFLANZEN: viele Obstgehölze, Beerenobst
SCHADBILD: Die Krankheit wird von Bakterien verursacht und bildet faust- bis kopfgroße Wucherungen an den Gehölzwurzeln, manchmal auch am Wurzelhals. Junge Gehölze zeigen Wachstumsstockungen und sterben zuweilen ab, vor allem wenn die Wucherung an der Hauptwurzel sitzt. Ältere Gehölze werden weniger beeinträchtigt.
LEBENSWEISE: Die Bakterien dringen in die Wurzeln ein und veranlassen die Zellen zu unkontrolliertem Wachstum. Die neuen Zellen werden ebenfalls vom Bakterium besiedelt. Zudem erzeugen sie nun Nahrungsstoffe für das Bakterium.
MASSNAHMEN: Entfernen und verbrennen Sie befallene Wurzeln. Bei starkem Befall muss das Gehölz gerodet werden. Pflanzen Sie kein Gehölz an der gleichen Stelle nach. In schweren, nassen Böden kann sich das Bakterium besonders gut ausbreiten. Vermeiden Sie solche Standorte.

Wurzelläuse

diverse Arten

› S. 95

BETROFFENE PFLANZEN: viele Arten, besonders Salat, Möhre, Sonnenblume; Zierpflanzen; oft Kakteen
SCHADBILD: Manche Arten scheiden Wachsfäden aus, um Feuchtigkeit abzuhalten. Sie ähneln dann kleinen Wattebäuschen. Die Pflanzen bleiben im Wachstum zurück und kränkeln; bisweilen sterben sie ab.
LEBENSWEISE: Manche Läuse haben sich darauf spezialisiert, an Wurzeln zu saugen. Damit sind sie vor vielen Feinden geschützt. Es gibt auch wirtswechselnde Arten wie die Salatwurzellaus. Sie lebt teilweise an Pappeln und trägt dann das Namensungetüm „Pyramidenpappelblattstielbeutelgallenlaus“.
MASSNAHMEN: Wurzelläuse lieben trockenen Boden – durchdringendes Gießen schadet ihnen. Kaliseife ist nur gegen Blattläuse ausgewiesen und darf deshalb nicht angewendet werden. Möglich hingegen ist das Gießen mit einer 2%igen Schmierseifenlösung (› Seite 27), da es für selbst hergestellte Pflanzenschutzmittel bzw. Hausmittel keine gesetzliche Regelung gibt.

Zwiebelfliege

Delia antiqua

› S. 52 › S. 97

BETROFFENE PFLANZEN: Zwiebelgewächse, darunter Zwiebel, Knoblauch, Lauch, Schnittlauch

SCHADBILD: Die Zwiebelfliege ähnelt in Größe und Aussehen einer Stubenfliege. Schädlich sind die Larven. Ab Mitte Mai welken die Zwiebeln und sterben ab. Der Bestand wird lückig. Die Pflanzen lassen sich leicht herausziehen. Die Knolle ist weich und übelriechend. Am Zwiebelboden finden sich die weißlichen Larven, die bis zu 10 mm groß werden.

Ein weitaus gefährlicherer Schädling ist jedoch die **Lauchminierfliege** (› auch Seite 131) mit dem gleichen Wirtspflanzenkreis. Sie sieht der Zwiebelfliege ähnlich. In den letzten Jahren haben die Schäden durch die Lauchminierfliege überaus stark zugenommen. Hier sind ebenfalls die Maden die Verursacher des Schadens und bewirken im Mai extrem verkrüppelte Blätter und ein langsames Absterben der Pflanzen. Larven und Puppen gleichen denen der Zwiebelfliege und befinden sich an der Pflanzenbasis. Ein beginnender Befall ist am Fraß der erwachsenen Fliegen zu erkennen. Dabei sind an den Blattspitzen der Zwiebeln ca. 10 bis 15 perlschnurartig aufgereihte Fraßpunkte zu finden. Sie sind hell, kreisrund und haben einen Durchmesser von 2 mm.

LEBENSWEISE: Jedes Weibchen der Zwiebelfliege legt bis zu 80 Eier. Viele davon sterben jedoch durch trockene Witterung ab. Die Eiablage erfolgt an der Pflanzenbasis; hier fressen auch die Larven im Pflanzeninneren. Die Verpuppung findet im Boden statt. Pro Jahr können drei Generationen entstehen. Das Temperaturoptimum der Fliegen liegt zwischen 14 und 21 °C.

Die **Lauchminierfliege** bildet nur zwei Generationen pro Jahr aus. Sie ist aber der weitaus gefährlichere Schädling, da sie gebietsweise die Speisezwiebeln im Hausgarten abtötet und Lauchpflanzen völlig unbrauchbar macht. Die erste Generation fliegt im Mai, die zweite im September bis Oktober.

MASSNAHMEN: Eine direkte Bekämpfung beider Schädlinge ist nicht möglich. Eine Mischkultur mit Möhren ist völlig wirkungslos. Weder die Zwiebelfliege noch die Lauchminierfliege lassen sich davon beeindrucken, wie in zahlreichen Versuchen nachgewiesen wurde. Eine Abwehr ist ausschließlich mit der Auflage eines Gemüsefliegennetzes möglich. Es muss ab Kulturbeginn auf dem Beet aufliegen. Ohne Netz ist in vielen Gebieten Deutschlands ein Anbau von Zwiebeln oder Lauch nicht mehr möglich.

Eine Alternative könnten möglicherweise Wintersteckzwiebeln sein. Sie werden im Herbst gesteckt und sind im Mai des nächsten Jahres erntereif. Die Fliegen können hier nun keinen großen Schaden mehr anrichten. Sie müssen allerdings darauf achten, die Zwiebeln nicht vor Mitte Oktober zu stecken. Denn bis in den Spätsommer ist die zweite Generation der Lauchminierfliege unterwegs, deren Larvenfraß die Zwiebeln nicht überleben würden.

Diese Tönnchenpuppen sind im Herbst zunehmend im Lauch zu finden und entwerten ihn.

Die Zwiebelfliege sieht einer Stubenfliege ähnlich. Sie tritt jährlich in drei Generationen auf.

DEZEMBER – FEBRUAR

	Krankheiten	Seiten	Schädlinge	Seiten	Sonstige Ursachen	Seiten
alle Pflanzen	Baumpilze	73, 100	Blattläuse	62, 102	Staunässe	93, 149
	Echter Mehltau	54, 76, 109	Rote Spinne	54, 141		
	Grauschimmel	48, 76, 86, 87, 88, 117	Schildläuse	62, 142		
	Rotpustelkrankheit	66, 141	Thrips	54, 76, 88, 151		
	Rußtaupilze	54, 142	Trauermücken	92, 151		
			Weiße Fliege	63, 154		
			Woll- und Schmierläuse	63, 156		
			Wurzelläuse	95, 158		
Obst	Kernhausfäule	83, 123				
	Lagerfäulen	83, 128				
	Obstbaumkrebs	72, 134				
	Rindenbrand	50, 67, 77, 138				
Gemüse	Nassfäule	70, 94, 133				
	Sclerotinia-Fäulen	70. 93, 184				
Zierpflanzen	Schneeschimmel	57, 146	Dickmaulrüssler	61, 96, 108	Frosttrocknis	11

MÄRZ – MAI

	Krankheiten	Seiten	Schädlinge	Seiten	Sonstige Ursachen	Seiten
alle Pflanzen	Baumpilze	73, 100	Blattläuse	62, 102	Blütenfrost	76, 103
	Echter Mehltau	54, 76, 109	Blattwespen	60, 103	Bodenmüdigkeit	70, 104
	Fusarium-Welke	69, 93, 115	Engerlinge	95, 111	Eisenmangel	53, 71, 110
	Grauschimmel	48, 76, 86, 87, 88, 117	Maulwurfsgrille	96, 130	Feuerwanze	92, 114
	Keimlingskrankheiten	69, 122	Minierfliegen	49, 52, 131	Rapsglanzkäfer	79, 137
	Rostpilze	48, 140	Nematoden	59, 71, 94, 134	Rosenkäfer	79, 139
	Rußtaupilze	54, 142	Rote Spinne	54, 141	Staunässe	93, 149
	Sclerotinia-Fäulen	70, 93, 148	Schmetterlingsraupen	60, 95, 143	Stickstoffmangel	53, 71, 150
	Verticillium-Welkekrankheit	70, 152	Schnecken	60, 144		
	Viruserkrankungen	49, 59, 88, 153	Thrips	54, 76, 88, 151		
			Trauermücken	92, 151		

MÄRZ – MAI

	Krankheiten	Seiten	Schädlinge	Seiten	Sonstige Ursachen	Seiten
alle Pflanzen			Wanzen	78, 88, 154		
			Weichhautmilben	59, 79, 154		
			Weiße Fliege	63, 154		
			Woll- und Schmierläuse	63, 156		
			Wurzelläuse	95, 158		
			Wühlmäuse	73, 95, 156		
Obst	Amerikanischer Stachelbeermehltau	85, 100	Birnenpockenmilbe	55, 115	Gummifluss	67, 118
	Birnengitterrost	49, 72, 101	Birnentriebbohrer	67, 101	Verrieseln	78, 152
	Blütenbrand	87, 103	Blütenstecher	77, 104		
	Feuerbrand	66, 113	Blutlaus	72, 104		
	Himbeerrutenkrankheit	66, 120	Borkenkäfer	69, 105		
	Johannisbeer-Blattfallkrankheit	55, 120	Frostspanner	79, 114		
	Kräuselkrankheit am Pfirsich	58, 128	Gespinnstmotten	63, 116		
	Monilia-Fruchtfäule	66, 77, 83, 132	Johannisbeerblasenlaus	51, 120		
	Obstbaumkrebs	72, 134	Johannisbeergallmilbe	78, 115		
	Rindenbrand	50, 67, 77, 138	Pflaumensägewespe	85, 135		
	Rot- und Weißfleckenkrankheit	50, 140	Rebenpockenmilbe	58, 115		
	Schorf	82, 146				
	Schrotschusskrankheit	49, 147				
	Sprühfleckenkrankheit der Kirsche	50, 149				
	Wurzelfäule der Erdbeere	85, 93, 157				
Gemüse	Nassfäule	70, 94, 133	Bohnenfliege	71, 105		
	Rettichschwärze	92, 137	Drahtwurm	96, 108		
	Schwarzfleckenkrankheit	51, 147	Kartoffelkäfer	61, 121		
	Septoria-Blattfleckenkrankheit	51, 148	Kohlfliege	97, 126		
			Lauchminierfliege	49, 52, 131		
			Lauchmotte	61, 129		
			Wurzelbohrer	97, 158		
			Zwiebelfliege	52, 97, 159		
Zierpflanzen	Birnengitterrost am Wacholder	49, 72, 101	Borkenkäfer	69, 105	Sonnenbrand	48, 149
	Feuerbrand	66, 113	Dickmaulrüssler	61, 96, 108		

MÄRZ – MAI

	Krankheiten	Seiten	Schädlinge	Seiten	Sonstige Ursachen	Seiten
Zierpflanzen	Hexenring	57, 119	Drahtwurm	96, 108		
	Kiefernschütte	56, 123	Gespinnstmotten	63, 116		
	Knospensterben am Rhododendron	78, 126	Lilienhähnchen	62, 129		
	Monilia-Fruchtfäule	66, 77, 83, 132	Rosenblattrollwespe	59, 138		
	Sternrußtau der Rose	53, 150	Rosentriebbohrer	68, 139		
	Triebsterben	68, 151	Rosenzikade	56, 139		
			Schildläuse	62, 142		
			Schneeballkäfer	62, 146		
			Sitkafichtenröhrenlaus	56, 148		
			Wiesenschnake	96, 156		

JUNI – AUGUST

	Krankheiten	Seiten	Schädlinge	Seiten	Sonstige Ursachen	Seiten
alle Pflanzen	Baumpilze	73, 100	Blattläuse	62, 102	Bodenmüdigkeit	70, 104
	Blattfleckenpilze	48, 101	Blattwespen	60, 103	Eisenmangel	53, 71, 110
	Echter Mehltau	54, 76, 109	Engerlinge	95, 111	Feuerwanze	92, 114
	Falscher Mehltau	51, 52, 85, 112	Maulwurfsgrille	96, 130	Rapsglanzkäfer	79, 137
	Fusarium-Welke	69, 93, 115	Minierfliegen	49, 52, 131	Rosenkäfer	79, 139
	Grauschimmel	48, 76, 86, 87, 88, 117	Nematoden	59, 71, 94, 134	Staunässe	93, 149
	Hallimasch	73, 118	Rote Spinne	54, 141	Stickstoffmangel	53, 71, 150
	Phytophthora-Wurzelfäule	56, 69, 136	Schildläuse	62, 142		
	Rostpilze	48, 140	Schmetterlingsraupen	60, 95, 143		
	Rußtaupilze	54, 142	Schnecken	60, 144		
	Sclerotinia-Fäulen	70, 93, 148	Thrips	54, 76, 88, 151		
	Verticillium-Welkekrankheit	70, 152	Trauermücken	92, 151		
	Viruserkrankungen	49, 59, 88, 153	Wanzen	78, 88, 154		
			Weichhautmilben	59, 79, 154		
			Weiße Fliege	63, 154		
			Woll- und Schmierläuse	63, 156		

JUNI – AUGUST

	Krankheiten	Seiten	Schädlinge	Seiten	Sonstige Ursachen	Seiten
alle Pflanzen			Wühlmäuse	73, 95, 156		
			Wurzelläuse	95, 158		
Obst	Amerikanischer Stachelbeermehltau	85, 100	Birnenpockenmilbe	55, 115	Aufplatzen von Früchten	82, 100
	Birnengitterrost	49, 72, 101	Birnentriebbohrer	67, 101	Gummifluss	67, 118
	Feuerbrand	66, 113	Blutlaus	72, 104	Sonnenbrand	48, 149
	Himbeerrutenkrankheit	66, 120	Borkenkäfer	69, 105	Verrieseln	78, 152
	Johannisbeer-Blattfallkrankheit	55, 120	Brombeergallmilbe	86, 115		
	Johannisbeersäulenrost	50, 72, 121	Glasflügler	67, 116		
	Kernhausfäule	83, 123	Haselnussbohrer	87, 119		
	Kragenfäule	68, 127	Himbeerkäfer	86, 119		
	Monilia-Fruchtfäule	66, 77, 83, 132	Johannisbeerblasenlaus	51, 120		
	Narren- und Taschenkrankheit	84, 133	Kirschfruchtfliege	84, 124		
	Obstbaumkrebs	72, 134	Ohrwurm	84, 135		
	Regenfleckenkrankheit	82, 137	Rebenpockenmilbe	58, 115		
	Rindenbrand	50, 67, 77, 138	Schwarze Kirschblattwespe	60, 147		
	Rot- und Weißfleckenkrankheit	50, 141	Wickler	84, 86, 89, 155		
	Schorf	82, 146				
	Sprühfleckenkrankheit der Kirsche	50, 149				
	Wurzelfäule der Erdbeere	85, 93, 157				
	Wurzelkropf	94, 158				
Gemüse	Braunfäule	55, 87, 106	Drahtwurm	96, 108	Aufplatzen von Früchten	82, 100
	Eckige-Blattflecken-Krankheit	52, 109	Erbsenwickler	89, 155	Blütenendfäule	87, 103
	Kohlhernie	94, 127	Erdfloh	61, 111	Sonnenbrand	48, 149
	Maisbeulenbrand	89, 129	Kartoffelkäfer	61, 121		
	Nassfäule	70, 94, 133	Kohlfliege	97, 126		
	Rettichschwärze	92, 137	Kohlmottenschildlaus	63, 127		
	Samtfleckenkrankheit	52, 142	Lauchminierfliege	49, 52, 131		
	Schwarzfleckenkrankheit	51, 147	Lauchmotte	61, 129		
	Septoria-Blattfleckenkrankheit	51, 148	Maiszünsler	89, 130		
			Mehlige Kohlblattlaus	55, 130		
			Möhrenfliege	97,131		

JUNI – AUGUST

	Krankheiten	Seiten	Schädlinge	Seiten	Sonstige Ursachen	Seiten
Gemüse			Wurzelbohrer	97, 158		
			Zwiebelfliege	52, 97, 159		
Zierpflanzen	Feuerbrand	66, 113	Borkenkäfer	69, 105		
	Hexenring	57, 119	Dickmaulrüssler	61, 96, 108		
	Johannisbeersäulenrost an Kiefern	68, 151	Drahtwurm	96, 108		
	Monilia-Fruchtfäule	66, 77, 83, 132	Fichtengallenlaus	58, 114		
	Oleanderkrebs	73, 135	Kastanienminiermotte	53, 121		
	Rotspitzigkeit beim Rasen	57, 141	Lilienhähnchen	62, 129		
	Sternrußtau der Rose	53, 159	Rosenblattrollwespe	59, 138		
	Triebsterben	68, 151	Rosentriebbohrer	68, 139		
			Rosenzikade	56, 139		
			Schneeballkäfer	62, 146		
			Wiesenschnake	96, 156		

SEPTEMBER – NOVEMBER

	Krankheiten	Seiten	Schädlinge	Seiten	Sonstige Ursachen	Seiten
alle Pflanzen	Baumpilze	73, 100	Blattläuse	62, 102	Staunässe	93, 149
	Blattfleckenpilze	48, 101	Maulwurfsgrille	96, 130	Trauermücken	92, 151
	Echter Mehltau	54, 76, 109	Minierfliegen	49, 52, 131		
	Grauschimmel	48, 76, 86, 87, 88, 117	Rote Spinne	54, 141		
	Hallimasch	73, 118	Schildläuse	62, 142		
	Rostpilze	48, 140	Schmetterlingsraupen	60, 95, 143		
	Rotpustelkrankheit	66, 141	Schnecken	60, 144		
	Rußtaupilze	54, 142	Thrips	54, 76, 88, 151		
	Sclerotinia-Fäulen	70, 93, 148	Weiße Fliege	63, 154		
	Verticillium-Welkekrankheit	70, 152	Woll- und Schmierläuse	63, 156		
	Viruserkrankungen	49, 59, 88, 153	Wühlmäuse	73, 95, 156		
Obst	Himbeerrutenkrankheit	66, 120	Glasflügler	67, 116	Aufplatzen von Früchten	82, 100
	Kernhausfäule	83, 123	Haselnussbohrer	87, 119	Glasigkeit beim Apfel	83, 116

SEPTEMBER – NOVEMBER

	Krankheiten	Seiten	Schädlinge	Seiten	Sonstige Ursachen	Seiten
Obst	Kragenfäule	68, 127	Ohrwurm	84, 135		
	Lagerfäulen	83, 128	Wickler	84, 86, 89, 155		
	Monilia-Fruchtfäule	66, 77, 83, 132				
	Narren- und Taschenkrankheit	84, 133				
	Obstbaumkrebs	72, 134				
	Rindenbrand	50, 67, 77, 138				
	Schorf	82, 146				
	Stippe an Äpfeln	82, 150				
	Wurzelfäule der Erdbeere	85, 93, 157				
	Wurzelkropf	94, 158				
Gemüse	Braunfäule	55, 87, 106	Erbsenwickler	89, 155	Aufplatzen von Früchten	82, 100
	Kohlhernie	94, 127	Kohlfliegen	97, 126		
	Maisbeulenbrand	89, 129	Kohlmottenschildlaus	63, 127		
	Nassfäule	70, 94, 133	Lauchminierfliege	49, 52, 131		
			Maiszünsler	89, 130		
			Möhrenfliege	97, 131		
			Wurzelbohrer	97, 158		
			Zwiebelfliege	52, 97, 159		
Zierpflanzen	Hexenring	57, 119	Dickmaulrüssler	61, 96, 108		
	Rotspitzigkeit beim Rasen	57, 141	Wurzelläuse	95, 158		
	Schneeschimmel	57, 146				

IM HAUSGARTEN ZUGELASSENE WIRKSTOFFE

Die folgenden Listen dienen lediglich der Orientierung. Durch Zulassungsänderungen können sie mit der Zeit ihre Aktualität verlieren. Informieren Sie sich deshalb vor Benutzung unbedingt bei den zuständigen Stellen und in der jeweiligen Gebrauchsanweisung über die Anwendungsgebiete und Vorschriften. Grundsätzlich sollte der Gebrauch von Pflanzenschutzmitteln nur als letzter Ausweg angesehen werden.

FUNGIZIDE (WIRKSTOFFE ZUR BEKÄMPFUNG VON PILZKRANKHEITEN)

Wirksam gegen	Wirkungsweise	Wirkstoff	Zugelassen bei	Hinweise, Nebenwirkungen
beide Mehltaue, Braunfäule Rostpilze, Sternrußtau	halbsystemisch; breite Wirkung; wirkt nur vorbeugend	**Azoxystrobin**	Tomate, Gurke, Spargel Zierpflanzen, Rose	Wartezeit 3 Tage
Braunfäule, Rost, Mehltau	Kontaktmittel, breite Wirkung	**Metiram**	Kartoffel, Spargel, Weinrebe, Zierpflanzen	Wartezeit je nach Pflanze 14 bis 56 Tage, reizend
Braunfäule, Blattpilze	Kontaktmittel, breite Wirkung	**Maneb**	Kartoffel, Tomate, Zierpflanzen	Wartezeit je nach Pflanze 7 bis 14 Tage; gesundheitsschädlich
Braunfäule, Rebenkrankheiten	Kontaktmittel, breite Wirkung	**Mancozeb**	Kartoffel, Weinrebe	Wartezeit je nach Pflanze 7 bis 56 Tage, gesundheitsschädlich
Blattpilze, Schorf, Monilia	teilsystemisch, breite Wirkung	**Myclobutanil**	Zierpflanzen, Rose, Kernobst, Weinrebe	Wartezeit je nach Pflanze zwischen 14 und 28 Tagen; Nebenwirkung auf Birnengitterrost
Phytophthora, Falscher Mehltau, Wurzelfäulen	systemisch	**Fosethyl**	Erdbeeren, Gehölze, Gurke, Salat	Wartezeit je nach Pflanze 4 bis 14 Tage; reizend
Blattpilze, Braunfäule	breite Wirkung; Kontaktmittel; vorbeugend	**Kupfer**	Zierpflanzen, Weinrebe, einige Gemüsearten wie Tomate	giftig für Regenwürmer, reichert sich im Boden an, Bio-Wirkstoff, umweltgiftig, reizend
Schorf, Echter Mehltau	Kontaktmittel; vorbeugend	**(Netz-)Schwefel**	Kernobst, Stachelbeere, Weinrebe, Gemüsearten	Wartezeit je nach Pflanze zw. 3 und 56 Tagen; auch gegen Gallmilben an Beerenobst, Bio-Wirkstoff
Grauschimmel, Fruchtfäulen	systemisch	**Fenhexamid**	Kirsche, Zwetschge, Wein, (Erd-) Beeren, Tomate, Zierpflanzen	Wartezeit allgemein 3 Tage, bei Beeren 7 Tage, bei Trauben 21 Tage; bei Erdbeere Blütenspritzung
Grauschimmel	systemisch und Kontaktwirkung; nur vorbeugend	**Cyprodinil + Fludioxonyl**	Erdbeere, Weinrebe	Wartezeit 7 bis 35 Tage; Blütenbehandlung; Wirkstoffe nur in Kombination
Blattpilze	systemisch	**Fenarimol**	Zierpflanzen, Rose	wirkt auch bei vorhandenem Befall
Echter Mehltau	rein vorbeugend	**Lecithin**	Zierpflanzen, Gurke, Apfel, Stachelbeere	reizend; Bio-Wirkstoff

MOLLUSKIZIDE (WIRKSTOFFE ZUR BEKÄMPFUNG VON SCHNECKEN)

Wirksam gegen	Wirkungsweise	Wirkstoff	Zugelassen bei	Hinweise, Nebenwirkungen
Nacktschnecken	Bio-Mittel, Störung der Darmzellen	**Eisen-III-Phosphat**	Kohl-Arten, Salat, Zierpflanzen, Erdbeere	Schnecken müssen relativ viel aufnehmen
Nacktschnecken	bewirkt starkes Abschleimen	**Metaldehyd**	wie oben	wirkt in geringen Mengen, Hunde fernhalten
Nacktschnecken	Schädigung der Nervenzellen	**Methiocarb**	Kohl-Arten, Salat, Erdbeere, Zierpflanzen, Spinat	Wartezeit 14 Tage; Abstand zu Gewässer 10 m; gesundheitsschädlich, schädigt Nützlinge

HERBIZIDE (WIRKSTOFFE ZUR BEKÄMPFUNG VON UNKRÄUTERN UND MOOSEN)

Wirksam gegen	Wirkungsweise	Wirkstoff	Hinweise, Nebenwirkungen
alle Unkräuter	Totalherbizid, systemisch; tötet Unkrautwurzeln ab	**Glyphosat**	Wartezeit bei Kern- und Steinobst 42 Tage
alle Unkräuter	Universalherbizid, lokal; Pflanzen werden verätzt	**Essigsäure**	wirkt nicht dauerhaft
alle Unkräuter	Universaherbizid, lokal; Pflanzen werden verätzt	**Pelargonsäure**	wirkt nicht dauerhaft
zweikeimblättrige Pflanzen	systemisch; nicht gegen Gräser	**Wuchsstoff 2,4-D**	gegen unerwünschte Kräuter im Rasen
zweikeimblättrige Pflanzen	systemisch; nicht gegen Gräser	**Wuchsstoff Dicamba**	gegen unerwünschte Kräuter im Rasen
zweikeimblättrige Pflanzen	systemisch; nicht gegen Gräser	**Wuchsstoff Mecoprop P**	gegen unerwünschte Kräuter im Rasen
Moos	Moosvernichter	**Eisensulfat**	zusätzlich Pflegemaßnahmen für Rasen nötig
Moos	Moosvernichter	**Quinoclamin**	zusätzlich Pflegemaßnahmen für Rasen nötig

INSEKTIZIDE, AKARIZIDE (WIRKSTOFFE ZUR BEKÄMPFUNG VON INSEKTEN UND SPINNENTIEREN)

Wirksam gegen	Wirkungsweise	Wirkstoff	Zugelassen bei	Hinweise, Nebenwirkungen
beißende und saugende Insekten	dringt lokal in Blatt ein; hemmt Vermehrung der Schädlinge	**Neem (Azadirachtin)**	Zierpflanzen, Obst, Kartoffel	Bio-Wirkstoff; Anwendung ausschließlich bei Befallsbeginn
beißende und saugende Insekten	systemisch; Fraß- und Kontaktwirkung	**Acetamiprid**	Zierpflanzen, Zimmerpflanzen	wirkt auch bei Hitze
saugende Insekten, Milben	Kontaktmittel	**Kaliseife**	Obst, Gemüse, Zierpflanzen	Bio-Wirkstoff; bei Befallsbeginn; nicht bei Hitze anwenden
saugende Insekten, Milben	Kontaktmittel	**Rapsöl**	Obst, Gemüse, Zierpflanzen	Bio-Wirkstoff; Schäden bei weichem Laub möglich; wirkt auch auf Schädlingseier
saugende Insekten, Milben	Kontaktmittel	**Mineralöl**	Zierpflanzen, Obst	bei starker Sonneneinstrahlung Laubschäden möglich
saugende Insekten	Kontaktmittel	**Pyrethrum**	Zierpflanzen, Zimmerpflanzen	Bio-Wirkstoff; schädigt Nützlinge
saugende Insekten	systemisch	**Dimethoat**	Zierpflanzen	bienengefährlich; reizend; bei über 25 °C unwirksam; lang anhaltende Wirkung
saugende Insekten	systemisch	**Imidacloprid**	Zierpflanzen	als Spray bienengefährlich; reizend; lang anhaltende Wirkung; auch als Stäbchen, Pulver
Schmetterlingsraupen	Fraßmittel	**Bacillus thuringiensis**	Kernobst, Kohl, Weinrebe	Bio-Wirkstoff; wirkt nur bei über 20 °C
(Apfel-) Wicklerraupen	Fraß- und Kontaktwirkung	**Methoxyfenozide**	Kernobst, Rebe	wirkt auch auf Schädlingseier
Gemüsefliegen	Fraßmittel	**Chlorpyriphos**	Kohl, Möhre, Zwiebel	umweltgefährlich; nur bei der Aussaat erlaubt

GLOSSAR

Mit einem › Pfeil versehene Wörter sind ebenfalls im Glossar erklärt.

A

abiotisch

Zurückgehend auf unbelebte, d. h. nicht von Tieren, Bakterien oder Pilzen stammende Einflüsse (z. B. Witterung).

ADR-Rosen

Abkürzung für Allgemeine Deutsche Rosenneuheitenprüfung. Dabei werden neue Rosensorten an elf verschiedenen Standorten in Deutschland über mehrere Jahre aufgepflanzt und beobachtet. Neben Wuchs- und Blüheigenschaften wird auch die Gesundheit ohne Einsatz von Pflanzenschutzmitteln geprüft. Nur völlig gesunde und in allen Punkten zufriedenstellende Sorten bekommen dann das ADR-Siegel.

Akarizid

Pflanzenschutzmittel, das nur gegen Milben und Spinnentiere wirkt (von lat. *acari* = Milben).

B

Ballenpflanze

Pflanze, deren Wurzelballen mit einem Ballentuch umhüllt und gesichert ist.

Bastgewebe

Schicht unter der Rinde des Baums. Leitet Zucker und Stärke, die die Blätter gebildet haben, in die Wurzeln, um sie zu ernähren.

biologisches Pflanzenschutzmittel

Pflanzenschutzmittel auf Grundlage von natürlichen Stoffen. Sie sind auf einer amtlichen, EU-weit geltenden Bio-Liste aufgeführt.

biotisch

Zurückgehend auf belebte Einflüsse wie Tiere, Bakterien oder Pilze.

Bodenart

Beschreibt die sogenannte Korngrößenzusammensetzung der mineralischen Bodensubstanz. Die Hauptbodenarten sind Sand, Schluff und Ton, wobei Sand die größte Korngröße hat. Sind alle Korngrößen vorhanden, wird der Boden als Lehm bezeichnet. Meist setzt sich der Boden aus mehreren Hauptbodenarten zusammen, z. B. sandiger Lehm. Die Bodenart ist ein sehr wichtiges Bodenmerkmal, da sie mit vielen Eigenschaften des Bodens (z. B. Wasser- und Nährstoffspeicherfähigkeit, Erosionsanfälligkeit) verknüpft ist. Böden mit sehr kleinen Korngrössen haben ebenso extreme Eigenschaften wie solche mit sehr großen. Deshalb sind Böden mit gemischten Korngrößen der Idealfall.

bodenbürtig

Im Boden lebend. Kann sich z. B. auf Schaderreger wie Pilze beziehen.

Bodenmüdigkeit

Verminderte Ertragsleistung des Bodens, wenn gleiche Pflanzenarten mehrmals hintereinander angebaut werden. Ursache sind die Anreicherung schädlicher Stoffe und Krankheitserreger sowie einseitiger Nährstoffentzug.

C

Chlorose

Blattvergilbung, verursacht durch verminderten Chlorophyllgehalt (= Blattgrün).

Containerpflanze

Gehölz oder Staude, das bzw. die bis zum Verkauf im Pflanztopf steht. Beim Verpflanzen entsteht kein Wurzelverlust.

D

Dauerkörper

Sehr widerstandsfähige Überdauerungsorgane von Pilzen. Dies können sehr kleine **› Sporen** sein oder bis zu 1 cm große **› Sclerotien.**

Doldenblütler

Auch **Apiaceae**. Pflanzenfamilie, deren wichtigste Merkmale unter anderem die doldenartigen, meist weißen Blütenstände, die stark gefiederten (= zerteilten) Blätter und die aromatischen Inhaltsstoffe sind. Zu dieser Pflanzenfamilie gehören viele Kräuter, wie Petersilie, Koriander oder Dill, Gemüsepflanzen wie Sellerie oder Heilpflanzen wie die Engelwurz, aber auch Unkräuter wie Giersch.

Dränage

Ableitung von überschüssigem Wasser mit Spezialrohren oder einer Lage aus Kies.

E

einjährige Pflanze

Pflanze, deren Lebenszyklus nach einer › **Vegetationsperiode** beendet ist. Sie stirbt ab, nur ihr Samen überdauert den Winter.

F

Fraßgift

Pflanzenschutzmittel, das nur wirkt, wenn es vom Tier aufgefressen wird.

Fruchtfolge

Auch: **Fruchtwechsel**. Die zeitliche Aufeinanderfolge verschiedener Kulturpflanzen auf demselben Feld. Eine **weite Fruchtfolge**, d. h. ein großer zeitlicher Abstand zwischen dem Anbau gleicher Arten, beugt Schäden vor, die sonst bei häufigem Anbau auftreten: starke Verunkrautung, übermäßiger Verlust bestimmter Nährstoffe, Ausbreiten tierischer und pilzlicher Krankheitserreger. Bei der Nematodenbekämpfung ist eine **Schwarzbrache** sinnvoll, d. h. das völlige Fehlen von Pflanzen, also auch Unkräutern. Dieses Aussetzen jeglichen Pflanzenanbaus für mehrere Jahre hungert die Tiere im Boden aus.

Fruchtkörper

Fortpflanzungsorgan eines Pilzes. Kann von unterschiedlichster Gestalt sein.

Fungizid

Pflanzenschutzmittel, das nur gegen Pilzerkrankungen wirkt (von lat. *fungus* = Pilz).

G

Guttation

Aktives Ausscheiden von Wassertropfen an den Blatträndern von Pflanzen. Dadurch können die Pflanzen mehr Wasser und damit Nährstoffe mit den Wurzeln aufnehmen, weil ein Sog entsteht.

H

Herbizid

Pflanzenschutzmittel, das Pflanzen abtötet (von lat. *herba* = Kraut).

I

Insektizid

Pflanzenschutzmittel, das nur gegen Insekten wirkt (von lat. *insecta* = Insekten).

integrierter Pflanzenschutz

Kombination von Maßnahmen, bei denen die Anwendung chemischer Pflanzenschutzmittel auf das notwendige Maß beschränkt wird. Vorrang haben aber biologische Maßnahmen wie Nützlingseinsatz, oder biotechnische Maßnahmen wie Insektenfallen oder Kulturschutznetze.

K

Kontaktgift

Pflanzenschutzmittel, das das Tier direkt berühren muss, um zu wirken.

Korbblütler

Auch **Asteraceae**. Pflanzenfamilie, deren wichtigste Merkmale die großen (meist fälschlich für die eigentlichen Blüten gehaltenen) Blütenstände mit zahlreichen winzigen Röhrenblüten in der Mitte („Körbchen") und vielen Zungenblüten am Rand („Blütenblätter") sind. Zu den Korbblütlern gehören Zierstauden wie Astern, Sonnenblumen, Ringelblumen oder Margeriten.

krautige Pflanze

Pflanze (z. B. Gemüsestaude), die im Gegensatz zu Gehölzen kaum verholzt.

Kreuzblütler

Auch **Brassicaceae**. Pflanzenfamilie, deren wichtigste Merkmale unter anderem die vierzähligen, über Kreuz angeordneten Blütenblätter und scharf-würzige Inhaltsstoffe sind. Hierzu gehören zahlreiche Nutzpflanzen wie Kohl-Arten, Rettich und Radieschen, Raps, Senf, Rucola, aber auch Unkräuter wie Wiesenschaumkraut.

L

Lippenblütler

Auch **Lamiaceae**. Pflanzenfamilie, deren wichtigste Merkmale aromatische Inhaltsstoffe und die auffälligen, lippenartig geformten Blüten sind. Zu dieser Familie gehören viele Nutzpflanzen und Kräuter wie Rosmarin, Lavendel, Salbei, Thymian, Melisse oder Minze, aber auch Wildpflanzen und Unkräuter wie Taubnessel oder Ziest.

M

mehrjährige Pflanzen

Pflanzen, die im Herbst nicht absterben, sondern mit z. T. unterirdischen Organen überwintern und im Frühling neu durchtreiben.

mineralischer Dünger

Düngemittel, bei dem die düngenden Elemente als Salze (Mineralien) vorliegen. Ist meist schnell wirksam. Die Mineralien werden entweder bergmännisch gewonnen oder synthetisch unter hohem Energieaufwand hergestellt.

Molluskizid

Pflanzenschutzmittel, das nur gegen Schnecken eingesetzt wird (von lat. *mollusca* = Weichtiere).

Mulch

Bedeckung des Bodens, um die Verdunstung zu reduzieren und den Boden locker zu halten. Ist möglich mit speziellen Folien, Papier, Grasschnitt oder jeglichem Grüngut, solange es keine Samen enthält.

Mycel

Feines, fadenförmiges, meist unsichtbares Geflecht aus Pilzfäden im Boden, bei Baumpilzen im Holz. Stellt den eigentlichen Pilz dar. Im allgemeinen Sprachgebrauch werden aber als Pilze nur die sichtbaren **› Fruchtkörper** bezeichnet, die aus dem Mycel wachsen und der Verbreitung der **› Sporen** dienen.

N

Nekrose

Absterbe- und Vertrocknungserscheinungen an Pflanzenteilen (von griech. *necrosis* = Tod, Absterben).

O

organischer Dünger

Düngemittel tierischer oder pflanzlicher Herkunft, z. B. Erbsenschrot oder Hornmehl. Ist meist langsam wirkend.

P

Parasitismus

Lebensform, bei der ein Lebewesen sich in oder auf einem anderen Lebewesen entwickelt. Das parasitierte Lebewesen (= der **› Wirt**) kann dabei absterben. **Schwächeparasiten** können nur Wirte befallen, deren Abwehrkräfte beeinträchtigt sind.

pH-Wert

Maß für die Stärke der sauren bzw. alkalischen Wirkung des Bodens (oder des Wassers). Die Skala reicht von 1 bis 14. Ein pH-Wert unter 7 ist sauer, pH = 7 ist neutral, und ein pH-Wert von mehr als 7 ist alkalisch bzw. basisch (z. B. kalkhaltige Böden).

R

Resistenz

Vererbbare Widerstandsfähigkeit z. B. einer Kulturpflanze gegen Schadorganismen. Aber auch Schadorganismen können gegen Pflanzenschutzmittel resistent werden.

Rhizom

Unterirdisch wachsendes Sprosssystem. Es dient der Pflanze zur Ausbreitung und/oder als Speicherorgan.

S

Schwarzbrache

› Fruchtfolge

Sclerotium

Kompakte Masse aus verhärtetem Pilzmycel (**› Mycel**). Es kann jahrelang überdauern und bei günstigen Bedingungen austreiben. › auch **Sporen**

selektiv

Eng begrenzt. Selektive Pflanzenschutzmittel z. B. haben eine eng begrenzte Wirksamkeit gegen nur wenige, ganz bestimmte Schadorganismen und dabei keine oder nur geringe Wirkung auf Nützlinge.

Spindel

Obstgehölz mit waagerecht abstehenden Ästen. Diese sind alle in etwa gleich lang und tragen auf ihrer gesamten Länge Früchte.

Sporen

Verbreitungsorgane von Pilzen. Sie sind mit bloßem Auge meist nicht sichtbar. Besonders langlebige Sporen heißen **Dauersporen** und befinden sich meist im Boden (**› bodenbürtig**). Sogenannte **Dauerkörper**, die bis zu 1 cm groß werden, nennt man **› Sclerotien.**

systemisch

Pflanzenschutzmittel, das in die Saftbahn von Pflanzen vordringt und damit in der ganzen Pflanze verteilt wird.

T

Tönnchenpuppe

Spezielle Form des Puppenstadiums bei Insekten, die eine Metamorphose (= vollständige Verwandlung) durchlaufen. Die Puppen sehen aus wie kleine braune Fässchen, daher der Name.

U

umweltschädlich/-giftig

Stoffe und Zubereitungen und/oder deren Umwandlungsprodukte, die geeignet sind, Wasser, Boden oder Luft, Klima, Tiere, Pflanzen oder Mikroorganismen derart zu verändern, dass dadurch Gefahren für die Umwelt drohen.

V

Vegetationsperiode

Der Teil des Jahres, in dem eine Pflanze wächst und sich entwickelt. Wiederholt sich rhythmisch und reicht in unseren Breiten vom Frühjahr bis zum Herbst.

vegetatives Wachstum

Wachstum nur von Blättern und Stängeln bzw. Ästen und Zweigen, d. h. nicht von Blüten oder Vermehrungsorganen.

Vergrämung

Vertreibung von unerwünschten Tieren, beispielsweise des Maulwurfs, etwa durch störende Gerüche oder Geräusche, ohne dem Tier nachzustellen, es zu fangen, zu töten oder zu schädigen.

W

Wartezeit

Die Zeit, die von der Ausbringung des Pflanzenschutzmittels bis zur Ernte abgewartet werden muss.

Wirt

Pflanzlicher oder tierischer Organismus, der einem **› Parasiten** als Nahrungsquelle dient. Ein pflanzlicher Wirt heißt auch **Wirtspflanze.** Bei vielen Parasiten ist ein **Wirtswechsel** zwischen einem **Hauptwirt** und einem **Nebenwirt** für ihre vollständige Entwicklung nötig.

Z

Zulassung

Erlaubnis des Bundesamts für Verbraucherschutz und Lebensmittelsicherheit, ein Pflanzenschutzmittel in Verkehr zu bringen und einzusetzen. Die Zulassung ist ein sehr teures und aufwendiges Verfahren, bei dem die Gefahren für Mensch, Tier und Naturhaushalt untersucht und bewertet werden. Eine Zulassung erfolgt grundsätzlich nur für genau bezeichnete Schadorganismen an ganz bestimmten Pflanzenarten. Dies wird auch als **Indikationszulassung** bezeichnet.

Pflanzen- und Sachregister

Halbfett gesetzte Seitenzahlen verweisen auf Abbildungen.

Literatur

→ Böswirth, Daniel / Thinschmidt, Alice: **Rasenprobleme erkennen und beheben.** Eugen Ulmer Verlag, Stuttgart

→ Greenwood, Pippa / Halstead, Andrew: **Schädlinge und Krankheiten.** Dorling Kindersley Verlag, München

→ Griegel, Adalbert: **Mein gesunder Ziergarten.** Griegel Verlag, Dorsheim

→ Lohrer, Thomas: **13 Gartenplagen.** Eugen Ulmer Verlag, Stuttgart

→ Schumann, Eva: **Gartenprobleme - was tun ?** Bayerischer Landesverband für Gartenbau und Landespflege, München (Hg.)

WICHTIGE HINWEISE

- → Pflanzenschutzmittel dürfen sich nur in der Originalverpackung befinden. Füllen Sie sie niemals in andere Gefäße um.
- → Lagern Sie Pflanzenschutzmittel niemals zusammen mit Lebensmitteln.
- → Bewahren sie Pflanzenschutzmittel stets so auf, dass Kinder keinen Zugriff darauf haben.
- → Lesen Sie vor Anwendung sorgfältig die Gebrauchsanleitung und beachten Sie alle Schutzmaßnahmen.
- → Die Präparate dürfen nur nach Indikation, d. h. nur gegen bestimmte Schaderreger und in bestimmten Kulturen eingesetzt werden. Die Indikationen sind auf der Packung vermerkt. Im Hausgarten sind nur Mittel erlaubt, die die Indikation „zugelassen in Haus- und Kleingarten" haben.
- → Tragen sie bei der Ausbringung von Pflanzenschutzmitteln festes Schuhwerk und spritzen Sie nicht mit unbedeckten Beinen.
- → Pflanzenschutzmittel dürfen nicht in Gewässer gelangen. Unverbrauchte Reste dürfen Sie keinesfalls in den Ausguss oder Gully schütten. Restmengen können Sie mit der 10-fachen Menge Wasser verdünnen und dann auf den schon behandelten Pflanzen ausbringen.
- → Die Wartezeiten bei Obst und Gemüse sind einzuhalten.
- → Zahlreiche Mittel sind mit einem Anwendungsverbot belegt. Diese dürfen sie keinesfalls ausbringen. Sie sind bei der kommunalen Sammelstelle für Problemmüll abzugeben.
- → Pflanzenschutzmittel dürfen Sie nur auf gärtnerisch genutzten Flächen ausbringen. Gehsteige, Terrassen oder Garagenzufahrten gehören nicht dazu.

Gartenakademien

Gartenakademien sind Einrichtungen der Länder für den Bereich Hobbygartenbau, z.T. mit Telefonberatung.
Bei der Bayerischen Gartenakademie können Sie die Adressen der Gartenakademien der übrigen Bundesländer erfragen.

→ **Bayerische Gartenakademie**
Postfach 1140
97205 Veitshöchheim
Beratungstelefon: 0180 – 49 80 114
www . lwg.bayern. de/gartenakademie

Bodenuntersuchungsanstalten

→ **Bayerische Hauptversuchsanstalt für Landwirtschaft**
85350 Freising/Weihenstephan

→ **Landwirtschaftliche Untersuchungs- und Forschungsanstalt NRW**
Siebengebirgsstraße 200
53229 Bonn

→ **VD-LUFA**
Bismarckstr. 41 A
64293 Darmstadt
www.vdlufa.de/ourself/lufa.htm

Pflanzenschutzberatung

➜ **Landwirtschaftskammer Nordrhein-Westfalen**
www. landwirtschafskammer.de
➜ **Gartentipps und Pflanzendoktor:**
www.neudorff.de

➜ **Profi-Beratung für Beerenobst:**
www. beerendoktor .de

Bezugsadressen

➜ **Bund deutscher Baumschulen e. V.**
Postfahc 12 29
25402 Pinneberg
www.bund-deutscher-baumschulen.de
(Markenbaumschulen und Literatur)

➜ **Ulla Grall**
Eulengasse 3
55288 Arnsheim
www.bio-saatgut.de

➜ **W. Neudorff GmbH KG**
An der Mühle 3
31860 Emmerthal
www.neudorff.de

➜ **Wolfgang Nixdorf**
Wolfgang Nixdorf
Aschhauserstr. 77
97922 Lauda
www. garten-wn.de
(Erdflohnetze, Samen, Gartenartikel)

Nützlingsanbieter (Auswahl)

➜ **SAUTTER & STEPPER**
Rosenstr.19
72119 Ammerbuch
www.nuetzlinge.de

➜ **W. Neudorff GmbH KG**
An der Mühle 3
31860 Emmerthal
www.neudorff.de

➜ **Öre Bio-Protect**
Neuwührenerweg 26
24223 Raisdorf
www.nuetzlingsberater.de

➜ **re-natur GmbH**
Charles-Roß-Weg 24
24601 Ruhwinkel
www.re-natur.de

Danksagung

Verlag und Autor danken der W. Neudorff GmbH KG in Emmerthal für die freundliche Unterstützung.

Der Autor

Thomas Schuster

Der Diplomingenieur für Gartenbau war viele Jahre in der bayerischen Landwirtschaftsverwaltung als Pflanzenschutzberater tätig. Seit 2006 ist er für die Gemüsebauberatung zuständig. Seit vielen Jahren ist er tätig im Bundesarbeitskreis „Pflanzenschutz im Hausgarten". Seit über 30 Jahren betreibt er privaten Hobby- und Versuchsanbau im Hausgarten.

Der Spezialist für Pflanzenschutz, Obst- und Gemüseanbau kennt die Probleme von Hobbygärtnern genau und weiß zu jedem Problem die richtige Lösung.

BILDNACHWEIS

Agrarfoto Raiser: 50/1, 87/1, 87/3, 89/2, 100li., 105li., 109re., 124, 125li.ob., 125li.u., 126re, 130li., 130mi., 140re.,156li.; **Baumjohann:** 10, 13, 21, 32ob., 48/1, 51/1, 51/2, 52/1, 54/2, 57/1, 58/3, 60/1, 60/3, 61/4, 66/4, 72/1, 72/2, 73/1, 77/2, 77/3, 78/1, 83/1, 84/2, 85/2, 86/3, 89/3, 92/3, 97/3, 102re.u., 103mi., 107re., 108re.o., 110li.o., 110re.o., 111li., 114mi., 116mi., 127mi., 128li., 128re., 134re., 135mi., 137re., 139mi., 140li., 141re., 142re., 146re., 149re., 150re., 151mi.; **Bertele:** 84/3, 85/3, 86/4, 117li.o., 120re., 132o.li., 152li., 155unt-2; **Buchter:** 84/1; **Hecker:** 2/4, 7, 31, 53/2, 58/4, 60/4, 62/1, 63/3, 73/2, 79/3, 95/4, 96/1, 96/2, 96/3, 102re.o., 104li., 105re., 108mi.u., 114re., 115mi., 116li., 119li., 119re., 121mi., 121re., 131mi.u., 134li., 137li., 143li.ob., 146li., 154re.; **Henseler:** 55/1, 57/2, 59/2, 66/1, 66/3, 71/2, 76/1, 76/2, 79/4, 86/1, 87/4, 96/4, 109li., 118li., 121li., 127li., 131mi.o., 152re., 153o-1, 153u-1, 153u-2, 155o-2, 158mi., 158re., 77/1; **Kreiselmaier:** 52/2, 55/4, 71/4, 88/4, 93/1, 131li., 159u-1, 159u-2; **Kuttig:** 14, 32u., 33li., 48/3, 48/4, 49/4, 50/4, 51/4, 53/3, 54/3, 54/4, 55/2, 56/2, 57/3, 59/3, 59/4, 61/2, 62/2, 62/4, 67/4, 68/1, 68/2, 68/3, 69/2, 71/1, 73/4, 78/4, 79/2, 87/2, 94/4, 95/2, 97/4, 101li., 103li., 108li.o., 111re., 112, 114li., 115re., 117re.u., 122re., 123re., 126li., 129mi., 133li., 138u.,139re., 141li., 146mi., 147re., 149li., 154li., 155o-1, 156re., 158li.; **Laux:** 49/3, 100re., 119mi., 129re., Moser: U1li.; Neudorff: 26, 28, 29, 34; **Nickig:** 9; **Nunn:** 92/1; **Pforr:** 138re., 151li.; **Redeleit:** 2/2, 16, 37, 56/3, 78/2, 102li., 143re.o., 145li., 148re.; **Reinhard:** 2–3, 4–5, 17, 39, 40–41, 58/1, 60/2, 61/3, 83/2, 89/1, 92/2, 98–99, 100mi., 102li., 103re., 106, 107li., 118re., 135li., 144, 145re.; **Sachse:** 2/1, 35, 76/4, 101re., 141mi.; **Schneider-Will:** 22; **Schuster:** 49/2, 50/2, 50/3, 51/3, 52/3, 52/4, 53/1, 53/4, 55/3, 56/1, 56/4, 57/4, 59/1, 62/3, 63/4, 66/2, 67/1, 67/2, 67/3, 68/4, 69/1, 69/3, 69/4, 70/1, 70/2, 70/3, 70/4, 71/3, 72/3, 72/4, 73/3, 76/3, 77/4, 78/3, 82/1, 82/2, 82/3, 83/3, 83/4, 84/4, 85/1, 85/4, 88/1, 88/2, 88/3, 92/4, 93/2, 93/3, 93/4, 94/1, 94/2, 94/3, 95/1, 95/3, 97/1, 97/2, 101mi., 104re., 110re.u., 112re., 113, 113re., 115li., 116re., 117re.o., 122li., 123li., 125re., 127re., 129li., 130re., 131o.re.,131re., 132o.re., 132u., 133re., 135re., 136, 136re., 137mi., 138li.o., 139li., 140mi., 142li., 142mi., 143re.u., 147li., 147mi., 148li., 148mi., 149mi., 150li., 150mi., 151re., 153o-2, 154mi., 155u-1, 157li., 159li.; **Strauß:** 23, 49/1, 54/1, 58/2, 61/1, 63/1, 82/4, 104mi., 157re., 33re., 63/2, 86/2, 120mi., 156mi.; **Waldhäusl:** U1mi., U1re.; **Zunke:** 79/1

Redaktion und Konzeption: Cornelia Nunn
Lektorat: Eva Wagner
Bildredaktion: Daniela Laußer
Umschlaggestaltung und Layout: independent Medien-Design, München
Produktion: Susanne Mühldorfer
Satz: Cordula Schaaf, München
Reproduktion: Fotolito Longo, Bozen
Druck und Bindung: Druckhaus Kaufmann, Lahr

Printed in Germany
ISBN 978-3-8338-0195-2
1. Auflage 2007

GRÄFE UND UNZER
100 JAHRE GANSKE VERLAGSGRUPPE

Ein Unternehmen der
GANSKE VERLAGSGRUPPE

Unsere Garantie

Alle Informationen in diesem Ratgeber sind sorgfältig und gewissenhaft geprüft. Sollte dennoch einmal ein Fehler enthalten sein, schicken Sie uns das Buch mit dem entsprechenden Hinweis an unseren Leserservice zurück. Wir tauschen Ihnen den GU-Ratgeber gegen einen anderen zum gleichen oder ähnlichen Thema um.

Liebe Leserin und lieber Leser,

wir freuen uns, dass Sie sich für ein GU-Buch entschieden haben. Mit Ihrem Kauf setzen Sie auf die Qualität, Kompetenz und Aktualität unserer Ratgeber. Dafür sagen wir Danke! Wir wollen als führender Ratgeberverlag noch besser werden. Daher ist uns Ihre Meinung wichtig. Bitte senden Sie uns Ihre Anregungen, Ihre Kritik oder Ihr Lob zu unseren Büchern. Haben Sie Fragen oder benötigen Sie weiteren Rat zum Thema? Wir freuen uns auf Ihre Nachricht!

Wir sind für Sie da!
Montag – Donnerstag: 8.00 – 18.00 Uhr;
Freitag: 8.00 – 16.00 Uhr
Tel.: 0180 - 5 00 50 54*
Fax: 0180 - 5 01 20 54*
E-Mail: leserservice@graefe-und-unzer.de

P.S.: Wollen Sie noch mehr Aktuelles von GU wissen, dann abonnieren Sie doch unseren kostenlosen GU-Online-Newsletter und/oder unsere kostenlosen Kundenmagazine.

GRÄFE UND UNZER VERLAG
Leserservice | Postfach 86 03 13 | 81630 München

*(0,14 €/Min. aus dem deutschen Festnetz)